专利管理工程师任职资格考试丛书（中级本）

上海市知识产权局组织编写
林建军○主编

［第2版］

专利申请与审查

ZHUANLI SHENQING YU SHENCHA

知识产权出版社
全国百佳图书出版单位

图书在版编目（CIP）数据

专利申请与审查/林建军主编．—2版．—北京：知识产权出版社，2011.6（2013.04重印）（2015.02重印）

（专利管理工程师任职资格考试丛书．中级本）

ISBN 978-7-5130-0633-0

Ⅰ.①专… Ⅱ.①林… Ⅲ.①专利申请—中国—资格考试—自学参考资料②专利—审查—中国—资格考试—自学参考资料 Ⅳ.①G306.3

中国版本图书馆CIP数据核字（2011）第119045号

内容提要

本书是“专利管理工程师任职资格考试丛书”（中级本）的一册，其根据企业在专利管理中的实际需求，结合具体案例，分别从国内专利申请、涉外专利申请、专利申请的初审与实审、PCT申请、复审与无效、专利行政复议等方面对我国的专利申请与审查制度进行了系统地讲解，具有很强的实际操作指导性。

读者对象：企业知识产权管理人员。

责任编辑：卢海鹰　孙　昕　　　**责任校对：**董志英

版式设计：卢海鹰　　　**责任出版：**卢运霞

专利管理工程师任职资格考试丛书（中级本）

专利申请与审查（第2版）

上海市知识产权局　组织编写

林建军　主编

出版发行：知识产权出版社有限责任公司	**网　址：**http://www.ipph.cn
社　址：北京市海淀区马甸南村1号	**邮　编：**100088
责编电话：010-82000860转8122	**责编邮箱：**lueagle@126.com
发行电话：010-82000860转8101/8102	**发行传真：**010-82000893/82005070/82000270
印　刷：三河市国英印务有限公司	**经　销：**各大网上书店、新华书店及相关专业书店
开　本：787mm×1092mm　1/16	**印　张：**22.75
版　次：2011年7月第2版	**印　次：**2015年2月第5次印刷
字　数：392千字	**定　价：**46.00元

ISBN 978-7-5130-0633-0/G·413（3543）

《专利申请与审查》（第1版）
编写组

主　编： 林建军

成　员：（以章节为序）

宋　哲（第1章、第9章9.1）

沈锦华（第2章、第3章）

李春晅（第2章2.5.2、2.5.3）

朱黎光（第4章）

林建军（第5章）

梁朝玉（第6章、第9章9.2）

赵红梅（第7章）

应振芳（第8章、第9章9.3）

《专利申请与审查》（第2版）
修订组

成　员： 林建军　朱黎光

序　　言

当今世界，随着知识经济和经济全球化不断发展，知识产权在自主创新和经济发展中的地位日益重要。大力提高知识产权创造、管理、保护、运用能力，已成为我国科技进步、经济发展和增强国家核心竞争力的必然选择，成为我国增强自主创新能力、建设创新型国家的迫切需要。

提高对知识产权的创造、管理、保护、运用能力，关键在人才，培养和造就一大批知识产权人才是赢得未来知识产权国际竞争的关键所在。胡锦涛总书记在中共中央政治局第31次集体学习时指出，要加强知识产权专门人才的培养，加强对企事业管理人员的知识产权工作的培训，提高他们做好知识产权工作的能力和水平。这是对我们知识产权管理部门提出的明确要求和光荣任务，我们一定要身体力行，做好这项工作。

上海市知识产权局会同上海市人事局在全国率先推出专利管理工程师制度，这是上海市知识产权局响应胡总书记号召、加强专利管理专业人才队伍建设的一个创举。此举对提高专利管理工作人员的素质和业务水平，促进知识产权战略的实施，为知识产权事业的发展和提高自主创新能力提供重要的人才保障，同时对全国各地知识产权局系统，也具有积极的借鉴意义。

“专利管理工程师任职资格考试丛书”，面向企事业单位，立足于专利管理实际应用，结合上海和我国专利管理工作的具体实践，辅之以专利管理和专利案例，以案说法，深入浅出，针对企事业专利管理工作中面临的实际问题，生动翔实地提出切实可行的解决办法、建议和法律依据。这一丛书的编写和出版，有利于企事业单位广大专利管理人员掌握专利管理工作所必需的基本理论、法律知识、实务技能，提高运用有关知识分析问题、解决问题的能力，是一套学有所得的实用教材。

希望专利管理工程师培训这项工作以点带面，深入持久、持之以恒地开展下去，为广大企事业单位培养一大批专利管理人才，响应胡锦涛总书记的号召，把我国知识产权创造、管理、保护、运用能力提高到一个新水平。

田力普

二〇〇六年八月

编写说明

近几年来，随着知识产权事业的快速发展和全社会知识产权意识的不断提高，社会各界迫切需要一大批知识产权管理人才。胡锦涛总书记在中共中央政治局第31次集体学习会上指出："要加强知识产权专门人才的培养，特别是要加大知识产权高层次人才培养的力度。要加强对党政领导干部、行政执法和司法人员、企事业管理人员的知识产权工作培训，提高他们做好知识产权工作的能力和水平。"上海市知识产权局高度重视知识产权人才培养工作，近年来，会同上海市委组织部、市委党校连续举办四期领导干部知识产权战略研讨班；会同上海市教委在上海大学、同济大学、华东政法学院三所大学的知识产权学院，复旦大学、上海交通大学等六所大学知识产权研究中心培养了一批知识产权法学本科生、硕士生；自2005年起，又会同美国教育基金会启动上海知识产权高级人才培养"650"工程（即在6年内选送50名优秀人才赴美国相关大学培养和深造），但这些举措还远远不能满足上海社会各界对知识产权人才日益增长的需求。

企事业单位最为迫切需求的是专利管理人才。为此，上海市知识产权局在最近六年，委托上海市知识产权服务中心培养了6000多名专利工作者。加上前十五年原上海市专利管理局（上海市知识产权局前身）培养的近6000名专利工作者，上海已有12000多名专利工作者。这些专利工作者经过每期44学时专利基础知识的培训，考试合格者，发给上海市知识产权局颁发的专利工作者证书，持证上岗，走上专利管理工作岗位。从人数上看，12000多名专利工作者只占到上海企业总数的1/50，数量上远远不能满足需要。从培训课时上看，44学时只能上一些专利基础知识课，企事业单位需要的许多专利课程和知识不可能讲全、讲深、讲透。此外，从事专利管理工作的同志，由于没有对应职称可评，许多专利工作者又改行从事其他工作，专利管理人才相继流失。

为了改变这种状况，上海市知识产权局领导和有关处室同志和上海市人事局沟通，得到了上海市人事局领导和有关处室同志的大力支持。两局经反复磋商和研究，决定在全国率先建立专利管理工程师制度，把专利管理专业人员纳入工程技术人员职称系列，2006年2月24日联合发文出台了《上海市专利管理专业工程技术人员任职资格暂行办法》（沪人［2006］20号，以下简称《办法》）。《办法》将专利管理专业工程技术人员任职资格分为专利管理助理工程师、专利管理工程师和专利管理高级工程师三个层次，其中专利管理助理工程师资格采取用人单位经考核直接聘任的办法获得；专利管理工程师资格必须通过考试方式取得，考试合格者，颁发上海市人事局统一印制的《中级专业技术职务资格证书》；专利管理高级工程师资格必须通过考试和评审相结合的方式取得，考试合格并经评审通过者，颁发上海市人事局统一印制的《高级专业技术职务资格证书》。《办法》出台后，引起了国家知识产权局的高度重视和兄弟省市知识产权局的普遍关注。国家知识产权局向全国各省市知识产权局转发了上海市人事局和上海市知识产权局联合颁发的《上海市专利管理专业工程技术人员任职资格暂行办法》。

为了实施《办法》，上海市知识产权局制订了专利管理工程师培训计划，在“十一五”期间，计划培养和造就1万名专利管理工程师，以满足上海市企事业单位对专利管理工程师的迫切需求。

实施专利管理工程师培训，首先要有一套适合专利管理工程师工作要求的教材。虽说目前专利教材不少，但有的偏重于基础理论，有的偏重于法律知识，相对于专利管理工程师培养目标——既掌握专利法律知识，又具备专利操作技能，既懂得专利基础理论，又熟悉专利相关实务的复合型、实用型专利管理人才来说，目前国内还缺少一套理论联系实际、以案说法、实用性、操作性的专利管理工程师教材。为此，上海市知识产权局在知识产权出版社的大力支持下，组织北京和上海的知识产权专家，编写了《专利管理工程师任职资格考试丛书》中级本。该丛书坚持理论与实际相结合，采用最新素材，选取典型案例，从专利管理工程师应该掌握的相关基础理论、法律基础知识和实务操作技能出发，推出了一套四本培训教材：《知识产权基础》、《专利信息与利用》、《专利申请与审查》、《专利纠纷与处理》，分别由相关领域中实践经验丰富、理论水平较高的专家领衔组织编写。其中《知识产权基础》由上海大学知识产权学院院长陶鑫良教授组织编写、《专利信息与利用》由国家知识产权局专利局文献部李建蓉部长组织编写、《专利申请与审查》由北京金之桥知识产权代理有限公司林建军总经理组织编写、《专利纠纷与处理》由北京市高级人民法院知识产权庭原副庭长程永顺组织编写。

开展专利管理工程师培训是知识产权事业发展迫切需要的一项重要工

作，编写《专利管理工程师任职资格考试丛书》中级本是我们开展专利管理工程师培训的初步尝试，不足之处，在所难免。使用本丛书的教师和读者若有好的意见和建议，希望与我们及时联系，以利于我们再版时改进，同时便于我们编好《专利管理工程师任职资格考试丛书》高级本。

《专利管理工程师任职资格考试丛书》中级本的编写工作得到了国家知识产权局领导及有关部门和许多专家学者的热情关心和大力支持，在此一并表示衷心的感谢。

上海市知识产权局

二〇〇六年九月三日

关于转发《上海市专利管理专业工程技术人员任职资格暂行办法》的通知

国知发管函字〔2006〕61号

各省、自治区、直辖市及计划单列市、副省级城市、新疆生产建设兵团知识产权局，各知识产权示范城市创建市、试点城市知识产权局：

现将上海市人事局、上海市知识产权局联合印发的《关于印发〈上海市专利管理专业工程技术人员任职资格暂行办法〉的通知》（沪人〔2006〕20号）转发给你们，请根据本地实际，研究借鉴上海市的做法，从多层面、多渠道和多方式培养知识产权人才，进一步加强知识产权人才队伍建设。

特此通知。

国家知识产权局

二○○六年三月三十一日

关于印发《上海市专利管理专业工程技术人员任职资格暂行办法》的通知

沪人〔2006〕20号

各委、办、局（集团公司），各区县人事局、知识产权局，各有关单位：

为提高本市专利管理工程技术人员的专业素质和工作能力，加强专利管理专业人才队伍建设，促进上海知识产权战略的实施，现将《上海市专利管理专业工程技术人员任职资格暂行办法》印发给你们，请遵照执行。

本通知相关文件可在上海市人事局网站（www.21cnhr.gov.cn）和上海市知识产权局网站（www.sipa.gov.cn）查询下载。

特此通知。

上海市人事局

上海市知识产权局

二〇〇六年二月二十四日

上海市专利管理专业工程技术人员任职资格暂行办法

第一条　为了实施知识产权战略，提高本市专利管理工程技术人员的素质和业务水平，促进创造发明，规范专利管理，增强自主创新能力，决定对在本市企事业单位从事专利管理的工程技术人员，实行本办法。

第二条　专利管理专业工程技术人员任职资格分为助理工程师、工程师和高级工程师三个级别。

专利管理助理工程师采取直接聘任的办法，用人单位可以根据受聘人员的学历、资历、工作能力及工作需要，经考核聘任专利管理助理工程师专业技术职务。

专利管理工程师资格通过考试方式取得。

专利管理高级工程师资格通过考试和评审相结合的方式取得。

第三条 专利管理助理工程师应具备从事专利管理工作的基本能力。

专利管理工程师应具备独立承担专利管理岗位工作的能力，能制定专利工作计划和管理办法并组织实施，承担与专利相关的管理工作。

专利管理高级工程师应具备专利信息分析、专利资产评估运作、专利战略制订与运用、专利预警及涉外纠纷应对等高级专利管理岗位工作的能力。除了可以承担专利管理工程师相应工作外，还应指导专利管理工程师开展工作。

第四条 凡上海市户籍（含取得《上海市居住证》1 年以上）从事专利管理工作的在职在岗人员，遵纪守法，完成相应的继续教育科目，并具备以下条件之一者，可申请参加专利管理工程师资格考试：

1. 理工科及相关专业大学专科毕业，从事专业技术或专利管理工作满 6 年或聘任助理工程师满 4 年；

2. 理工科及相关专业大学本科毕业，从事专业技术或专利管理工作满 5 年或聘任助理工程师满 4 年；

3. 理工科及相关专业硕士研究生毕业，从事专业技术或专业管理工作满 2 年；

4. 理工科及相关专业博士研究生毕业，从事专业技术或专利管理工作。

第五条 凡上海市户籍（含取得《上海市居住证》1 年以上）从事专利管理工作的在职在岗人员，遵纪守法，完成相应的继续教育科目，并具备以下条件之一者，可申请参加专利管理高级工程师资格考试：

1. 理工科及相关专业大学本科毕业及以上学历，并按规定评聘工程师职务满 5 年；

2. 理工科及相关专业博士研究生毕业，评聘工程师职务满 2 年。

考试合格者，可在两年内申请参加高级工程师资格的评审（评审办法另行公布）。

第六条 专利管理专业工程技术人员任职资格考试和评审工作由上海市人事局和上海市知识产权局共同负责。

上海市知识产权局负责拟定考试科目、编制考试大纲、编写教材等有关工作。上海市人事局确定考试科目、组织专家制定考试大纲，建立试题库，并对考试进行监督、检查和指导。上海市职业能力考试院负责实施考务工作。

第七条 专利管理工程师资格考试合格者，颁发上海市人事局统一印制的《中级专业技术职务资格证书》；专利管理高级工程师资格考试合格者，发给相应的考试合格通知；并经评审通过者，颁发上海市人事局统一印制的《高级专业技术职务资格证书》。

第八条 专利管理专业工程技术人员取得《中级专业技术职务资格证书》，即取得工程师任职资格；取得《高级专业技术职务资格证书》，即取得高级工程师任职资格。用人单位可以根据工作需要，对取得证书的专利管理专业工程技术人员聘任工程师和高级工程师专业技术职务。

第九条 本办法由上海市人事局、上海市知识产权局按照职责分工负责解释。

第十条 本办法自发布之日起施行。

目　　录

第1章　企业专利申请与审查工作简述

本章学习要点

1. 专利申请与审查的概念
2. 企业专利申请策略
3. 企业专利申请的准备
4. 专利申请代理机构的性质和任务

1.1　专利申请与审查的概念

1.1.1　专利申请

发明人（申请人）在完成一项发明创造后，为使该发明创造获得专利保护，必须要根据《专利法》规定，发明和实用新型专利申请，应提交请求书、说明书及其摘要和权利要求书，外观设计专利申请应提交请求书、外观设计图片或者照片及简要说明等文件，书面或电子申请形式向国务院专利行政管理部门提出专利申请。

专利申请将专利技术与市场联系起来，技术创新所产生的发明创造，只有依照法定途径，进行专利申请、通过专利审查获得专利权后，才称之为专利技术，依法享有一定时间、一定地域内的独占权，在市场经济中转化为竞争优势。专利申请不是一个简单的程序问题，围绕着专利技术的研发和专利权的运营，它更是一个策略问题。[1] 在提出专利申请以前，应做好以下几个方面的准备工作：

一是熟悉《专利法》和《专利法实施细则》，详细了解什么是专利，谁有权申请并取得专利权，怎样申请专利并能尽快获得专利权。同时，还应该了解专利权人的权利和义务，取得专利后如何维持和实施专利等内容。

[1] 谢英，汪晓．企业专利申请策略的探讨［J］．硬质合金，2004（2）．

二是对准备申请专利的项目进行专利性调查。在作出是否提出专利申请以前，申请人至少需要检索一下专利文献，充分了解现有技术的情况，对明显没有新颖性或创造性的，就没有必要提出申请，以免造成时间、精力和财力的浪费。

三是对准备申请专利的项目进行市场前景和经济收益的分析和调查。申请专利和维持专利权有效都要缴纳规定的费用，如果委托专利代理机构还要花费一笔代理费，对申请人特别是个人申请来说，也是一笔不小的开支。所以申请人应对自己的发明创造的技术开发的可能性，范围及技术市场和商品市场的条件进行认真的调研和预测，以便明确申请专利并获得专利权后实施和转让专利的条件及可能获得的收益，明确不申请专利可能带来的市场和经济损失。这些都是申请人做出是否值得申请专利，申请哪一种专利，选择什么申请时机时应当考虑的重要因素。

四是了解专利文件的书写格式和撰写要求，专利申请的提交方式、费用情况和简要的审批过程。《专利法》规定，专利申请文件一旦提交以后，其修改不得超出原说明书和权利要求书记载的范围。所以申请文件特别是说明书写得不好，会成为无法补救的缺陷，甚至导致很好的发明内容得不到专利。权利要求书写得不好，常常会限制专利权的保护范围。不了解费用情况或缴费的期限以及不了解申请手续或审批程序，也往往导致专利申请被视为撤回等法律后果。撰写申请文件有很多技巧，一般没有经过专门培训的发明人或申请人是很难写好的，办理各种申请手续也是相对烦琐，要求很严格的工作，因此如果申请人没有足够的把握，最好委托专利代理机构办理专利申请手续，其成功率要比申请人自己办理高得多，且授权后的保护效果也往往会好一些。[1]

1.1.2 专利审查

一项发明创造从提出专利申请到批准为专利要通过多次审查，经历多道事务处理程序。

审查一般分为两类，一类是以要求获得专利保护的发明创造是否具备新颖性、创造性和实用性为主要审查内容的专利性条件审查，通常称为实质审查；另一类是对专利申请及办理申请的手续是否符合《专利法》及其实施细则规定的其他要求进行的审查，通常称为初步审查。

[1] 申请专利前应该做好哪些准备工作［EB/OL］.［访问日期不详］. http：//www. hbipo. gov. cn/zlsq－15. htm.

1.1.3　专利申请与专利审查的关系

在我国，不同的专利申请对应的专利审查并不相同。

发明专利的申请需要经过初步审查和实质审查，其中初步审查包括了合法性审查、格式审查和明显缺陷审查，实质审查之前还需要经过一个提前公开发明内容的程序。

实用新型和外观设计专利的申请不需要经过实质审查就可以获得授权，但是为了保证这两种专利的质量，我国对实用新型和外观设计专利的初步审查比国际上通行的初步审查内容更为广泛，如将申请是否具备单一性、是否符合实用新型专利的定义等内容也作为初步审查的内容。❶

1.2　企业专利申请策略

不同的时代，企业经营和竞争理念皆不同。在知识经济时代，企业的核心竞争理念应该与现代市场经济的结构和社会的法制环境相适应，深刻理解知识的生产、分配和使用对经济增长的决定作用，牢牢把握作为竞争的关键的知识产权的获得、保护、实施和管理，并把知识产权战略作为企业整体战略的核心和灵魂。❷

尽管知识产权的客体范围不断扩大，知识产权的内容仍以专利最为突出，因为作为技术的结晶，专利在工业产品的生产中具有重要的作用。与此相对应，在企业知识产权战略中，专利战略是其中最为重要的环节。专利申请策略作为企业专利战略的一部分，必须服从于企业专利战略，并服从于企业整体的竞争发展战略。❸ 一定的专利申请策略是有效地提出专利申请，取得专利保护，并最终满足企业经营战略目标的关键。

将专利申请策略理论引入企业技术创新的过程当中，正是因为考虑到我国的科技总体水平明显落后于发达国家，为了实现技术跨越而必须采取的举措。在经济全球化的背景下，技术创新在一定程度上不只是具体技术存量的积累，而是应该去获取什么样的技术，去掌握什么样的技术，因此对于技术的管理可能和具体的技术研发同样重要。

1.2.1　技术领先时的专利申请策略

技术领先的企业不能因为暂时的领先而满足于现状，因为技术上的领

❶ 高卢麟. 专利审查［M］. 北京：专利文献出版社，1994：4.
❷ 范在峰. 企业技术创新与知识产权法律［M］. 北京：人民法院出版社，2004：238.
❸ 谢英，汪晓. 企业专利申请策略的探讨［J］. 硬质合金，2004（2）.

先往往会导致落后企业产生赶超的动力，同时技术领先企业所完成的部分也会为落后企业提供借鉴的技术来源。

1.2.1.1 动力策略

在专利竞赛中处于领先的企业，并不能保证其在整个专利竞赛中一直领先并最终取得专利权，它只是暂时的在这个过程中处于领先地位，而要保持这种领先优势直至最后获得专利权，还需要有强大的创新动力保证。❶

为了保证竞争优势，企业使用专利研发投资要注重集中力量，将有限的资金投入主要的研究项目，在最可能获得成功的项目上进行投资开发，申请专利。

企业除了对本技术领域的基本技术或核心技术申请专利，形成自己的基本专利，还可以通过改进基本专利技术的某个方面或完善其配套技术，进行后续技术的开发并申请外围专利，构筑成一个基本专利和外围专利形成的专利保护网。

由于外围专利是围绕基本专利研发的，其申请日往往在基本专利之后，因此当基本专利保护期限到期后，外围专利仍在有效期内，使得基本专利可以继续得到专利保护，这样利用技术保护体系又延长了专利保护期限，加大了专利保护力度。❷

1.2.1.2 标准壁垒策略

保持自己竞争优势的另一个策略，是通过技术创新提高竞争的技术壁垒或标准壁垒来限制竞争对手的发展。

在传统意义上，我们对技术标准的理解始终认为标准就是检验相关产品合格的一个评判尺度，这是因为以前的标准，多体现为对产品或服务的技术要求和质量要求。标准追求公开性、普遍适用性，标准技术的使用更强调行业推广应用；专利技术实施的前提是获得许可，不允许未经授权的推广使用，因此，早期的标准与专利是相互抵触的。但是到了20世纪90年代，伴随高新技术的快速发展，标准也发生着变化，标准的内容越来越丰富，也趋向于将一些技术解决方案纳入到标准之中，由此，技术标准的称谓开始出现。所谓技术标准，是指一种或一系列具有一定强制性要求或指导性功能，内容含有细节性技术要求和有关技术方案的文件，其目的是让相关的产品或服务达到一定的安全要求或市场进入的要求。近年来，一

❶ 高山行等．企业专利竞赛理论及策略［M］．北京：科学出版社，2005：168．

❷ 谢英，汪晓．企业专利申请策略的探讨［J］．硬质合金，2004（2）．

些拥有自主技术的单个或少数企业也开始积极创办或参与协会来发展标准，而且这些标准很多已相当普及，成为事实标准，如蓝光 DVD 标准、IEEE 的无线局域网标准。对企业来说，技术标准成了一种新的进行技术垄断和市场限制的手段，抢先进行技术标准的制定和管理工作已成为企业能否在全球市场获得商业成功至关重要的因素。

技术标准许可的实质是专利的许可，使用标准壁垒策略首先就需要在技术的研发阶段树立标准意识，贯彻“技术专利化——专利标准化——标准垄断化与许可化”这一思路。

建立技术标准还需要申请一定量的专利。标准的最主要作用就是市场统一，可以通过实施标准而在市场上排斥竞争对手的技术，而专利的作用就是一定的垄断性，未经专利权人的授权不能实施其技术。技术标准正是充分利用了这一点，一旦企业的专利进入标准行列并得到一定的普及，尤其在市场准入方面就会排斥不符合此标准的产品，从而形成垄断。

技术标准的管理的实质和核心是专利许可政策的制定和利用。技术标准所有人可以将有关的专利技术像专利文献一样在技术标准的技术方案中予以公布，同时声明权利人愿意在合理的条件下向任何有兴趣的人实施该专利技术许可。

1.2.1.3 专利联盟策略

对于一项大的技术范畴，比如移动通信、数字电视、网络传输协议等，由于技术的庞大性和本身竞争的压力，任何一个知识产权权利人都不可能控制这一领域的所有技术成果，他们需要一种能综合知识产权专有性、地域性等知识产权策略，一种更加集权和集中的方法来实现自己的目的。伴随技术的进步，对于一个产品的技术集成度也越来越高，使得某一公司完全垄断一项产品全部制造技术的可能性越来越小，更多的现实是几个大公司共同拥有制造一项产品的核心技术。为了能生产出合格的产品，就需要这几个公司之间的技术交叉许可。随着公司的增加，核心技术的增加，公司间的双边交叉许可就会体现出效率低下的弊端，就需要这几个拥有核心技术的公司将自己的专利技术共同“贡献”出来，进行一种“专利联营”，这在现代技术标准中非常普遍。

专利联营，也意味着技术领先的数个企业间共享其科技创新成果，这是因为随着科技的飞速发展，高精尖技术产品的研制过程表现为一项庞大而复杂的系统工程，对资金、技术、人才及组织形式等各方面的要求越来越高，技术的突破与创新越来越依靠学科间和产业间的交流与合作。如果各企业都可以用较低成本获取对手一些进展信息，而技术不确定性又非常大，将导致各企业都不愿投入巨大的研发成本首先去开辟那些未知领域，其结果是减少人们创新的动力，每一个厂商都希望其他的厂商创新。此时，技术领先的企业就有必要寻求与一些竞争对手进行合作，内部化一部分信息溢出成本，实现双赢。

1.2.1.4 控制结余策略

日趋激烈的市场竞争不仅要求企业领先竞争对手研发成功，而且要求尽量降低研发的成本，过长的开发周期和高昂的开发成本无法与快速变化的市场变化相匹配。为了尽早投放市场和降低研发成本，对于科研开发也可以采取一定的控制措施，节省资源，缩短开发时间。

控制结余策略的使用风险在于市场接受度的考验。由于对成本的控制导致并不追求技术上的完美，究竟怎样的一个技术水平才能既满足成本控制的需要，又可以获得可以接受的市场满意度，需要企业有着严格的研发管理和风险控制体系。

1.2.2 技术落后时的专利申请策略

不言而喻，“自主创新”是企业可持续发展的根本，是国家繁荣昌盛的根本。但目前，国内企业的经济和科研实力相对较弱，又被国外竞争对手当做“专利战”的靶子，国内企业如何保存实力、继而发挥后发优势，在经济全球化的浪潮中崛起？这是知识产权战略结合中国实际应考虑的问题。

1.2.2.1 蛙跳策略

创新式开发所需的时间一般较长，但是一旦申请专利后其科研结果就会被公开，落后者通过检索领先者的科研信息，短时间内就可以掌握领先者已有的科技成果，判断技术水平和发展方向，利用信息的不对称选择更佳的发明路径，后发制人，这就是蛙跳策略。

蛙跳策略具有起点高、成本低、风险小等优点，可以有效地利用他人的技术信息尤其是专利信息，大大节省科研开发的时间和资金，避免低水平重复研究，有助于开拓思路或改进技术，或高起点研发新技术、新产品，实现跨越式发展。

专利权的垄断是以充分、完整的公开其发明内容为条件的，作为重要的知识产权信息的专利文献将所有的技术几乎包揽无遗，深刻反映出某一技术领域从无到有，由低级到高级的过程，并且能够直观清晰地预示出现有技术所处的发展阶段，未来技术的发展方向，新技术设计的关联领域。

目前世界上已公开的专利文献约 4000 万件，而且每年还以 100 万件的速度递增，❶ 已经成为世界上最主要的科技信息资源。全世界 90% ~95% 的最新技术发明，在专利信息中都可以查到。❷ 相反，据美国专利局的统计，约有 70% 的发明没有在其他技术期刊论文中反映。由于世界上绝大多数国家实行的是先申请原则，对内容相同的发明，专利权授予最先申请的人，因此发明人通常力求抢先提出专利申请，并且由于受到专利新颖性条件的影响，专利文献反映新技术往往要早于其他技术文献。据 WIPO 统计，充分利用专利文献，可以节省 60% 的科研经费和 40% 的科研时间。❸ 所以企业实施蛙跳策略，可以紧跟国外同行的研究开发工作，了解国外同类企业的研究开发动态和最新成果。

1.2.2.2　嫁接策略

落后企业如果一味模仿先进企业，将陷入跟随状态而无法超越，但自主创新又面临着无法迅速打开市场的窘境，因此对于迫切需要获得专利以打开市场的企业，直接购买他人专利是一条快捷方便的路子。尤其对于急需进入某一国外市场的企业，通过直接购买国外的专利可以迅速、顺利地进行生产，投入市场。

通过购买专利而非直接开发，取他人的专利技术为自己所用，不但能够在时间不够充分、人员设备条件尚未准备完成的情况下达到抢占市场、打击竞争对手的目的，并且可以减少技术风险，使企业在一个较高的起点上向前发展，在消化吸收他人专利的基础上进行再开发和创新，实现长远的规划目标。

在国外直接购买他人专利还可以成为一项有效的专利防卫策略。通过低成本地购入国外小公司的专利技术，可以对抗国外大公司的专利进攻，同时发挥自己的优势抢占市场，达到低成本扩张的目的。

1.2.2.3　交叉许可策略

交叉许可指两个以上的专利权人通过协议相互授予对方实施专利的权利。对于他人已经取得的专利权，可以根据该专利技术对市场的影响程度，围绕其开发并申请外围专利技术，取得交叉许可或技术联合，从而变被动为主动，分享市场份额。

❶ 范在峰. 企业技术创新与知识产权法律［M］. 北京：人民法院出版社，2004：253.
❷ 谢英，汪晓. 企业专利申请策略的探讨［J］. 硬质合金，2004（2）.
❸ 何敏. 企业知识产权保护与管理实务［M］. 北京：法律出版社，2002：222.

在了解他人专利信息的基础上进行进一步的研究，围绕他人专利做出更具先进性的改进发明并申请专利，实际上限制了他人技术改进的途径，他人如果对其专利技术进行改进和实施，则可能落入本企业的专利保护范围。通过这种手段可以形成对抗局面，逼迫对手和本企业达成交叉许可的协议，双方互相许可实施专利，所以这是一种费用低廉的专利策略，可以通过较少的代价获得使用他人专利的许可。

对于技术落后企业来说，通过协作分工，各自申请专利并且交叉许可，可以汇集小企业的资金、技术和人才，在整体上接近或超过先进企业的资金和技术规模，突破规模较小的限制，达到较高的水平。技术落后企业为了解决所有的技术问题不但存在经济上的困难，并且还难于在所有的技术点都具有特长，因此不同企业的合作可以充分利用各自的资源，起到取长补短的作用，有效降低科研风险，减轻资金负担，实现“一加一大于二”的效果。

1.2.2.4 回避设计策略

回避设计是一种常见的专利被动规避策略，即研究他人的某项专利，然后设计一种不同于受《专利法》保护的他人专利的新方案，来规避他人的专利权。企业在申请专利前为避免侵犯他人专利权，可以在专利申请前就进行回避设计。

企业进行回避设计的目的，是希望降低研发活动的成本，获得商业上的竞争力，因此在回避设计的过程中也要求降低回避设计的成本。但是有部分企业进行了回避设计后仍然构成侵权，这多半是因为过于追求商业上的竞争力。从本质上来说，回避设计还是一种研发活动，没有对本技术领域的一定技术认识，没有一定的对专利侵权的法律的积累，是无法做好回避设计的。

专利回避设计的第一步是要搞清所要回避的专利保护范围的大小，找出其保护范围最宽的权项进行分析，结合说明书，确认该权利要求字面的真实含义，以及其等同物的范围。

经过这样的分析，可以整理出该最宽权利要求包含的几个必要技术特征。这样就提供了一个比对基准，来检验将来的回避设计是否满足下限要求。值得提及的是，这种技术特征的对比不仅仅是字面上的，还应考虑其等同物，当然，这也是对比的难点所在，这些就是侵权判定理论中提到的全面覆盖（字面侵权）原则、等同原则在回避设计中的应用。

专利回避设计的第二步是当整理出要回避的专利的技术特征之后，就可以借鉴专利文件中发明内容和具体实施方案来进行回避设计。

专利的保护范围以权利要求为准，以独立权利要求的保护范围最宽，其具体实施方案中可能提供了多种变形和技术方案；其发明内容部分可能揭示了完成本发明的技术原理、理论基础或发明思路。然而其权利要求却未必能精准地概括上述这些具体实施方案；其技术原理、理论基础或发明思路也未必只对应其独立权利要求中的技术方案。这样，一种可能，就是对未被权利要求概括的实施方案或其变形进行不同于权利要求保护的技术方案设计；另一种可能，就是通过应用发明内容中提到的技术原理、理论基础或发明思路创造出不同于权利要求保护的技术方案。

如果上述方式很难实现回避设计，也可以借鉴专利权利要求进行回避设计。这种回避设计是采用与要回避的专利相近的技术方案。与要回避的专利相比，回避设计最起码要缺少至少一个必要技术特征，这样，回避设计才不会侵权。同样，这里的权利要求也应当理解为字面及其等同解释。这是最常见的回避设计，也是最与专利保护范围接近的回避设计。这种方法技术上的难度相对较大，关键点在于找出权利要求各技术特征中最易缺省或替代的技术特征，也就是突破口，这需要有丰富的技术设计经验。[1]

1.2.2.5　自主开发策略

自主开发是指企业主要依靠自己的研究开发力量，投入大量的资金、人力和物力对某一领域的技术进行研究开发，通过技术上的自主研发获得技术成果，申请专利。落后企业一旦通过正确的专利申请策略获得了一定的地位与成功，必然走上自主开发进行专利申请的道路。因为伴随着和先进企业技术差距的缩小，可免费获得、低成本利用的专利信息越来越少，先进企业公开的专利技术信息和落后企业自身掌握的技术信息相比技术进步性并不显著，落后企业从他人专利公开信息中所能获得的利益变小，这就导致跨越式发展和追赶先进企业容易，利用他人专利信息实现超越却非常困难。一旦落后企业站到了技术研发的前端，如果不注意自主研发和申请专利的投入，则很可能又被先进企业拉开距离。

1.3　专利申请的准备

企业申请专利之前，必须就是否将技术采取专利的形式予以保护，在

[1] 张诗琼. 知识产权战略之“专利回避设计”［EB/OL］.［访问日期不详］. http：//www.chinaiprlaw.cn/file/200603237427.html.

何时、何地由何人申请何种专利，做出决定。

1.3.1 企业专利申请与技术保护的关系

专利权是企业保护自身技术的有效方式，但并非唯一方式。除了依靠专利保护之外，也可以将发明创造作为一种技术秘密予以保护。这两种保护形式各有优劣，企业对于具有专利性的技术创新成果采取何种方式进行保护，应当针对发明创造的本身特点确定。

专利权是一种垄断权，产品在被授予专利权后，任何单位或个人未经专利权人许可，都不得实施其专利。但是获得专利权是以公开发明创造为条件，这就会提升竞争对手的技术研发水平，而《专利法》并不限制他人在该项专利基础上进行技术再创新，当然更不限制在专利权人技术上的新超越，只要竞争对手没有直接生产该专利产品，或者没有将该专利技术用于经营和服务，都不会构成专利侵权。同时专利保护是有一定期限的，保护期限届满，专利技术就成为社会公知公用技术，人人可以自由使用于商业目的。

与此相反，技术秘密不具有垄断性，不能排斥他人也搞同样的发明专利，他人可以通过合法的独立研发获得并使用相同的技术，因此权利人必须采取非常严密的保密措施，承担不慎泄露的风险。但是采取技术秘密保护的适用性更广，也更具灵活性，不以向社会公开自己的发明创造内容为获得保护的代价，同时还具有更宽的保护范围，可以对不符合专利条件的技术发明提供保护。

通常，人们对于保密困难、易于仿制的发明创造采取专利的方法予以保护。能自我实施，占领市场的技术创新成果，宜申请专利。利用技术优势，以转让专利或许可实施为赢利手段的，宜申请专利，以确定其法律状态，在技术转让谈判时占据有利的地位。

对于易于保密、他人无法仿制的技术，为延长独占市场的时间，可以不申请专利。占有很强的技术优势、短期内不易被竞争对手追赶上的技术，可暂不申请专利，而采用技术秘密的方式予以保护。对于新技术还有待完善的，为避免过早暴露企业发展意图，可作为企业技术秘密保护。

在有的情况下，权利人综合运用专利和技术秘密对发明创造进行保护。如可以对发明创造进行分解，对于机械结构等容易随着产品的销售而公开的部分技术申请专利，对于不易被仿制的部分则采取技术秘密保护方法。

对于企业不打算自己实施或者从技术转让中获得的，也可以不申请专利而采取公开技术的方式，使对手丧失获得相关技术专利权的可能。

对于一项发明创造的技术内容，企业并不需要全部申请专利或全部归为技术秘密，而是可以采取部分申请专利、部分归为技术秘密的方式进行保护。企业的核心技术关乎企业生存和发展，应申请专利。配套的次要技术，可以不申请专利。新技术具有较强的先进性，能引领技术发展趋势或技术发展方向的，以对其总体构思和技术轮廓申请专利，对于其中影响质量或效果的一些关键技术，则可作为技术秘密加以保护。实际上，有些企业在检索到他人的专利技术并进行试验时，有时会发现，即使是严格的依照专利说明书进行重复试验，也无法得到专利说明书所宣称能够达到的技术效果，就是因为专利说明书没有给出得出最优结果的最佳方案，而这些能够得出最优结果的参数，往往被专利申请企业作为技术秘密予以保护。由一系列配套技术组成的发明创造，如果全部技术紧密关联，缺少任何一项都不完整、可行，则应当就全部技术申请一项专利。如果技术间相互独立，则可以就其中一项或几项新技术申请专利，也可以就整个系列技术申请一项专利。

在专利和技术秘密保护这两个问题上，不同的人也有不同的看法。随着全球经济一体化的大发展趋势，企业面临越来越大的挑战，特别是在开放性和透明度日益增强的今天，真正能够用技术秘密保护的方式来保护企业高新技术成果已越来越难以奏效，要想有效维护企业利益，只能通过专利保护这一法律手段来进行。但究竟选择哪一种保护方式，只能根据企业各自的实际情况具体分析，并没有一个谁是谁非的问题。但从世界未来发展的大方向上看，专利保护将比以往任何时候都显得更为重要。❶

对于申请专利的，也要考虑申请何种专利。发明专利的授权要经过实质性审查，获得授权须等待的时间较长，但是一旦获得专利权，其法律稳定性很高，保护期长，非常有利于企业专利技术对市场的垄断。企业核心技术、企业领先技术或代表了本专业发展方向、趋势或属于市场全新产品的技术，宜申请发明专利，以保持企业技术竞争力和市场垄断。

实用新型、外观设计专利保护期限较短，但其审查过程简单，易于获得专利保护。对于企业新推出的产品可以通过申请实用新型或外观设计专利尽快获得保护，抢占先机。为此，有些专利权人同时申请实用新型专利和发明专利，以尽快通过专利权的保护垄断市场，而当发明专利经过实质审查，很有可能获得授权的情况下，通过声明放弃实用新型专利权来获得

❶ 徐志，陈瑛. 申请专利，还是采取商业秘密保护？[J]. 广东科技，2001 (12).

发明专利权，以延长专利权的保护期限。

申请实用新型专利需要注意的是，虽然申请时无需实质审查，但是提起侵权之诉时需要提交专利检索报告，否则对方一旦提起宣告专利无效的行政程序，法院中止侵权之诉的可能性较大。而发明专利由于稳定性强，法律并无此要求，对方提起宣告专利无效行政程序时法院中止审理的可能性较小。

1.3.2 申请专利的权利的归属

企业申请专利以前，必须首先解决申请专利的权利的归属问题。引起这方面纠纷的原因通常有四种情况：

第一种是职务发明与非职务发明引起的申请专利的权利纠纷。如果属于职务发明，申请专利的权利归单位，如果是非职务发明，申请专利的权利归个人。然而，实际中往往不易区分职务发明与非职务发明的界线，特别是有些发明介于二者之间的灰色地带，往往难以界定，这类权属纠纷较为常见。最好的解决办法是在雇佣合同中明确约定，在雇佣期内所做出的一切发明都归属于单位，而单位则给予其相应的报酬与奖励，或者通过合同约定归个人所有或单位与个人共同所有，将复杂问题简单化，尽量避免权属纠纷。在职工离开单位之前，最好签订一份合同，将应归属单位申请专利的发明创造加以明确。

第二种是因委托开发而产生的申请专利的权利纠纷。这类纠纷主要是由于委托开发合同中对申请专利的权利的约定不够明确而产生，如果明确规定为委托方所有，也就不存在纠纷；如果毫无约定，则申请专利的权利归研究开发方。

第三种是因合作开发引起的申请专利的权利纠纷。合作开发的成果除合同另有约定的外，申请专利的权利为合作各方共有。此类纠纷主要体现在一方未经另一方同意擅自申请而引起纠纷，或者就其中某一方是否具备作为共同合作完成方的基本条件而产生纠纷。

第四种是窃取他人的技术申请专利，引起的申请专利的权利纠纷。只要发明创造者或真正有权申请者能有足够的证据证明该他人是窃取其技术去申请专利的，可以依一定的法律程序索回申请专利的权利。

专利申请获得批准后仍然可能产生权利归属纠纷。引起这类纠纷的原因与申请专利的权利归属纠纷大体相同，只不过是纠纷发生的阶段不同。一个在专利申请批准之前，一个在专利申请批准之后。一旦产生申请权纠纷，只要处理纠纷的主管机关或法院通知国务院专利行政部门，其一般会暂停审批该项专利申请。[1]

1.3.3 专利申请的时间选择

科技的激烈竞争，使得不同的企业会同时对相同或相近的领域进行开发，重复在所难免。对于相同技术的专利申请，包括我国在内的多数国家适用先申请原则，即当两个或两个以上的申请人就同样的发明创造提出专利申请时，专利权授予最先申请之人，因此一般而言，在发明创造完成以后应当及时提出申请。但是专利权的取得不仅需要经过一定的程序，而且按照规定还需要支付申请费、审查费、专利代理费和专利维持费用，如果一项专利技术不能为权利人带来经济利益，申请专利就会得不偿失，相反还会带来公开专利技术内容的风险。所以，需要通过认真的研判市场因素和充分利用《专利法》的相关规定，企业才能把握住申请专利的最佳时机。[2]

1.3.3.1 市场成熟度与专利申请时机

专利技术开发完成后立即申请专利，是通常的形式，但是是否申请专利还需要考虑其他许多因素。

如果所开发的技术基本轮廓已经具备了专利实质条件要求，由于专利实行先申请政策，那么可以不待全部技术成熟就提前申请专利，然后利用专利优先权提供的时间进行修改完善。

市场是否成熟，是判断是否申请专利的最重要因素。通过了解国内外市场动态，如果预计发明创造实施后会带来较大的经济利益，则应当不失时机地申请专利。

如果市场成熟度不够，那么提出的专利申请会存在两个弊端。一个弊端是，由于专利保护期是有限的，因此过早提出申请后的前几年对于专利权人来说并无意义，而等到市场成熟后，专利权人能够垄断市场的时间已经所剩不多。另一个弊端是，申请专利是以公开专利技术为代价的，过早申请其实是给竞争对手提供了求之不得的技术信息，使得竞争对手在市场成熟以前有机会追赶上来，在市场成熟后有了能够抢夺市场的技术进步。

1.3.3.2 专利申请与新颖性

判断发明创造是否具有新颖性是以申请日作为时间基准的，技术一旦在申请日前公开就丧失了新颖性，所以申请人必须做好在申请日前的保密

[1] 温旭. 专利权归属纠纷［EB/OL］.［访问日期不详］. http: //www. hzip. gov. cn/jbzs/jbzsneirong. asp? knum = 1170.

[2] 张军，卫聪玲. 企业专利申请策略［J］. 经济师，2004 (5).

工作。如因试制产品需要等原因必须向他人透露该发明创造内容的，必须和他人订立保密协议，要求他人承担保密义务。如果当事人违反了保密协议致使发明创造内容被公开的，依据《专利法》的规定，申请人可以从他人未经同意泄露其发明创造之日起6个月内提出专利申请，该发明创造仍具有新颖性。

准备申请专利的发明创造，如在中国政府主办或者承认的国际展览会上首次展出，或在规定的学术会议或者技术会议上首次发表，则权利人应当在6个月以内申请专利，否则丧失其新颖性。除此以外的参加展览、举行新闻发布会等情形，则会导致发明创造新颖性的丧失。企业还应当通过签订合同和制定制度，规范员工发表科技论文等行为，以避免新颖性的丧失。如企业准备申请专利的发明创造系委托其他企事业单位开发或合作开发的，还应通过合同的约定避免新颖性的丧失。

1.3.4 专利申请与专利调查

申请专利前必须进行专利调查，了解和掌握行业内相关技术领域的科技信息和当前的技术发展状况，评估专利申请的可行性和经济效益。企业只有通过对世界各国专利文献、科技期刊和书籍、技术会议和科技博览交易会等进行较全面的情报信息的收集、整理和较深入地分析研究，充分了解相关技术领域内的现状和动态、技术生命周期、主要竞争对手、潜在对手，以及相关技术的发展方向和国际趋势，才能做到知己知彼，制定出适合企业自身发展的具体专利战略。[1]

1.3.4.1 专利申请可行性调查

专利申请的可行性必须以申请国专利法为依据进行评估，包括判断申请专利的发明创造是否属于专利法禁止授予专利权的情形以及所申请的发明创造是否具有专利实质条件。专利实质条件就是申请国专利法规定的专利授权条件，包括是否具有新颖性、创造性和实用性。其中，对于专利申请是否具有新颖性和创造性的调查十分重要，甚至在该专利技术的研发阶段就应当予以关注，以了解与发明创造相关的现有技术，避免对他人已经享有专利权的技术进行简单地重复开发。为了防止侵犯其他企业的专利权，一旦准备申请专利，就应当充分利用专利文献制成专利地图等工具，分析、了解其他企业的专利情况，并在申请时准确描述本专利的技术特征，确定本专利恰当的权利要求。

[1] 谢英，汪晓. 企业专利申请策略的探讨［J］. 硬质合金，2004（2）.

1.3.4.2　专利申请经济性调查

专利申请的经济效益必须考虑到本领域竞争对手的专利申请状况。通过查阅、分析某一技术领域专利申请量的大小及其相关内容，可以比较准确地了解某一技术领域的现状和最新动态，预测其发展趋势，从而分析出某一产品的市场前景，及时制定、调整本企业的发展方向和对策。通过调查可以得知，特定技术领域的专利申请量并不是稳定、持续增长的，专利申请量总是以曲线的形式呈现出来，通过研究其发展轨迹可以大致判断出一项技术的进入期、成长期、成熟期和衰退期等生命周期，而这与相关产品的市场成熟度、竞争程度、市场前景等有着紧密的联系。

1.3.4.3　专利法律状态调查

即使经过调查，发现存在在先专利而导致专利申请不成，对于在先的专利法律状态进行调查也非常有用，其时间性和地域性的特征仍然有必要予以利用。对于时间上失效的专利，由于其已经进入公有领域，可以拿来为我所用，即使该专利的存在致使我方欲申请的专利丧失了新颖性而不能获得市场垄断，但是该专利的存在并不会妨碍我方产品的生产。对于他人未过期的专利，也可以找出其未申请专利的国家和地区，在这些国家和地区利用他人的技术进行生产经营。

1.3.5　专利申请与专利防卫

下图是国内两家电信企业的专利申请情况：

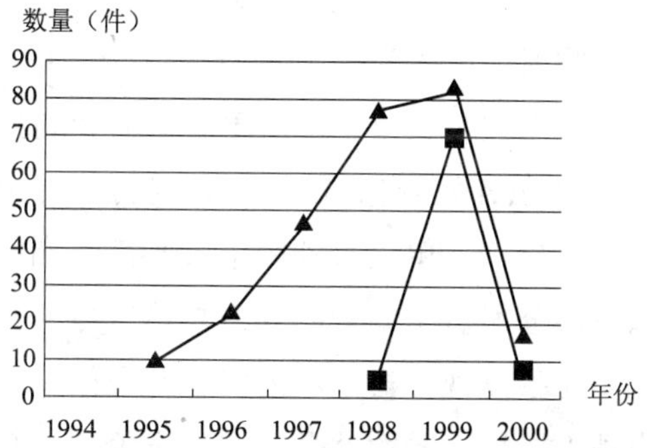

从上图可以明显地看出两家企业的专利申请曲线具有相似性，隐约存在着“领先者”和“跟随者”的关系。以两家公司相交叉的技术领域的专利类名为出发点进行分析，可以发现 23 件专利可能存在跟随现象，也就是说专利申请在后的公司对于专利申请在前公司的专利申请进行了研究利用。[1]

[1] 齐伟．从反竞争情报的角度看企业的专利申请战略［J］．情报理论与实践，2003（1）．

这个例子从技术角度说明了专利信息在竞争情报中的研究和利用，企业在制定专利申请战略时，不应该只追求数量上的优势，更多的要站在战略的高度，在制定过程中应该有反竞争情报的意识，避免技术信息的重要部分泄露后被竞争对手以较低或零边际成本使用，增加了竞争对手研究开发成功的可能性。

专利申请是以专利权人充分公开其发明技术内容为前提条件的，而且一个企业申请专利，无论授权与否，其产品技术都将通过专利局出版的专利公报或专利说明书向世人公开，因此企业获取竞争对手的专利技术和法律情报并不困难。通过对专利信息的分析，可考察行业的技术走向和竞争对手的重点技术及市场战略。如果企业在申请专利过程中过早暴露了自己的实力和技术研发动向，且这种暴露不是专利申请战略中的有意暴露，那么将会对企业的发展带来不利。

现在的专利战略更多的是关注专利申请给企业带来的好处，忽略了专利技术的暴露给企业带来了看不见的损失。对于竞争者肯定会得到的信息，就要从反竞争情报角度来保护自己，采取适当的反竞争情报的专利申请战略。

一是可以将专利申请分散到各个分公司。一个大型企业通常有很多子公司和各个研究所，在专利申请中，在不影响专利权的情况下，没有必要都统一用总公司的名称来申请，可以考虑将专利分散到各子公司或者研究所。这样，竞争对手在信息收集过程中，会感觉到信息过于分散烦琐，增加了其工作难度，影响竞争情报分析。

二是可以将专利以个人名义申请。由于公司的专利技术归根到底是某个人或几个人发明的（职务发明），虽然专利权属于公司，但是在专利申请时可以个人的名义去申请，单位另外跟个人签订专利权协议。这样的专利申请一方面可以提高公司员工的发明创造热情，另一方面这种隐蔽行为通常不太容易被竞争对手发现，对于本公司的专利信息有非常好的保护功能。当然，这种申请方式最重要的就是要如何避免公司与个人在专利权的使用上发生争议，可以建立公司相关规章制度并且在与员工的劳动合同中订立带有约束力的普遍条款。

三是可以散布虚假信息。专利申请数量也是竞争情报中一个相当重要的切入点，数量的变化反映出企业的动态情况，因此企业在申请专利时，要对自己专利数量的变化可能给对手提供的信息加以考虑。必要时，针对对手的竞争情报活动，为对手提供虚假信息，误导竞争对手。在某些情况下企业可以先申请基本专利，再逐步开发并申请改进专利；有时可以采取暂缓申请或者虚假申请，使对手摸不清自己的真实情况。在所申请的专利中，真假虚实并存，甚至申请一些与自己的研究方向完全无关或相反的专利，以误导对方，转移竞争对手的视线与注意力，给竞争对手造成假象，让其琢磨不清公司的市场和技术战略的变化。在前几年的网络热潮中，就有某大型高科技企业散布了虚假的企业战略发展方向并申请了很大框架的、明显无法获得授权的专利，导致部分习惯跟风的中等规模企业改变技术发展方向，在并没有商业前景的技术领域浪费了大量的资金和时间。

虽然因为专利申请而导致的技术信息泄露使对手获利，但是在实践中，还有些技术领先企业选用泄露虚假信息的战略，打击技术落后企业的信心，迫使其放弃“蛙跳”式发展的机会，也有一些技术落后的企业泄露虚假信息，适时宣布自己已作出了重大突破或完成了发明，扰乱领先企业已有的投资策略，使其减少或放弃投资，从而加大自己“蛙跳”的可能性。此时的关键是各企业对竞争对手这种信息泄露的可信度的评估，不能被竞争对手的虚假信息迷惑。

影响市场竞争的不确定性因素不仅包括了自己研发的技术能否成功，而且竞争对手是否在研发过程中取得了成功，同样也具有不确定性，所以了解竞争对手的研发进展状况是决定胜负的重要因素之一，要通过获取最新的技术信息，来指导自己创新发展方向，以谋取更大范围和市场中的竞争优势。

如果技术的模仿成本可能不高，而且容易受到竞争对手有针对性的研制同样特性的技术产品，那么如果过早泄露自己的研发状况，市场的很大一部分将被竞争对手生产的同类替代品夺走。

策略性发布自己的一部分信息和一些假的创新信息，来引导对手向与自己实际创新方向不同的方向发展，消耗对手的研发力量，从而为自己创造先动的优势和有力的研发环境，从而使本企业真正的研发目标减少了许多竞争对手，为企业推出的新产品提供了广阔的市场空间。

企业故意宣布投入对手不可能达到的研发力量进行某项创新，是对手放弃与自己竞争，从而达到垄断某项创新的目的。即使以后自己真的投入没那么多，也不会有对手与自己竞争。

专利防卫的内容不仅包括防止他人低成本利用自己的专利公开信息进行追赶，而且包括利用申请专利来防卫自己产品的顺利生产。有的企业认为，自己准备投产的产品技术虽然具备了新颖性，但是创造性不高，如果申请专利获得授权的可能性不大，即使获得授权，在此后的侵权诉讼中也容易被他人提出无效，起不到什么作用，因此不愿对这类产品申请专利，以节约企业成本。其实对这类产品申请专利仍有必要，因为一旦自己不申请专利，而被他人申请成功的话，自己的生产就会陷入被动。首先是因为宣告他人专利无效或主张先用权，出于证据等因素不一定能够成功，其次是即便宣告他人专利无效或主张先用权而确保了自己产品能够继续生产，一旦产生专利纠纷，企业必须投入的纠纷处理费用与专利申请费用相比，不能同日而语，相反自己的专利一旦申请成功，对于对手必然会产生一定的威慑力，即便他人费尽心力宣告自己的专利无效，也无碍于自己产品的生产，只是丧失了市场的垄断性而已。

1.4　专利申请的代理

专利代理机构是经各省市专利管理局审核，国家知识产权局批准设立，可以接受委托人的委托，在委托权限范围内以委托人的名义办理专利申请或其他专利事务的服务机构。目前我国含涉外代理机构在内已有专利代理机构 500 多家。

专利代理人是指获得了专利代理人资格，持有专利代理人工作证并在专利代理机构专职或兼职从事专利代理工作的人员。

专利代理是民事代理的一种，是指专利代理机构接受委托人的委托，以委托人的名义，在委托人授权范围内，代替委托人办理专利申请或者其他专利事务，其法律后果由委托人承担的法律行为。[1]

1.4.1　专利代理的意义

根据《专利法》的规定，在中国没有经常居所或者营业所的外国人、外国企业或者外国其他组织在中国申请专利和办理其他专利事务的，应当委托国务院专利行政部门批准的专利代理机构办理。中国单位或者个人在国内申请专利和办理其他专利事务的，可以委托专利代理机构办理。中国单位或者个人将其在国内完成的发明创造向外国申请专利的，应当先向国务院专利行政部门申请专利，委托其指定的专利代理机构办理。

在美国、德国等发达国家，超过 95% 的专利申请是通过委托专利代理人来申请的，而我国通过专利代理人申请的专利只超过 65% 。较低的数

[1] 于泽辉．商标与专利代理［M］．北京：法律出版社，2004：146.

量，既反映出我国的专利代理人还不够职业化，也说明了我国的发明人还没有充分认识到专利代理的作用。

（1）有利于专利申请文件的撰写

申请专利必须按照要求递交请求书、专利权利要求书、说明书、附图、摘要等，这些专利申请文件的撰写不但必须满足特定的格式要求，而且好的专利文件的撰写还有赖于对申请文件特殊表达方式和撰写技巧的掌握，这些特定的要求不但对于专利权的申请获得成功十分必要，而且还可能对将来的专利确权与专利侵权诉讼产生影响，因此委托专业的专利代理人来撰写专利申请文件就显得十分重要。

专利申请的过程并不是简单地递交一次专利申请文件就结束了。在审批专利申请时，审查员还需要与专利申请人反复沟通，对专利申请文件进行修改、补正和陈述意见。委托专利代理人负责专利申请事项，有助于保持及时、畅通、可靠的联系渠道，不至于因对于申请程序的不了解而耽误申请事项，也可以避免专利申请因格式不合要求或回复不当等原因被驳回。

（2）有利于专利申请策略的制定

申请专利并不是公开发明人的技术信息越详细越好，更不是专利必要技术特征写得越多越好，专利申请策略应当服从于企业的经营战略。专利代理人通过自己对法律的熟悉和专利检索等专门工具的利用，针对特定发明的市场前景、申请时机和申请内容等，可以为专利申请人提供良好的咨询意见，充分维护申请人的权益。

（3）有利于专利确权事务的办理

由于任何人都可以针对特定专利提出宣告无效的申请，因此专利确权程序是专利工作的重要内容。专利代理人属于既熟悉技术又了解法律的复合型人才，在办理专利确权事务时对于技术在法律上的意义十分清楚，相对于专利申请人来说一般具有明显的优势。而且专利代理人都受过专利执业的职业培训，掌握了大量专利工作专门技能，能熟练应用专利数据库等普通专利申请人所不具有的工具，可以更为有效地处理专利确权纠纷。

按照我国有关规定，专利权人在专利申请和确权过程中为维持其专利权有效而进行的缩小了专利保护范围的陈述，不得在专利侵权纠纷中反悔，因此专利权人在专利确权纠纷中并不能为了达到维持专利权有效的目的而随意发表意见，大幅缩小专利权保护范围。专利代理人可以依靠对于法律的熟悉，对专利确权纠纷中的陈述进行评估，避免不必要地缩小专利权利保护范围，造成赢了专利确权纠纷，却输掉了相关专利侵权纠纷的局面。

（4）有利于专利许可的办理

专利的申请是为了专利的实施，但是一方面许多专利权人缺乏人力物力实施其专利，另一方面又存在着对于专利技术的巨大市场需求，因此专利代理人可以充分利用所掌握的专利情报信息，成为专利权人和专利技术需求者之间的理想中介。

专利代理人在专利许可中的作用，还体现为可以对交易专利的稳定性和价值进行评估。专利代理人熟悉专利制度，可以方便地查阅专利档案和进行专利检索，对于可能被宣告无效的专利提出预警，还可以通过收集专利情报对交易专利技术的技术发展前景和市场价值进行评估。

1.4.2 专利代理的内容

专利代理人可以从事的专利代理业务，包括提供专利事务方面的咨询；代写专利申请文件，办理专利申请；请求实质审查或者复审的有关事务；提出异议，请求宣告专利权无效的有关事务；办理专利申请权、专利权的转让以及专利许可的有关事务；接受聘请，指派专利代理人担任专利顾问；办理其他有关事务。

1.4.2.1 代写专利申请文件的代理

专利代理人代写专利申请文件时，需要接受专利申请的咨询，深入了解需要申请专利技术的技术内容，提出技术保护的具体方案，确定其申请专利的可行性，并分析专利市场前景，提出申请策略。

在撰写专利申请文件时，专利代理人必须抓住发明创造的关键技术特征，合理化专利权的保护范围，还要利用专利代理人的专利情报信息，将发明人忽略的技术内容进行挖掘，防止专利被他人轻易无效掉。

1.4.2.2 专利审查中的代理内容

在专利的初步审查阶段，国家知识产权局会针对专利申请文件存在的形式缺陷提出各种通知，专利代理人必须认真研究这些通知，对申请文件的缺陷进行补正，及时回复。

在发明专利的实质审查阶段，国家知识产权局会针对专利申请的新颖性、创造性和实用性提出各种通知，专利代理人必须提出实质审查的请求，研究审查员发出的通知意见，并和发明人进行沟通，及时提出陈述意见。

在专利的复审阶段，专利代理人要找出专利申请符合实质条件的理由，必要时对专利申请文件进行修改，依法争辩，使专利申请获得授权。

在专利的无效宣告阶段，专利代理人必须认真撰写意见陈述，参加口头审理，并对无效宣告程序结束后的处理工作提出意见。

本章思考与练习

1. 企业技术领先时的专利申请策略有哪些?
2. 企业技术落后时的专利申请策略有哪些?
3. 企业专利申请与技术保护的关系如何处理?
4. 专利申请时机应如何选择?
5. 专利代理机构的作用和工作内容有哪些?
6. 检索现有技术在专利申请中的地位?
7. 专利申请授权后获得垄断的对价是什么?
8. 专利申请除了满足新颖性、创造性等进步性要求外，还需要满足什么要求?

第2章　国内专利申请

本章学习要点

1. 中国三种专利申请的程序
2. 发明和实用新型专利申请文件的撰写要求
3. 外观设计专利申请文件的撰写要求
4. 初步审查和实质审查程序中审查意见的答复
5. 有关专利申请的手续、费用和期限的具体规定

2.1　国内专利申请的程序

2.1.1　专利申请程序概述

专利申请程序，是指一件专利申请从申请人递交申请文件开始，直至被授予专利权或被驳回的整个过程中，在国家知识产权局所经历的审批程序，以及在此过程中当事人的参与过程。一项发明创造从向国家知识产权局提出专利申请到被批准为专利需要经过多道事务处理程序。其中既包括审查员依法对申请文件进行审查的审查程序，以及审查后的批准或驳回程序；也包括在此过程中申请人或发明人的参与，如答复审查意见、修改申请文件等。从而可以看出，专利申请程序事实上是在专利申请的审查与批准过程中，审查员与当事人双方的参与、配合过程。当然，这个过程是以审查员的审批程序为主线展开的。

2.1.2　发明专利申请的程序

一件发明专利申请从提出申请至被授予专利权，主要经过受理、保密、分类、初步审查、申请文件的公布、实质审查等程序。每道程序从不同的角度、不同的层面对申请文件进行审查或处理。

(1) 提交申请

首先申请人需准备必要的申请文件（包括发明专利请求书、说明书、

权利要求书等），并以面交、邮寄或电子申请的方式提交给专利局受理处或专利代办处（下称“受理处”）。

（2）受理

在申请人递交了申请文件之后，受理处对申请文件进行核查，对符合受理条件的申请发出《专利申请受理通知书》；对于不符合受理条件的申请，发出《不予受理通知书》或当面通知申请人（如果申请以面交方式递交的话）。

（3）保密

发明专利申请被受理后，首先需要经过保密程序。按照《专利法》第4条的规定：申请专利的发明创造涉及国家安全或者重大利益需要保密的，按照国家有关规定办理。该条款所称的“发明创造”仅指发明专利申请，不包括实用新型和外观设计。所谓保密，是指在对发明专利申请是否需要保密进行审查，从中挑出“涉及国家安全或重大利益”的申请，防止其被当做普通申请而公开。由于这些发明创造涉及国家安全（例如与国防相关的新式武器）或者影响国家的经济、科技实力，其一旦被公开，就有可能影响国家的防御能力，损害国家的政治、经济利益或削弱国家的经济、科技实力。[1] 因此这类发明创造需要当做保密专利进行处理。

对于涉及国防方面的国家秘密需要保密的发明专利申请，将移交国防专利机构（国防专利局）审查，由国家知识产权局根据国防专利机构的审查意见做出决定；其他需要保密的发明专利申请，将转送至国务院有关主管部门进行审查，有关主管部门自收到该申请之日起4个月内，将审查结果通知国家知识产权局，需要保密的，由国家知识产权局按照保密专利申请处理，并通知申请人。

（4）分类

经保密程序后，对于不需要保密的发明专利申请（绝大多数发明专利申请），由专利局的分类部门按照技术主题进行分类，给出完整的国际专利分类号。

（5）初步审查

在分类完成后，根据分类号的不同，发明专利申请将由初步审查部门不同领域的审查员进行初步审查。在初步审查程序中，审查员主要对申请文件的格式和是否存在明显的实质性缺陷进行审查。对于存在格式缺陷的

[1] 国家知识产权局条法司．新专利法详解［M］．北京：知识产权出版社，2001：24．

申请，发出补正通知书，通知申请人在规定期限内补正；对于存在不可克服的实质性缺陷的申请，向申请人发出审查意见，要求其在规定期限内答复。申请人对于补正或审查通知书逾期不答复的，将导致该申请视为撤回。经申请人答复或陈述意见，对于消除了原始缺陷并符合出版要求的发明专利申请，审查员发出《发明专利申请初步审查合格通知书》。

（6）申请文件的公布

发明专利申请经初审合格的，自申请日（有优先权的，自优先权日）起满 18 个月由国家知识产权局予以公布，申请人也可以在此之前提出提前公布的请求。公布的内容既包括申请的技术内容，也包括申请的法律信息（申请日、申请人等），公布的方式是出版专利公报和专利申请说明书。自公布之日起，该发明专利申请即能获得《专利法》第 13 条所规定的临时保护。

（7）实审请求

申请人应当自申请日（有优先权的，自优先权日）起 3 年内提出实质审查请求，并缴纳实质审查费，逾期未提出请求或未缴纳费用的，将导致该申请视为撤回。实质审查请求生效后，专利局将发出《发明专利申请进入实质审查程序通知书》，自此该发明专利申请进入实质审查程序。

一种可能的例外情况是，根据《专利法》第 35 条第 2 款的规定，国家知识产权局认为有必要时，可以自行启动对发明专利申请的实质审查。实践中这种情况极少，发生这种情况必须由局长签署书面意见，存档并通知申请人。[1]

按照《专利法实施细则》第 51 条的规定，发明专利申请人在提出实质审查请求时以及在收到国务院专利行政部门发出的发明专利申请进入实质审查阶段通知书之日起 3 个月内，可以对发明专利申请主动提出修改。因此发明专利申请有两次主动修改的机会。有必要说明，无论何时提出的主动修改，都应遵守《专利法》第 33 条的规定，即修改不超出原始说明书和权利要求书记载的范围。

（8）实质审查

在实质审查程序中，审查员将对发明专利申请的主题是否属于《专利法》所规定的给予专利保护的主题、权利要求书所保护的技术方案是否具备新颖性、创造性和实用性，修改是否超范围，说明书是否充分公开解决

[1] 高卢麟. 专利事务手册［M］. 北京：专利文献出版社，1993：106.

技术问题的技术方案等实质性问题进行审查。在审查过程中，审查员一般会向申请人发出 1 至 2 次审查意见，申请人应在规定的期限内予以答复，逾期不答复的，将导致该申请视为撤回。

（9）授予专利权

在实质审查程序中，经申请人答复审查意见或修改申请文件后，审查员认为发明专利申请已符合授权条件的，向申请人发出《授予发明专利权通知书》。申请人应自收到该通知书之日起2 个月内缴纳授权登记费，逾期未缴纳的，将视为专利权人放弃取得专利权。在收到申请人缴纳的授权登记费后，国家知识产权局将颁发专利证书。至此发明专利申请的程序全部结束。具体步骤如图 2－1－1 所示。

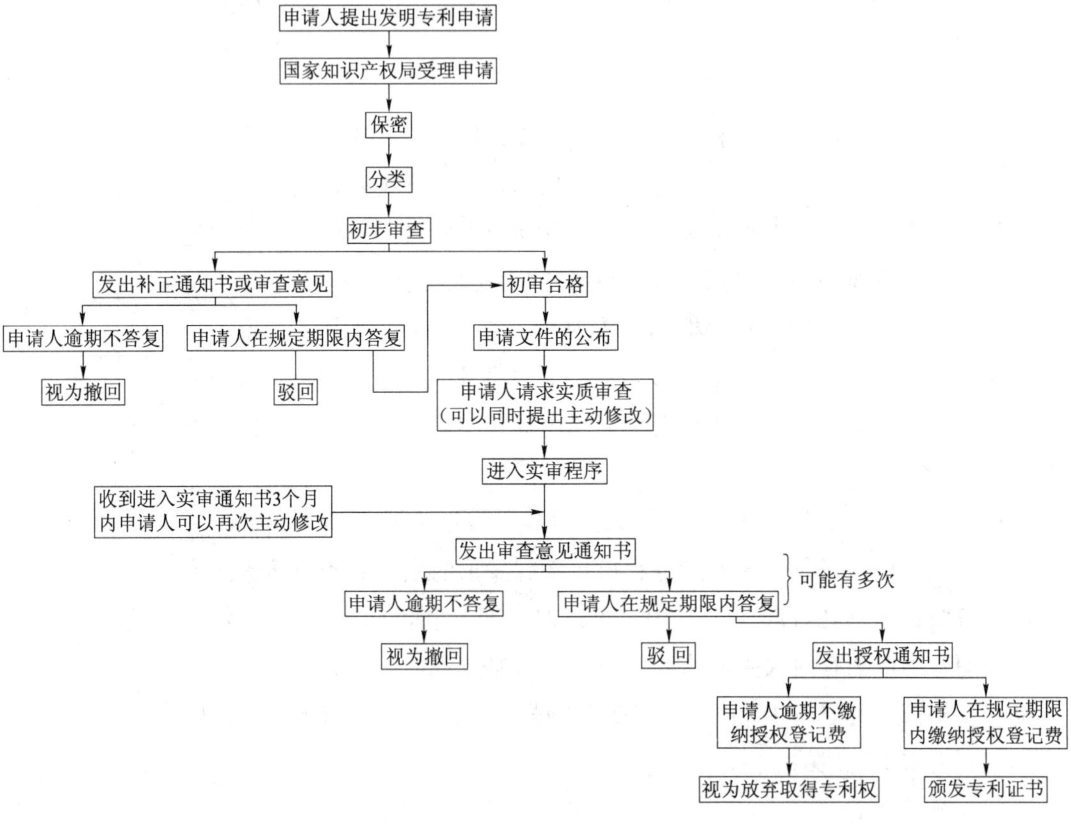

图 2－1－1　发明专利申请程序的流程图

2.1.3　实用新型专利和外观设计专利申请程序

相比发明专利申请的程序而言，实用新型和外观设计专利申请的程序要简单得多，其从申请到授权主要经过受理、分类、初步审查三道程序。

（1）提出申请

与发明专利申请一样，首先申请人应准备必要的申请文件（实用新型专利包括请求书、说明书、权利要求书、附图等；外观设计专利包括请求书、外观设计图或照片等），并以面交、邮寄或电子申请的方式提交至受理处。

（2）受理

收到申请人递交的申请文件后，受理处对申请文件进行核查。同样，对符合受理条件的申请发出受理通知书；对于不符合受理条件的申请发出不予受理通知书，或者当面通知申请人。

（3）分类

实用新型和外观设计专利申请被受理后，由国家知识产权局专利局的分类部门按照技术主题进行分类，给出完整的国际专利分类号。对于实用新型专利申请，和发明一样，按照最新版的《国际专利分类表》进行分类；对于外观设计专利申请，按已公布的国际外观设计分类表进行分类。

（4）初步审查

在分类完成后，实用新型和外观设计专利申请将分别由实用新型审查部和外观设计审查部进行初步审查。

与发明专利申请相对应，《专利法》也规定了实用新型和外观设计专利申请的主动修改机会。由于实用新型和外观设计专利申请不经过实质审查，因此其主动修改必须在初步审查开始之前完成。根据《专利法实施细则》第 51 条第 2 款的规定，实用新型或者外观设计专利申请人自申请日起 2 个月内，可以对实用新型或者外观设计专利申请提出主动修改。同样，根据《专利法》第 33 条的规定，对实用新型专利申请的修改不得超出原说明书和权利要求书记载的范围；对外观设计专利申请的修改不得超出原图片或者照片所表示的范围。

实用新型专利申请的初步审查除了进行格式和明显实质性缺陷两方面的审查外，还要审查申请主题是否属于实用新型的保护客体、多项权利要求是否符合单一性等实质性内容。外观设计专利申请的初步审查，审查员对外观设计的主题是否违反国家法律、社会公德，是否符合外观设计的定义、请求书中填写的使用外观设计的产品名称是否规范、图片或照片及简要说明是否符合要求等进行审查。

对于存在格式缺陷的实用新型或外观设计专利申请，审查员将发出补正通知书，通知申请人在规定期限内补正；对于存在不可克服的实质性缺陷的申请，审查员将发出审查意见，要求申请人在规定的期限内答复。申请人对补正或审查意见逾期不答复的，将导致该申请被视为撤回。经申请人答复或陈述意见，审查员认为消除了原始缺陷并不存在其他缺陷的，将直接授予专利权。

（5）授予专利权

对于初审合格的实用新型或外观设计专利申请，国家知识产权局向申请人发出授予实用新型专利权通知书或授予外观设计专利权通知书。申请人应自收到该通知书之日起 2 个月内缴纳授权登记费。逾期未缴纳的，将视为专利权人放弃取得专利权。在收到申请人缴纳的授权登记费后，国家知识产权局将给专利权人颁发实用新型或外观设计专利证书。至此实用新型或外观设计专利申请的程序全部结束。具体步骤如图 2－1－2 所示。

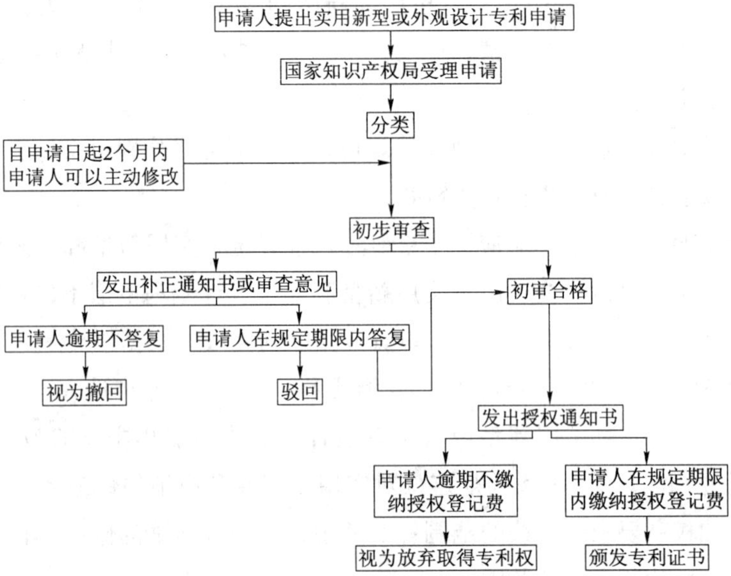

图 2－1－2　实用新型和外观设计专利申请程序的流程图

2.2　发明和实用新型专利申请文件

2.2.1　概述

由于发明和实用新型专利都是用于保护技术方案，因此二者需要的申请文件及申请文件的撰写要求都基本相同。鉴于此，为节省篇幅，本书将发明和实用新型专利的申请文件及撰写要求一并予以介绍，同时详细列出二者的区别。

2.2.2　发明和实用新型专利申请文件的组成

《专利法》第26条第1款规定，申请发明或实用新型申请专利的，应当提交请求书、说明书及其摘要和权利要求书等文件。该条款的规定从总体上列出了发明和实用新型专利申请文件的组成。具体而言，发明专利的申请文件包括：发明专利请求书、说明书、权利要求书和摘要；实用新型专利的申请文件包括：实用新型专利请求书、说明书、权利要求书、摘要以及说明书附图和摘要附图。从而可以看出，发明和实用新型专利所需要的申请文件的区别在于：实用新型专利必须包含附图，而发明专利可以没有附图。

之所以存在附图上的差别，是因为二者保护客体不同。实用新型专利是指对产品的形状、构造或者其结合所提出的适于实用的新的技术方案，保护的客体都具有确定的形状和体积，如果没有附图，仅凭文字说明是无法准确地表述产品结构，也无法清楚地表达实用新型的技术方案。而发明专利则没有此限制，当其保护主题涉及一种方法或产品成分的改进时，往往不需要附图就能准确地表达其技术方案，因此附图不是必须的。

有必要说明，上述申请文件仅仅是申请发明和实用新型专利所必须，而不是全部的申请文件。实践中，一件发明或实用新型专利申请除了包括上述申请文件外，可能还包括其他必要文件。例如，委托了专利代理机构的，需要提交专利代理委托书；要求了国外在先申请的优先权的，需要提交在先申请文件副本；等等。

2.2.3　发明和实用新型专利申请文件各组成部分的作用

发明和实用新型专利申请文件中的各组成部分分别具有不同的作用。

请求书是申请人向专利局表示请求授予专利权愿望的一个文件，由其启动专利申请的审批程序。请求书的具体作用在于，记载发明或者实用新型的名称、发明人或设计人的姓名、申请人姓名或者名称、地址、邮编、提交的文件清单等。如果要求了优先权或存在不丧失新颖性的公开等情形，请求书还要记载这些信息。

权利要求书和说明书都是技术性极强的法律文件，也是发明和实用新型专利申请中的重要文件。其中，权利要求书是发明或实用新型专利的核心文件。按照《专利法》第59条的规定，发明或者实用新型专利权的保护范围以其权利要求的内容为准，说明书及附图可以用于解释权利要求。从该条款的规定可以看出，从专利保护的角度考虑，权利要求书是确定专利权的保护范围的文件，而说明书的作用仅仅是解释权利要求，具体而言，权利要求书的作用为：

（1）申请时提交的权利要求书表述申请人对发明或实用新型所要求的保护范围；

（2）授权后的权利要求书用来确定专利权受保护的法律范围；

（3）发明专利申请公布文本的权利要求书用来确定临时保护的法律范围；

（4）独立权利要求在一定程度上反映发明或实用新型与最接近现有技术之间的共同与区别，从而体现专利的改进之处（即发明点）。

上述前三点作用都体现了权利要求书作为确定专利权保护范围的法律本质，第四点作用是从技术的角度来理解权利要求的作用所得出的结论。

说明书是一项发明或者实用新型专利申请的基础，其主要具有以下两个方面作用：

（1）作为一份技术性法律文件，向全社会充分公开发明或实用新型的技术内容，使得本领域的普通技术人员无需付出创造性的劳动就能实施该发明创造；

（2）作为权利要求书的依据和基础，支持权利要求书所要求保护范围，并用于解释权利要求书（既包括对权利要求书中的个别技术词汇的具体含义的解释，也包括对权利要求总体保护范围的解释）。

有必要说明，说明书附图也是说明书的一部分，即有附图的发明或实用新型专利申请，其说明书由文字部分和附图两部分组成，二者共同起到上述两方面的作用。

摘要的主要作用是向公众提供专利所公开的科技情报，是公众进行专利检索的素材。摘要不具有法律效力，其晚于申请日递交也不会影响申请日的有效性。

2.3 发明和实用新型专利申请文件的撰写

2.3.1 概述

有了一项好的发明创造，并不意味着必然能获得好的专利保护。专利权人能否充分、有效地保护其发明创造，与其专利申请文件的撰写质量有极大的关联。[1] 因此，对申请人而言，撰写专利申请文件是一项非常重要

[1] 尹新天. 专利代理概论［M］. 北京：知识产权出版社，2002：76.

的工作，其撰写质量的优劣不仅直接关系到专利审查程序能否顺利进行以及审查周期的长短，而且还关系到专利授权后能否获得充分有效的法律保护以及专利权是否稳定等。

然而，撰写专利申请文件是一项技术性和法律性都很强的工作，因此颇具难度而且需要付出创造性的劳动。要撰写出一份优质的专利申请文件（既容易通过审查，又具有足够宽的保护范围，授权后还具有非常好的稳定性），不仅需要充分理解发明创造的实质，而且还需要对发明人所提供的具体实施方案进行概括和扩展，从而限定出一个恰当的保护范围。

需要说明，本节所称的专利申请文件的撰写，主要是指权利要求书和说明书的撰写，也包括摘要的撰写及附图的绘制。除此之外不包括请求书、专利代理委托书等这些表格的填写。

2.3.2 撰写前的准备工作

在开始着手撰写专利申请文件前，需要做好两方面的准备工作，一是深入理解发明创造的技术内容；二是对所属技术领域的现有技术进行充分的调研和检索。只有在很好地完成这两项工作之后，才有可能撰写出高质量的申请文件。

2.3.2.1 理解发明创造的技术内容

在了解申请人的申请意向并欲代理申请人撰写申请文件时，首先需要充分、透彻、准确地理解申请人所提供的要求保护的技术方案，这是正确撰写申请文件的前提和基础。理解技术方案可以从两个方面入手，一是跟发明人就发明创造的技术内容进行深入沟通。发明人作为本领域的技术专家和发明创造的研发者，肯定对自己的发明创造有着深入透彻的理解，因此跟发明人沟通是一条非常有效的理解发明创造的途径；二是消化发明人所提供的书面技术资料。在跟发明人详细沟通之后，还要进一步研究分析发明人所提供的书面资料。经过两方面的努力，在充分理解技术方案之后，需要做以下四方面的分析工作。

第一，判断发明创造是否属于能够授予专利权的主题。如前所述，《专利法》第2条第2～3款分别对发明和实用新型的保护客体作了具体说明，此外，《专利法》第5条和第25条从我国具体国情出发又从上述保护范畴中排除了一些可授予专利权的客体。《专利法》第5条规定，对违反国家法律、社会公德或者妨害公共利益的发明创造不授予专利权；《专利法》第25条规定，对科学发现、智力活动的规则和方法、疾病的诊断和治疗方法、动物和植物品种、用原子核变换方法获得的物质；对平面印刷品的图案、色彩或者二者的结合作出的主要起标识作用的设计不授予专利权。因此在理解发明创造之后，撰写专利申请文件之前，首先需要判断发明创造是否属于《专利法》意义下的保护客体。

例如，发明人发明了一种汽车防盗装置，其在盗车者盗车时会释放出一种催眠气体，而让盗车者失去知觉便于被捕。这种装置虽然是为了达到有益的目的，但客观上由于汽车失控后将造成对行人的危害，故这种汽车防盗装置因妨碍公共利益而属于《专利法》第5条规定的不授予专利权的客体。❶

第二，分析判断发明创造最合适的保护类型，并确定保护主题。在判断出发明创造属于可以授予专利的保护客体之后，就应分析最适合保护该发明创造的专利类型，是发明、实用新型还是外观设计；并确定保护主题，是产品还是方法，是整个产品，还是改进之处的局部结构或某个零部件等等。

实践中，一项发明创造完全可能既能申请发明专利，也能申请实用新型专利，甚至还可以申请外观设计专利。在这种情况下，应进行具体的分析和选择，因为并不一定所有的保护类型都适合该发明创造。选择专利的保护类型一方面要考虑申请人的需求，另一方面，也是更重要的，要考虑如何才能使该发明创造获得很好的保护。就中国目前的三种专利而言，外观设计专利保护的是产品外观的形状、图案以及它们与色彩的结合，即保护的是一种设计，其与发明和实用新型专利的保护角度完全不同（发明和实用新型专利保护的都是一种技术方案）。由于这种本质区别，因此一般而言，是申请外观设计还是申请发明或实用新型比较容易做出选择，但发明和实用新型存在诸多的相似性，因此要在这二者之间做出选择往往需要全方位衡量。具体而言，发明和实用新型存在以下几点区别：

（1）保护期限不同。发明专利的保护期限为20年，而实用新型专利的保护期为10年。

（2）审批程序和周期不同。发明专利申请需要经过公开和实质审查程序，审批周期长；实用新型经初步审查合格的直接授权，不经过实质审查，审批周期短。

（3）授权后专利权的稳定性不同。由于发明专利经过了实质审查，因此一般而言，其稳定性较实用新型更好，更不容易被宣告无效。

❶ 尹新天. 专利代理概论［M］. 北京：知识产权出版社，2002：79.

（4）保护力度不同。由于发明专利的稳定性较好，因此在以发明专利起诉他人侵权后，即使被告在答辩期内提起无效宣告请求，通常法院也不中止侵权诉讼的审理；而实用新型专利由于稳定性较差，不仅要在起诉时向法院递交由国家知识产权局出具的检索报告，而且如果被告在答辩期内提起无效宣告请求，法院有可能中止侵权诉讼的审理。

（5）保护客体不同。有些发明，例如方法，只能申请发明专利。

（6）费用不同。通常申请发明专利的花费远远高于实用新型。

（7）创造性要求不同。

在选择申请发明还是实用新型时，主要应考虑上述几个因素。当然，实践中还应结合发明创造产品本身的市场寿命、价值等进行综合考虑。

需要说明的是，并不是说一项发明创造只能申请一种专利。为了获得很好的保护，在可能的情况下，申请人完全可以将一项发明创造同时申请发明、实用新型和外观设计三种专利。尤其是对于那些既急于获得专利权又希望保护力度强、保护时间长的发明创造，可以考虑同时申请发明和实用新型，只要在发明专利授权时放弃实用新型即可。这样做能同时利用发明和实用新型各自的优点，达到既授权快又保护好的目的。一般情况下这样做唯一的缺点是增加申请人的花费。

另一种需要选择的情况是，有些发明创造既可以认为是产品发明，也可以认为是方法发明，对于这类发明创造，是从产品还是从方法的角度进行保护需要认真考虑，选择不当可能会导致无法获得真正的保护。此外，有些发明创造仅仅涉及产品局部结构或产品中的某个零部件的改进，对于这类发明创造，是将改进部分还是整个产品作为保护的主题也需要考虑。将整个产品作为保护主题的缺点是，当仿冒者仅仅生产、销售该发明创造的改进部分（产品的局部结构或某个零部件）时，可能不落入该专利的保护范围，因此无法获得真正的保护；将改进部分作为保护主题的缺点是，当改进部分涉及一个体积很小、结构简单、成本低廉的零部件时，在侵权诉讼中往往很难获得很高的赔偿额；当改进涉及某一局部结构时，有可能给撰写带来困难（例如专利名称和结构组成不易确定）。如果将二者都写上，可能会带来权利要求超项、说明书超页等问题，增加了申请人的花费。

第三，确认发明或实用新型所要解决的技术问题，以及解决技术问题的必要技术特征。所谓发明或者实用新型所要解决的技术问题（即我们通常所说的发明目的），是指发明或者实用新型要解决的现有技术中存在的技术问题；所谓必要技术特征，是指发明或实用新型为解决其技术问题所不可缺少的技术特征，其总和足以构成发明或者实用新型的保护客体，使之区别于其他技术方案。要明确这两个问题，不仅要理解申请人所提供的技术方案整体，同时还要明白发明人所做的改进之处，即发明点所在。并且要做到知其然也知其所以然，即要理解改进的技术方案为什么能解决其技术问题。在此基础上，提炼并概括出发明或实用新型的必要技术特征。因为申请人或发明人提供的往往是一个或几个具体实施方式，如果直接将该具体实施方式中的技术特征作为必要技术特征，势必造成保护范围过窄，不能获得有效保护的不利状况。

第四，初步判断合案申请的多个发明创造是否属于一个总的发明构思❶，是否具有单一性。在有些情况下，申请人或发明人希望将几项发明或实用新型合案申请，此时在撰写之前应进行单一性分析，即分析这几项发明或实用新型是否属于一个总的发明构思，若属于，则可以合案申请；否则就不能合案申请。

按照《专利法实施细则》第 34 条的规定，属于一个总的发明构思的两项或两项以上的发明或实用新型，应当在技术上相互关联，包含一个或者多个相同或者相应的特定技术特征。其中“特定技术特征”是指每一项发明或实用新型对现有技术作出贡献的技术特征，即那些使发明或实用新型相对现有技术具备新颖性、创造性的技术特征。因此，在判断几项发明或者实用新型是否属于一个总的发明构思时，应对它们的技术方案做分析对比，看它们之间是否有技术上的联系，是否具有相同或相应的特定技术特征。❷若答案是肯定的，则这几项发明创造属于一个总的发明构思，具有单一性，可以作为一件申请提出；反之，则不能作为一件申请提出。

2.3.2.2 对现有技术进行调查和检索

除透彻地理解发明创造外，撰写专利申请前需要完成的另一项重要工作就是要对现有技术进行调查和检索，充分了解现有技术。了解现有技术有两个目的：一是找出最接近的现有技术，判断发明人所提供的发明点是否具有新颖性、创造性，以撰写出保护范围合适的权利要求，这是最主要的目的；二是进一步理解该领域的相关技术，更深入地理解本申请的技术内容，判断对本申请的必要技术特征认定是否正确。了解现有技术的渠道有两条：一是与发明人进行深入沟通，通过发明人的介绍了解现有技术的

❶ 尹新天．专利代理概论［M］．北京：知识产权出版社，2002：79.

❷ 尹新天．专利代理概论［M］．北京：知识产权出版社，2002：83.

状况及发明背景；二是对现有技术进行检索，主要是指在专利数据库中对申请日前公开或授权的专利，通过关键词、分类号等信息进行检索。在充分了解现有技术之后，需要考虑以下三个方面的问题：

第一，确定一个合适的保护范围。如果本申请与最接近的现有技术相距甚远，可以将保护范围写得宽一些，以使本申请得到更充分的保护；反之，如果本申请与最接近的现有技术比较接近，就应将保护范围写得窄一些，使其相对于最接近的现有技术和相关现有技术仍然具有新颖性和创造性，这样可加快发明专利申请的审批进程，甚至有可能使该申请在实质审查过程中不发审理意见通知书而直接批准；而对于实用新型专利申请在批准授权后其法律地位更为稳固。❶

第二，进一步判断多项发明创造相对检索到的现有技术是否符合单一性的规定。如前所述，多项发明创造具备单一性的条件是：各发明创造在技术上相互关联，包含一个或多个相同或相应的特定技术特征，而该特定技术特征必须是发明或实用新型对现有技术作出贡献，即使得发明或实用新型相对现有技术具有新颖性和创造性的技术特征。如果检索过程中发现最初确定的“特定技术特征”已被现有技术所公开，则原先符合单一性的多项发明创造就不再具备单一性了。因此，在检索完成后，需要对最初打算在一件申请中保护的多项发明创造是否具备单一性作进一步的判断。

第三，初步判断能否将一些技术要点作为技术秘密予以保留。作为申请人，为防止他人未经许可就实施发明或实用新型，或者为了在商业竞争中取得主动地位，常常希望将一些重要的附加技术要点作为技术秘密保留起来而不写入专利申请文件。对于这类申请案，对所属技术领域进行检索和调研就更为重要。❷ 检索完成后，需要做两方面的分析判断：一是判断如果将这些重要的附加技术要点作为技术秘密予以保留而不写入申请文件，本申请相对最接近的现有技术是否具备新颖性和创造性，如果答案是肯定的，则可以考虑予以保留；反之，如果保密技术秘密有可能使得该申请丧失新颖性或创造性，则应当将其在申请文件中写出；二是根据本领域目前的技术发展现状，判断将附加技术要点作为技术秘密保留带来的风险。具体而言，就是要判断如果不在申请文件中披露这些附加技术要点，在目前的技术水平条件下，他人研发出这些技术要点的可能性。如果他人很容易

❶ 尹新天. 专利代理概论［M］. 北京：知识产权出版社，2002：83－84.
❷ 尹新天. 专利代理概论［M］. 北京：知识产权出版社，2002：85－86.

研发出这些技术要点，或者通过其他渠道（例如分解专利产品）很容易了解这些技术要点，则绝对应当将其记载在申请文件中，否则当他人得知这些技术要点并以之为发明点申请专利后，申请人再按此技术要点实施自己的专利将会侵犯他人的专利权；反之，如果他人不太可能研发出，也不太可能了解到这些附加的技术要点，则应当将其作为实施专利的技术秘密予以保留。这样他人在不了解这些技术要点的情况下，即使想仿冒该专利技术，也因不了解这些技术要点而无法获得很好的实施效果。

在撰写专利申请文件前应基本完成上述两方面的工作。需要说明的是，实践中这两方面工作的完成并无时间先后顺序上的要求或限制，完全可能相互交叉进行。例如当根据发明人提供的技术交底资料和发明人的介绍无法理解要保护的技术方案时，对现有技术进行检索可能有助于对本申请技术方案的理解。

2.3.3 权利要求书撰写的内容与要求

2.3.3.1 权利要求书的内容及权利要求的分类

权利要求书是由权利要求组成的，一份申请的权利要求书中至少包括一项权利要求。权利要求是用技术特征的总和来表示发明或实用新型的技术方案，限定发明或实用新型的保护范围。

按照所保护技术方案的性质不同，权利要求可分为产品权利要求和方法权利要求。产品权利要求，国际上又称为“物的权利要求”，其给予保护的客体不仅包括常规概念之下的产品，还包括物质、材料、物品、机器、系统等人类技术生产的任何具体的实体；换言之，它可以是工具、装置、设备、仪器、部件、元件、线路、合金、涂料、水泥、玻璃、组合物、化合物等等。方法权利要求，国际上又称做“活动的权利要求”，其所保护的是有时间要素的活动，可以是制造方法、使用方法、通信方法、处理方法、安装方法以及将产品用于特定用途的方法。

按照保护范围和撰写形式的不同，权利要求可分为独立权利要求和从属权利要求。独立权利要求从整体上反映发明或实用新型的技术方案，记载解决其技术问题的必要技术特征（发明或实用新型为解决其技术问题所不可缺少的技术特征），在一件申请的权利要求书中，独立权利要求所限定的一项发明或者实用新型的保护范围最宽。从属权利要求引用在前的权利要求，并用附加技术特征对其引用权利要求的技术方案作进一步限定。由于它包含了其所引用的权利要求的全部技术特征，因此其保护范围肯定落在其所引用的权利要求的保护范围之内。附加技术特征是指发明或实用新型为解决其技术问题所不可缺少的技术特征之外再附加的技术特征。它可以是对引用权利要求中的技术特征作进一步的限定，也可以是增加的新的技术特征。

一份申请的权利要求书中，应当至少包括一项独立权利要求，还可以包括一项或多项从属权利要求。如前所述，根据《专利法》第31条的规定，属于一个总的发明构思的两项或两项以上的发明或实用新型，可以作为一件申请提出。在这种情况下，权利要求书中将包含两项或两项以上的独立权利要求，其中写在最前面的独立权利要求称为第一独立权利要求，其他独立权利要求称为并列独立权利要求。

2.3.3.2 权利要求书应满足的实质性要求

根据《专利法》及其实施细则的规定，权利要求书应满足的实质性要求包括，权利要求书应以说明书为依据；清楚、简要地表述请求保护的范围。[1] 因此，在撰写权利要求书时，应注意使其满足如下三方面的实质性要求。

（1）以说明书为依据

这是为了满足《专利法》第26条第4款的规定。权利要求书以说明书为依据，是指权利要求应当得到说明书的支持。具体而言，权利要求书不仅应当在表述形式上得到说明书的支持，而且在实质上也应当得到说明书的支持。即不能认为只要说明书中记载了与某一权利要求相对应的文字，该权利要求就得到了说明书的支持（这仅仅是表述形式上的支持），而是指本领域的普通技术人员应当能够从说明书中记载的内容直接得到或者概括得出每一项权利要求所要求保护的技术方案，即权利要求的保护范围不超出说明书所公开的范围。[2]

更具体地说，权利要求书以说明书为依据包括两层含义：一是各权利要求（包括独立权利要求和从属权利要求）所保护的所有技术方案在说明书中有记载，即说明书中至少记载了一个与每项权利要求相对应的技术方案或具体实施方式；二是权利要求的概括应当与说明书中公开的内容相适应，即权利要求的保护范围应当恰当，不能将现有技术或说明书中未公开的内容纳入其保护范围。权利要求通常由说明书中公开的一个或多个实施方式或实施例概括而成，而这种概括应当适当，使其保护范围正好适应说

[1] 吴观乐．发明和实用新型专利申请文件撰写案例剖析［M］．北京：知识产权出版社，2004：9.

[2] 吴观乐．发明和实用新型专利申请文件撰写案例剖析［M］．北京：知识产权出版社，2004：10.

明书所公开的内容。一项概括恰当的权利要求应当既不超出说明书所公开的范围，也不使申请人应获得的权益受到损害。下面结合案例予以具体说明。

例如，如果在说明书中给出了“钢笔”、“铅笔”、“圆珠笔”三种具体实施方式，权利要求中可将其概括为“硬笔”，而不宜概括成“书写工具”，因为仅凭这三种实施方式还不足以支持“书写工具”这样宽泛的上位概念。如果一定要将其写成“书写工具”，则至少应在说明书中补充“软笔（例如毛笔）”的具体实施方式。

又如，如果撰写出“用高频电能影响物质的方法”这样一个概括较宽的权利要求，而在说明书中只给出一个“用高频电能从气体中除尘”的实施方式，对高频电能影响其他物质的方法未作说明，而且所属技术领域的技术人员也难以预先确定或评价高频电能影响其他物质的效果，则该权利要求就不能得到说明书的支持。

再如，如果撰写出“控制冷冻时间和冷冻程度来处理植物种子的方法”这样一个概括较宽的权利要求，在说明书中仅公开了适用于处理一种植物种子的方法，未涉及其他种类植物种子的处理方法，而且园艺技术人员也难以预先确定或评价处理其他种类植物种子的效果，则该权利要求也不能得到说明书的支持。除非说明书中还指出了这种植物种子和其他植物种子的一般关系，或者公开了足够多的实施例，使园艺技术人员能够明了如何使用这种方法处理植物种子，才可以认为该权利要求得到了说明书的支持。

（2）清楚

权利要求书应当清楚，一是指每一项权利要求应当清楚，二是指构成权利要求书的所有权利要求作为一个整体也应当清楚。具体而言：

首先，每项权利要求的类型应当清楚，并且应当与发明或者实用新型要求保护的主题相一致。产品权利要求适用于产品发明，通常应当用产品的结构特征来描述。方法权利要求适用于方法发明，通常应当用工艺过程、操作条件、步骤或者流程等技术特征来描述。

其次，每项权利要求所确定的保护范围应当清楚。权利要求的保护范围是根据其所用词的词义来理解的。因此，撰写权利要求时，一定要注意用词的严谨，要尽量使用具有确切含义的词。在某些申请中，为了准确、适当地表述请求保护的范围，可以使用一些特定词汇，当这些特定词汇的含义不确定、不唯一或者在该申请中有特别的含义时，应当在说明书中对其含义给予准确的解释或定义。通常，对产品权利要求而言，应当尽量避免使用功能或者效果特征来限定发明。只有在某一技术特征无法用结构特征来限定，或者用结构特征来限定不如用功能或效果特征来限定更为清楚，而且该功能或效果能通过说明书中充分规定的实验或者操作直接和肯定地验证的情况下，才允许使用功能或者效果特征来限定发明。但是，不得利用功能或者效果特征任意扩大权利要求的保护范围，以免造成权利要求的保护范围不合理，尤其不允许出现纯功能性的权利要求。因为对于权利要求中的功能性特征，会理解为覆盖了所有能够实现所述功能的实施方式。除此之外，还应注意如下几点：

① 除非绝对必要，权利要求中的用词应当采用国家统一规定的技术术语，不得使用行话、土话或者自行编造的词语；

② 权利要求中不得使用含义不确定的词语，如“厚”、“薄”、“强”、“弱”、“高温”、“高压”、“很宽范围”等，除非这种用词在特定领域中具有公认的确切含义；

③ 权利要求中不得出现“例如”、“最好是”、“尤其是”、“必要时”、“等”、“或类似物”等类似用词。因为，这类词会在一项权利要求中限定出不同的保护范围，或者使保护范围不清楚；

④ 在一般情况下，权利要求中不得使用“约”、“接近”或者类似的用词。因为这些词的使用有可能导致权利要求保护范围不清楚，使发明或实用新型不能清楚地与现有技术区分开。

最后，构成权利要求书的所有权利要求作为一个整体也应当清楚，这是指各权利要求之间的引用关系应当清楚、正确。例如，当从属权利要求是用于对某一技术特征作进一步限定时，其应当直接或间接引用在前的出现过该技术特征的权利要求。

(3) 简明

权利要求书应当简明，一是指每一项权利要求应当简明，二是指构成权利要求书的所有权利要求作为一个整体也应当简明。具体而言：

第一，权利要求的用词应当简明。除记载技术特征外，不得对原因或者理由作不必要的描述，也不得使用商业性宣传用语。

第二，权利要求的数目应当合理。在撰写过程中，为了提高专利申请授权后的权利稳定性，可以用一项或多项从属权利要求限定发明或者实用新型的优选技术方案，但是权利要求的总数目应当合理。例如，一件申请中不得出现两项或两项以上保护范围实质上相同的同类权利要求。

第三，为避免权利要求之间相同内容的不必要重复，在可能的情况下，权利要求应尽量采取引用在前权利要求的方式撰写。

2.3.3.3 权利要求书应满足的形式要求

除了应满足上述实质性要求外，权利要求书还应满足下列形式要求：

（1）权利要求书中有一项以上的权利要求时，应当用阿拉伯数字顺序编号。

（2）若有多项独立权利要求，各自的从属权利要求应尽量紧靠其所引用的独立权利要求（包括直接引用和间接引用）。

（3）每一项权利要求只允许在其结尾使用句号，以强调其含义是不可分割的整体。

（4）权利要求中使用的科技术语应当与说明书中使用的一致。

（5）权利要求中可以有化学式、化学反应式或数学式，但不得有插图。

（6）除非绝对必要，权利要求中不得使用“如说明书……部分所述”或者“如图……所示”等类似用语。绝对必要的情况是指当发明涉及的某特定形状仅能用图形限定而无法用语言表达时，权利要求可以使用“如图……所示”等类似用语。

（7）权利要求中通常不允许使用表格，除非使用表格能够更清楚地说明发明或实用新型要求保护的客体。

（8）权利要求中的技术特征可以引用说明书附图中相应的标记，但必须带括号，并放在相应的技术特征后面。附图标记不得解释为对权利要求保护范围的限制。

（9）除附图标记或其他必要情形外，权利要求中应当尽量避免使用括号。

（10）权利要求中采用并列选择法概括时，其含义应当是清楚的。

（11）一般情况下，权利要求不得引用人名、地名、商品名或商标名称。

2.3.4 独立权利要求的撰写要求

2.3.4.1 独立权利要求的撰写格式

《专利法实施细则》第 21 条第 1 款对发明和实用新型的独立权利要求的撰写格式作了明确规定，下面分三种情况予以具体介绍。

（1）通常的撰写格式

独立权利要求通常采用两段式写法，即分为前序部分和特征部分，前序部分写明要求保护的发明或实用新型技术方案的主题名称和发明或实用新型主题与最接近的现有技术共有的必要技术特征，必要时反映发明或者实用新型的技术领域；特征部分使用“其特征是……”或者类似的用语，写明发明或者实用新型区别于最接近的现有技术的技术特征，即本发明所具有的，而未包含在最接近现有技术中的区别技术特征，这些特征和前序部分的特征一起构成发明或者实用新型要求保护的技术方案，并限定了其保护范围。采用这种方式撰写的独立权利要求既清楚地说明了本发明或实用新型与现有技术的关系，又强调了其自身相对于现有技术做出改进的实质内容。❶

有必要说明，将独立权利要求分为两部分撰写并不影响其保护范围。相反，与不划分两部分的独立权利要求相比，这种撰写方式具有如下诸多优点。

第一，有助于审查员理解发明或实用新型的实质内容及其与最接近的现有技术的关系（包括相同之处和区别特征，下同），从而有助于审查员对本申请的新颖性和创造性能尽早做出更准确的评判，因而能加快审查程序。

第二，便于公众理解发明或实用新型的实质内容及其与最接近的现有技术的关系，方便相关领域的公众决定是否采用此项专利技术，从而有利于专利许可贸易合同的签订及专利使用费的确定。

第三，便于公众理解发明或实用新型的实质内容及其与最接近的现有技术的关系，为那些与本专利技术有直接利害关系的对手提供更多、更确切的信息，以便在授权后决定是否提出宣告专利权无效的请求。

第四，在一定程度上可使独立权利要求更为简明。因为对于那些记载在前序部分、属于最接近的现有技术的内容不必进行过于具体的说明。

正是由于上述几方面的优点，要求独立权利要求按两部分撰写是合理的，也是必要的。对于改进型的专利申请案，按两部分撰写能清楚划出本专利与现有技术之间的界限。

（2）几种不适合采用两段式写法的情况

根据《专利法实施细则》第 21 条第 2 款的规定，发明或者实用新型的性质使其独立权利要求不适合于划分前序部分和特征部分来表达的，可采用其他方式撰写。不适于采用两部分方式撰写的情况有：

第一，开拓性发明、用途发明或化学物质发明；

❶ 吴观乐．发明和实用新型专利申请文件撰写案例剖析［M］．北京：知识产权出版社，2004：13.

第二，由几个对发明本身所起作用难分主次的已知技术相互组合而成的组合发明，其发明要点在组合本身；

第三，方法的改进发明，其改进之处在于省去现有技术中某种物质或者材料，或者是用一种物质或者材料代替另一种物质或者材料，或者是省去某个步骤，或者是步骤的先后顺序有变化以及其他类似情况；

第四，产品的改进发明，其改进之处仅在于省去现有技术中的某个部件或者省去已知组合物中某组分以及其他类似情况。

(3) 并列独立权利要求的撰写格式

并列独立权利要求的撰写分为同类型并列独立权利要求（各独立权利要求皆为产品权利要求或皆为方法权利要求）和不同类型的独立权利要求（既有产品独立权利要求，也有方法独立权利要求）两种情况。

对于同类型的独立权利要求，其撰写格式通常与第一独立权利要求的撰写格式相同，包括前序部分和特征部分。

对于不同类型并列的独立权利要求，为体现其与第一独立权利要求属于一个总的发明构思，可以采用两种方式撰写：一是回引在前的独立权利要求；二是不回引在前的独立权利要求，而对在前独立权利要求的技术特征作重复描述。从简明角度考虑，通常采用前一种格式。不同类型并列独立权利要求通常也应当包括前序部分和特征部分。[1] 为帮助理解，此处给出一个包括两项具有一个总的发明构思的发明案例，它涉及产品及该产品的制造方法两项独立权利要求，从而说明不同类型并列独立权利要求的撰写格式。为节省篇幅，此处仅给出与并列独立权利要求撰写格式有关的内容。

1. 一种高白度低定量的再生新闻纸，……其特征在于：……。

2. 一种制造权利要求1所述的再生新闻纸的方法，……其特征在于：……。

2.3.4.2 独立权利要求的实质性要求

独立权利要求除了要按照上述格式来撰写外，还必须满足下述实质性要求。

(1) 独立权利要求应当清楚、正确地描述发明或实用新型，表述其保护范围

权利要求应当类型清楚、技术特征清楚（即保护范围清楚）。此外对于独立权利要求还需注意以下几点：

第一，前序部分所描述的技术特征也必须是本发明或实用新型的技术

[1] 吴观乐. 发明和实用新型专利申请文件撰写案例剖析［M］. 北京：知识产权出版社，2004：15.

特征。即前序部分应当写明本发明或实用新型与最接近的现有技术所共有的技术特征，切不可写入那些只属于最接近的现有技术，而不属于本申请的技术特征。

第二，同一技术特征不得在前序部分和特征部分重复描述。即对于那些已经写入前序部分的技术特征，在特征部分不得重复描述，只能对其做进一步限定。

第三，特征部分进一步描述的技术特征应该尽可能从前序部分的共有技术特征出发加以说明，至少要给出这些技术特征与前序部分中的某个共有技术特征之间的关系。

第四，产品独立权利要求除了列出产品的部件或结构外，还应描述各部件或各结构之间的位置关系或相互作用关系。

（2）独立权利要求应反映出与现有技术的区别，使其描述的发明或实用新型的技术方案具有新颖性和创造性

《专利法》第 22 条对发明和实用新型取得专利权所必须具备的新颖性、创造性和实用性作了具体规定。作为从整体上反映发明或实用新型的技术方案、限定专利保护范围的独立权利要求，当然应当满足此要求。因此在撰写独立权利要求时，首先将本申请与最接近的现有技术所共有的技术特征写入前序部分，之后，一定要准确地将体现发明突出的实质性特点和显著进步或体现实用新型的实质性特点和进步的区别技术特征写入特征部分，而不应为了扩大保护范围擅自将这些特征不写入独立权利要求或者有所遗漏。

（3）独立权利要求应当从整体上反映发明或实用新型的技术方案，记载解决其技术问题的必要技术特征

这是《专利法实施细则》第 20 条第 2 款的规定，该规定事实上包括两方面的含义：

第一，独立权利要求应当包括该发明或实用新型解决其技术问题所必须的全部必要技术特征。对于产品权利要求，不仅要给出解决技术问题所必须的零部件，还应写明对解决技术问题来说必不可少，而又不属于本领域技术人员普通知识范围的具体结构及其相对位置或作用关系；对于方法权利要求，不仅要写明该方法的步骤，还应对每一步骤给出解决技术问题必不可少，但又不属于该领域技术人员普通知识范畴的操作过程和工艺条件。[1]

[1] 吴观乐．发明和实用新型专利申请文件撰写案例剖析［M］．北京：知识产权出版社，2004：17.

第二，独立权利要求只需从整体上反映发明或实用新型的技术方案，不必写入与所解决的技术问题无关的非必要技术特征（即附加技术特征），更不能局限于该发明的一个具体实施方式。否则，独立权利要求的保护范围很可能会过窄，从而导致该专利申请得不到充分的保护。

（4）独立权利要求所限定的技术方案应当以说明书为依据

这也包括两方面的含义：一是独立权利要求所描述的技术方案应当记载说明书的技术方案部分，并至少应体现在说明书中的一个具体实施方式中；二是独立权利要求中出现的概括性描述或功能性描述应能从说明书记载的内容自然而合理地推出。

（5）一件申请中，多项并列独立权利要求应当属于一个总的发明构思，满足单一性的要求

2.3.4.3 从属权利要求的撰写规定

（1）从属权利要求的撰写格式

根据《专利法实施细则》第22条第1款的规定，发明或者实用新型的从属权利要求应当包括引用部分和限定部分，引用部分写明引用的权利要求的编号及其主题名称；限定部分写明发明或者实用新型附加的技术特征，一般在附加技术特征之前应加上“其特征是”或类似用语。

（2）从属权利要求的形式要求

《专利法实施细则》第22条和《专利审查指南》对从属权利要求的撰写形式提出了如下四个方面的要求：

第一，从属权利要求只能引用其前面的权利要求，不得引用其后面的权利要求。

第二，引用两项以上的多项从属权利要求只能以择一方式引用在前的权利要求，即只能用“或”及其等同语，而不能用“和”及其等同语。例如，多项从属权利要求的引用部分可以写成：“根据权利要求1或2所述的……”；“根据权利要求2、4、6或8所述的……”；“根据权利要求4至9中任一权利要求所述的……”；等等。

第三，多项从属权利要求不得作为另一项多项从属权利要求引用的基础，换言之，多项从属权利要求不能直接或间接地引用另一项多项权利要求。例如，权利要求3为：“根据权利要求1或2所述的摄像机调焦装置，……”，如果多项从属权利要求4写成：“根据权利要求1、2或3所述的摄像机调焦装置，……”是不允许的，因为被引用的权利要求3是一项多项从属权利要求。

第四，直接或间接从属于某一项独立权利要求的所有从属权利要求都应当写在该独立权利要求之后，另一项独立权利要求之前。因而一项从属权利要求不可能同时引用两项或两项以上的独立权利要求。

（3）从属权利要求的实质性要求

从属权利要求除了需满足上述形式要求外，还应满足如下三个方面的实质性要求：

第一，作为权利要求书的一部分，从属权利要求也应当清楚地描述发明或实用新型。除前述 2.3.3.2（权利要求书应满足的实质性要求）之（2）中指出的有关清楚的内容外，还需注意：附加技术特征是对引用的权利要求中的技术特征作进一步限定时，应尽量从其引用的权利要求的技术特征出发来加以说明，并应在该技术特征前加上“所述的”等字样，表示这是其引用的权利要求中所提到的（而不是新增加的）技术特征；附加技术特征是增加的技术特征时，应清楚地表达出这些附加技术特征与其引用的权利要求中的某个或某些技术特征之间的结构位置关系或作用关系；限定部分不要重复描述其引用权利要求中的技术特征，以免造成对其保护范围的错误表达；从属权利要求的引用关系应当正确；从属权利要求的技术方案应当完整。

第二，从属权利要求的类型和主题名称应与其引用的权利要求的类型和主题名称相一致。从属权利要求要保护的仍然是其引用权利要求的整个产品或方法，因此主题必须与其引用权利要求的主题相同，而不得变为其引用权利要求的一个部件或一个工艺步骤。

第三，从属权利要求的保护范围是对其引用权利要求的保护范围作进一步限定，其保护范围应落在被引用权利要求的保护范围之内。

2.3.5　说明书的撰写

说明书是发明和实用新型专利申请文件中除权利要求书之外的另一重要组成部分，其应准确、充分地描述发明创造的具体技术内容，使所属技术领域的技术人员根据其公开的内容能够实施该发明创造，同时还要支持权利要求书所要求的保护范围。《专利法》第 26 条第 3 款、《专利法实施细则》第 17 条、第 18 条以及《专利审查指南》都对说明书的撰写要求作了具体规定。

2.3.5.1　说明书的组成部分

根据《专利法实施细则》第 17 条的规定，说明书首先应当写明发明或实用新型的名称，该名称应当与请求书中的名称一致。除名称以外的正文部分应分成以下五个部分撰写：

（1）技术领域：写明发明或实用新型要求保护的技术方案所属的技术领域；

（2）背景技术：就申请人所知，写明对发明或实用新型的理解、检索、审查有用的背景技术；有可能的话，同时引证反映这些背景技术的文件；

（3）发明或实用新型内容：写明发明或实用新型所要解决的技术问题以及解决其技术问题采用的技术方案，并对照现有技术写出发明或者实用新型的有益效果；

（4）附图说明：说明书有附图的，对各附图作简略说明；

（5）具体实施方式：详细写明申请人认为实现发明或实用新型的优选方式；必要时，可以举例说明；有附图的，应对照附图详细说明。

撰写时在上述说明书的每一部分之前应当写出这一部分的标题。

作为一种公开技术信息的公开出版物，说明书应当有一摘要（即说明书摘要，简称“摘要”）。因此严格地说，摘要也是说明书的组成部分之一。但在实践中，摘要都是作为与说明书并列的申请文件的另一组成部分处理，因此其撰写要求及相关规定在后面单独予以介绍。

2.3.5.2 说明书应满足的总体要求

《专利法》第26条第3款规定，说明书应当对发明或者实用新型做出清楚、完整的说明，以所属技术领域的技术人员能够实现为准。这是对说明书应充分公开其发明创造的要求。

《专利法实施细则》第17条第3款规定，发明或实用新型应当用词规范、语句清楚。说明书的文字表达应力求使本领域的普通技术人员能正确理解发明或者实用新型的技术内容。

《专利法》第26条第4款规定，权利要求应当以说明书为依据，即要求说明书应当支持权利要求书。上述三款法律规定构成了对说明书的总体要求。

2.3.5.3 说明书各个组成部分的撰写要求

说明书除了应满足上述总体要求外，其各组成部分还应满足下述要求：

（1）名称

发明或实用新型的名称应当清楚、简明，写在说明书首页正文部分的上方居中位置，具体而言，应当按照以下各项要求撰写：

① 与请求书中的名称一致；

② 清楚、全面地反映发明或实用新型所要求保护的技术主题及发明类型，例如，一件包含拉链产品和该拉链的制造方法两项发明的申请，其名称应当写成："拉链及其制造方法"；

③ 采用所属技术领域通用的技术术语，不得采用非技术术语或杜撰的技术名词；

④ 最好与国际专利分类表中的类、组相对应，以利于专利申请的分类；

⑤ 不得使用人名、地名、商标、型号或者商品名称等，也不得使用商业性宣传用语；

⑥ 简单明确，一般不得超过 25 个字；

⑦ 有特定用途或应用领域的，应在名称中体现；

⑧ 尽量避免写入发明或实用新型相对最接近现有技术的区别技术特征（否则独立权利要求的前序部分很可能写入了应写在特征部分的区别技术特征）。

（2）技术领域

这一部分应当写明发明或实用新型所属的技术领域。发明或实用新型所属的技术领域，是指其要求保护的技术方案直接所属或者直接应用的具体技术领域，而不是上位的或者相邻的技术领域，也不是发明或实用新型本身。例如，一项关于挖掘机悬臂的发明，其改进之处是将已有技术中的长方形悬臂截面改为椭圆形截面。其所属技术领域可以写成"本发明涉及一种挖掘机，特别是涉及一种挖掘机悬臂"（具体的技术领域），而不宜写成"本发明涉及一种建筑机械"（上位的技术领域），也不宜写成"本发明涉及挖掘机悬臂的椭圆形截面"或者"本发明涉及一种截面为椭圆形的挖掘机悬臂"（发明本身）。

（3）背景技术

这一部分应对申请日前的现有技术进行描述和评价，即写明申请人所知，且对理解、检索、审查该发明或实用新型有参考作用的背景技术。

除开拓性发明外，这一部分至少要引证一篇与本申请最接近的现有技术，必要时可以再引用几篇较接近的或相关的对比文件，它们可以是专利文件，也可以是非专利文件（如期刊、杂志、手册和书籍等）。通常对背景技术的描述应包括如下三方面的内容：

① 注明其出处，通常有采用引证对比文件或指出公知公用两种方式。引证专利文件的，至少应写明专利文件的国别、公开号，最好包括公开日

期；引证非专利文件的，应写明这些文件的详细出处，使公众和审查员能从现有技术中检索到这些对比文件；指出公知公用的，应给出其具体发生的时间、地点以及可使公众和审查员能调查和了解到该现有技术的其他相关信息。[1]

② 简要说明该现有技术的相关技术内容，即简要给出该现有技术的主要结构和原理，尤其应当描述那些与本申请的区别技术特征相对应的特征。

③ 客观、实事求是地指出该现有技术中存在的问题和缺点，切忌使用诽谤性语言。此外最好还能说明存在这种问题和缺点的原因以及解决这些问题时曾遇到的困难。

（4）发明或实用新型内容

这一部分应清楚写明发明或实用新型所要解决的技术问题以及解决其技术问题采用的技术方案，并对照现有技术写明发明或实用新型的有益效果。

① 解决的技术问题。发明或实用新型所要解决的技术问题，是指发明或实用新型要解决的现有技术中存在的技术问题。通常针对最接近的现有技术中存在的问题并结合本发明所取得的效果而提出，也就是本发明或实用新型所要完成的任务，相当于《专利法实施细则》修改以前的“发明目的”部分。

另外，当一件发明或实用新型能解决多个技术问题时，可以分段列出所解决的各个技术问题；当一件申请包含多项发明或实用新型时，说明书中列出的多个要解决的技术问题（分别为各发明或实用新型所解决的技术问题）应当都与一个总的发明构思相关。

② 技术方案。技术方案是说明书的核心部分，是申请人对其要解决的技术问题所采取的技术措施的集合，而技术措施通常是由技术特征来体现的。因此该部分应当通过对本发明或实用新型技术特征的描述，使所属技术领域的技术人员能够理解本发明或实用新型，并能解决所要解决的技术问题。

③ 有益效果。说明书应当清楚、客观地写明发明或实用新型与现有技术相比所具有的有益效果。有益效果是指由构成发明或实用新型的技术特征直接带来的或者是由所述的技术特征必然产生的技术效果。有益效果是确定发明是否具有“显著的进步”，实用新型是否具有“进步”的重要依据，因此同样需要认真撰写。

[1] 吴观乐. 发明和实用新型专利申请文件撰写案例剖析［M］. 北京：知识产权出版社，2004：27.

（5）附图说明

说明书有附图的，说明书文字部分应在描述发明或实用新型的具体实施方式之前集中对说明书中的各附图作简略说明。[1]

（6）具体实施方式

这一部分是说明书的重要组成部分，它对于充分公开、理解和再现发明或实用新型，支持和解释权利要求都是极为重要的。因此，在该部分应详细描述申请人认为实现发明或实用新型的优选实施方式。必要时应举例说明，说明书有附图的，应当结合附图予以说明。

2.3.6 附图的绘制

附图包括说明书附图和摘要附图，当说明书附图绘制完成后，从中选择一幅最能说明发明或实用新型要点的附图作为摘要附图即可。说明书附图是说明书的一个重要组成部分，用图形补充说明文字部分的描述，帮助本领域的普通技术人员直观、形象地理解发明或实用新型的每个技术特征和整体技术方案。

2.3.7 摘要的撰写

摘要是与专利有关的科学技术的重要情报，用于概括说明书所公开的内容。摘要是说明书摘要的简称，严格地理解其也属于说明书的一部分。但实践中摘要总是被当做与说明书并列的发明或实用新型申请文件的另一组成部分。

2.4 发明和实用新型专利申请文件撰写实例

2.4.1 概述

在上一节已介绍发明和实用新型专利申请撰写前的准备工作、权利要求书和说明书等文件的撰写要求及相关规定的基础上，本节将给出具体的撰写案例，以帮助理解这些要求和规定。在给出具体案例之前，先对申请文件的撰写顺序及步骤作一简单介绍。

2.4.2 申请文件的撰写顺序和步骤

一般而言，比较科学的撰写申请文件的方法是先撰写权利要求书，再撰写说明书，最后才是摘要。对于有附图的申请，应当在撰写权利要求书的同时或者之后，但最迟应当在撰写说明书的具体实施方式部分之前完成

[1] 吴观乐．发明和实用新型专利申请文件撰写案例剖析［M］．北京：知识产权出版社，2004：30.

附图的绘制（包括图形的绘制和附图标记的标注）。这样做的理由是，第一，说明书的技术方案和具体实施方式部分与权利要求书有相当部分的重合，在完成权利要求书之后，再撰写说明书的这两部分就十分轻松，节省工作量；另一方面，也有利于保证权利要求书得到说明书的支持（至少在形式上得到支持）。第二，摘要是说明书的概括，在撰写完说明书之后，能十分方便地完成摘要的撰写。第三，为了保证权利要求书和说明书中所使用的附图标记与附图中所标注的附图标记一一对应，在撰写具体实施方式时应对照附图进行核查，因此在这之前应完成附图的绘制。

但在实践中，权利要求书和说明书往往不是一次定稿，很可能会交叉撰写。例如，在描述发明或实用新型的背景技术和所要解决的技术问题时，发现当初撰写的独立权利要求还缺少必要技术特征，因此独立权利要求的技术方案并不能解决其技术问题时，就要返回对权利要求进行修改。但总体而言，前述撰写顺序对大多数申请应当都是比较合适的。因此，撰写申请文件时首先应努力撰写出一份高质量的权利要求书。

撰写权利要求书可按照如下步骤进行。

（1）在理解发明或实用新型的基础上，找出其主要技术特征，弄清各技术特征之间的关系。

（2）分析检索和调研到的现有技术，将其与本发明或实用新型进行比较，确定最接近的现有技术。

（3）根据最接近的现有技术，进一步确定本发明或实用新型所要解决的技术问题，列出本发明或实用新型为解决该技术问题所必须包括的全部必要技术特征。

（4）与最接近的现有技术进行比较，将它们共同的必要技术特征写入独立权利要求的前序部分，本发明或实用新型区别于最接近现有技术的必要技术特征写入特征部分，从而完成独立权利要求的撰写。

需要注意的是，在该步骤中不是简单地直接将现有技术和申请人提供的技术交底资料中所记载的技术特征写入独立权利要求（无论前序部分还是特征部分），而是应当在充分理解发明或实用新型的基础上，对各技术特征以及申请人提供的各种具体实施方式用上位概念进行概括，将上位技术特征写入独立权利要求，这样才能保证最后撰写出的独立权利要求具有较宽的保护范围。

（5）对其他附加技术特征进行分析，将那些对发明或实用新型的创造性可能有帮助的附加技术特征写成相应的从属权利要求。

撰写从属权利要求的目的在于增加专利申请被批准的可能性以及专利授权后的稳定性，因此在可能的情况下，应将了解到的发明创造的所有特点都写入从属权利要求。不言而喻，针对申请人或发明人提供的不同的具体实施方式当然应当写入从属权利要求。

2.4.3　具体撰写实例

由于发明和实用新型专利申请的撰写要求基本相同，为节省篇幅，本节仅给出一个典型的发明专利申请的撰写实例，撰写实用新型时也可参考。

该发明涉及一种墨粉盒的密封条及其制造方法，该密封条属于再生行业，用于对回收的旧墨粉盒在加墨粉之后进行密封。如图 2－4－1 所示，该密封条主要包括一长条形的密封膜，密封膜由较宽的密封部分 1a 和较窄的拉拽部分 1b 组成，密封部分 1a 设有两条相互平行的导向线 12a（事实上是两条很浅的刻痕）；密封部分 1a 的一面粘贴有双面密封胶（图中未示），用于密封墨粉盒的粉仓开口，拉拽部分 1b 用于在使用（例如给复印机加墨粉）时沿导向线撕开密封部分，从而将墨粉倒入复印机的墨盒。为了撕开时方便省力，将密封膜的拉拽部分的宽度做成恰好等于两导线之间的间距；另外，在导向线的起始端（与拉拽部分的相邻端）切出两开口 13。申请人认为由于这两个结构特点使该密封条更方便用户的使用。

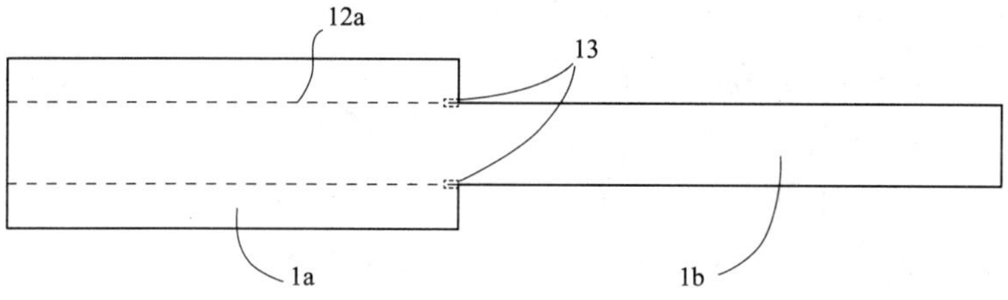

图 2－4－1　本专利申请

经检索调研发现最接近的现有技术如图 2－4－2 所示，其与本申请的区别在于：1. 两导向线之间的间距大于拉拽部分的宽度，因此二者的邻接部位设有圆弧过渡的结构；2. 两导向线的起始端没有切出开口。

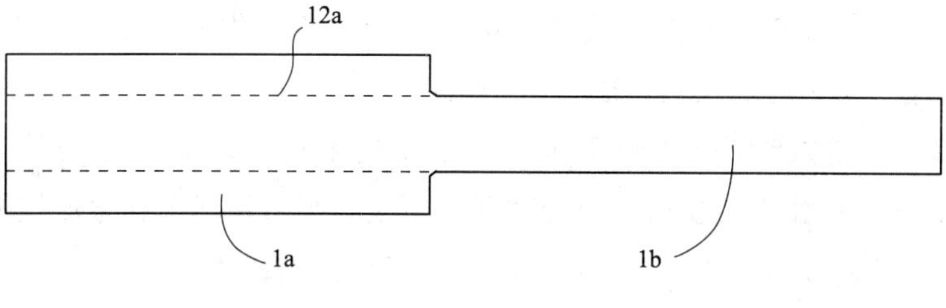

图 2－4－2　现有技术

经与申请人探讨得知，图2－4－2所示结构的密封条的缺点是，在借助拉拽部分撕开密封部分时异常费力，不易撕开，而且撕开后开口可能会发生偏移、变宽、变窄、斜拉等现象（即不是沿导向线撕开）。其根本原因是因为密封部分的导向线部位仍然具有较好的抗剪强度，尤其是起始段，由于与拉拽部分圆弧过渡，因而拉拽的力量不能完全传递到起始点；另外导向线也不可能切得很深（太深可能会导致密封膜的强度大大削弱，使其在搬运粉盒的过程裂开，造成墨粉的意外泄漏或倒出）。除了产品结构上的缺点外，现有技术的加工工艺也存在缺陷：先用切刀切割密封膜的外轮廓，再用激光扫射加工导向线，这样既增加了加工工序，又提高了生产成本（激光器设备价格昂贵）。为克服该缺陷，本申请将导向线也直接用切刀切割而成，既减少了工序，又降低了成本。因此应当将密封条和其加工方法都列为本申请的保护主题，本申请应有两项独立权利要求。

在透彻理解本发明及其与现有技术的区别的基础上，可列出其主要技术特征并做进一步分析。本发明的密封条的主要技术特征包括：

① 密封膜，由密封部分和拉拽部分组成；

② 双面密封胶，粘于密封部分的一面；

③ 密封部分加工有两条平行的导向线；

④ 密封膜在厚度方向上分成两层：底层和导向层（形成导向线的层）；

⑤ 拉拽部分的宽度等于两导向线之间的间距；

⑥ 导向线的起始端切有开口。

初步判定上述特征①至④为本发明与现有技术的共有技术特征，应写入独立权利要求的前序部分；特征⑤和⑥是体现本发明的改进之处的区别技术特征，应写入独立权利要求的特征部分。但经与申请人进一步讨论发现：

（1）特征⑤并不是必要技术特征，因为只要导向线的起始端切有开口，即使拉拽部分与导向线的间距不等宽，撕开也较现有技术方便省力；只是当拉拽部分与导向线的间距等宽时，方便省力的效果更加明显。因此特征⑤应当属于附加技术特征。

（2）上述总结特征中遗漏了一个必要技术特征，那就是“开口的长度”，因为开口如果太长可能会导致漏粉，太短则可能起不到方便拉拽的作用。因此该特征也应当在独立权利要求中予以限定。

在综合上述所有特征的基础上，撰写出密封条的产品独立权利要求如下：

“1. 一种改进的墨粉盒密封条，包括密封膜（1）和粘贴于所述密封膜（1）上的双面密封胶（2）；所述密封膜（1）由用于密封墨粉盒粉仓开口的密封部分（1a）和沿所述密封部分（1a）的一端向外延伸的拉拽部分（1b）组成，所述双面密封胶（2）粘贴于所述密封部分（1a）上，所述拉拽部分（1b）用于撕开所述密封部分（1a）；所述密封膜（1）在厚度方向上包括一底层（11）和一导向层（12），位于所述密封部分（1a）的所述导向层（12）上设有沿长度方向延伸的两条相互平行的导向线（12a）；其特征在于：所述密封部分（1a）邻近所述拉拽部分（1b）的一端设有两开口（13），所述两开口（13）分别与所述两导向线（12a）的端头重合，所述两开口（13）的长度皆为0.5至3.5毫米。”

在完成独立权利要求的基础上，再撰写出从属于该独立权利要求的各从属权利要求：

“2. 根据权利要求1所述的改进的墨粉盒密封条，其特征在于：所述拉拽部分（1b）的两侧边缘分别位于所述两导向线（12a）的延长线上。

……”

从上述过程可以看出，在列出了本申请的主要技术特征之后，并不是立即着手撰写，而是应当先对这些技术特征进行分析，哪些是必要的，哪些是附加的，是否还缺少必要技术特征等。

按照同样的步骤，将其方法独立权利撰写如下：

“一种制造如权利要求1所述的墨粉盒密封条的方法，包括如下步骤：

（1）分别制作密封膜和双面密封胶片材，所述密封膜包括底层（11）和导向层（12），所述双面密封胶片材是根据密封膜（1）的所述密封部分（1a）的形状和尺寸制作的；

（2）将双面密封胶片材准确地粘贴于所述密封膜上，即得到所述墨粉盒密封条；

其特征在于：步骤1中密封膜（1）上的所述导向线（12a）和开口（13）以及密封部分（1a）和拉拽部分（1b）的外轮廓都是由切割机的切刀切割而成的。”

在此基础上，再撰写出该方法独立权利要求的各从属权利要求。为节省篇幅，此处不详细写出。在撰写完整个权利要求书之后，再着手说明书的撰写。鉴于篇幅限制，此处略去说明书全文，仅给出其发明内容中技术效果部分的撰写实例，这部分对专利申请的创造性的判断极为重要。

“按照本发明提供的墨粉盒密封条，由于密封膜的密封部分邻近拉拽部分的一端设有与导向线端头重合的两开口，而且拉拽部分的两侧边缘位于两导向线的延长线上，因而使得该密封条的位于两导向线之间的可撕掉部分更容易撕开，而且撕开较为省力，不会出现变宽、变窄、斜拉、分层等问题。

按照本发明提供的制造墨粉盒密封条的方法，由于密封膜上的导向线、开口以及密封部分和导向部分的外轮廓都是由切割机的切刀切割而成的，而且是在同一台机器的同一个加工周期内、同一次装夹中完成，因而不仅使得加工出来的密封膜具有较高的加工精度，能够保证拉拽部分的两侧边缘位于两导向线的延长线上，从而使得该密封条能够沿两导向线顺畅地撕开，不会出现变宽、变窄、斜拉、分层等问题；而且由于在同一个周期内能切割出多个密封条的导向线、开口及其外廓，因而大大提高了生产效率，同时由于切割机成本投入小，因而降低了生产成本；另外该方法还具有很好的灵活性和很强的适应性，既适用于同一型号密封条的大规模生产，也能满足多型号、小批量密封膜生产的需要。”

2.5 特殊领域的专利申请

2.5.1 涉及计算机程序的发明专利申请

2.5.1.1 概述

所谓涉及计算机程序的发明专利申请，是指为解决发明提出的问题，全部或部分以计算机程序处理流程为基础的解决方案的专利申请。与普通发明专利申请相比，这类发明专利申请存在较多的特殊性，因此本小节单独予以介绍。

2.5.1.2 涉及计算机程序的发明专利申请的授权条件

《专利法》第2条第2款规定，发明，是指对产品、方法或者其改进所提出的新的技术方案。这是发明的定义，也是发明专利申请的授权条件之一。涉及计算机程序的发明专利申请也必须是符合这一条款规定的新的技术方案，才有可能被授予专利权。

根据《专利法》第25条第1款第2项的规定，对智力活动的规则和方法不授予专利权。智力活动的规则和方法包括数学方法以及一切属于以人的抽象思维、主观意念或者感觉为特征的非技术方案。如果某项发明专利申请只涉及计算机程序❶本身或者是仅仅记录在载体（例如磁带、磁盘、光盘、ROM、EPROM、VCD、DVD或者其他计算机可读介质）上的计算机程序，就其程序本身而言，不论以何种形式出现，都属于智力活动的规则和方法，都不能被授予专利权。

但是，如果一件涉及计算机程序的发明专利申请是为了解决技术问题，利用了技术手段和能够产生技术效果，就不应仅仅因为该发明专利申请涉及计算机程序而否定其属于可给予专利保护的客体。例如，将一个计算机程序输入到一个公知的计算机来控制该计算机的内部操作，从而实现计算机内部性能的改进；或者使用一个计算机程序来控制某一工业过程、测量或者测试过程；或者使用一个计算机程序来实现外部数据处理等，这些发明专利申请的主题符合上述要求时都不应被排除在属于可给予专利保护的客体范围之外。即当一件涉及计算机程序的发明专利申请是为了解决技术问题，利用了技术手段和能够产生技术效果时，则该专利申请属于可给予专利保护的客体。

2.5.1.3　涉及计算机程序的发明专利申请的撰写

涉及计算机程序的发明专利申请的说明书和权利要求书的撰写要求与其他技术领域发明专利申请的说明书及权利要求书的撰写要求原则上相同，下面仅就这类申请在撰写方面的一些特殊要求予以说明。

（1）说明书的撰写

涉及计算机程序的发明专利申请的说明书除了应当从整体上描述该发明的技术方案之外，还必须清楚、完整地描述该计算机程序的设计构思及其技术特征，以及达到其技术效果的实施方式。为了清楚、完整地描述该计算机程序的主要技术特征，说明书附图中应当给出该计算机程序的主要流程图。说明书中应当以所给出的计算机程序流程为基础，按照该流程的时间顺序，以自然语言对该计算机程序的各步骤进行描述。说明书对该计算机程序主要技术特征的公开程度应当以本专业技术领域内的普通技术人员能够根据说明书所公开的流程图及其说明自行编制出能够达到所述技术效果的计算机程序为准。为清楚起见，如有必要，还可以用惯用的标记性程序语言简短摘录某些关键部分的计算机源程序以供参考，但不需要提交全部计算机源程序。

❶ 为了能够得到某种结果而可以由计算机等具有信息处理能力的装置执行的代码化指令序列，或者可被自动转换成代码化指令序列的符号化指令序列或者符号化语句序列，包括源程序和目标程序。

（2）权利要求书的撰写

涉及计算机程序的发明专利申请的独立权利要求可以写成一种方法，即以计算机程序的运行步骤流程为主线来描述；也可以写成一种产品，即实现该方法的装置。需要特别说明的是，此处所述的装置，并不一定是实际存在的元件、设备或部件，其完全可能是一种虚拟的装置，即程序的某一代码段、功能模块或者进程等（例如，将完成相加功能的一段软件进程称为“加法器”）。无论写成哪种形式的权利要求，都必须得到说明书的支持，并且都必须从整体上反映该发明的技术方案，记载解决技术问题的必要技术特征，而不能只概括地描述该计算机程序所具有的功能和该功能所能够达到的效果。如果写成方法权利要求，应当按照方法流程的步骤详细描述该计算机程序所执行的各项功能以及如何完成这些功能；如果写成装置权利要求，应当具体描述该装置的各个组成部分及其各组成部分之间的关系，并详细描述该计算机程序的各项功能是由哪些组成部分完成以及如何完成这些功能。

为帮助理解，下面结合一件涉及计算机程序的发明专利申请的具体案例予以说明。例如，一件关于“对 CRT 屏幕上的字符进行游标控制”的发明专利申请，如将其独立权利要求撰写成方法权利要求，可描述如下：

“一种 CRT 显示屏幕的游标控制方法，包括：

用于输入信息的输入步骤；

用于将游标水平和垂直移动起始位置地址存储到 H/V 起点位置存储装置中的步骤；

用于将游标水平和垂直移动终点位置地址存储到 H/V 终点位置存储装置中的步骤；

用于将游标当前位置的水平和垂直地址存储到游标位置存储装置中的步骤；

其特征是所述游标控制方法还包括：……。”

如将其独立权利要求撰写成装置权利要求，可描述如下：

“一种 CRT 显示屏幕的游标控制器，包括：

用于输入信息的输入装置；

用于存储游标水平和垂直移动起始位置地址的 H/V 起点位置存储装置；

用于存储游标水平和垂直移动终点位置地址的 H/V 终点位置存储

装置；

用于存储游标当前位置的水平和垂直地址的游标位置存储装置；

其特征是所述游标控制器还包括：……。”

实践中，为了便于审查员在审查过程中理解该发明创造，也为了在专利授权后能获得很好的保护，对含有计算机程序的发明专利申请，在权利要求书中最好将产品和方法两类权利要求同时写出。

2.5.2 化学领域专利申请文件的撰写

2.5.2.1 不授予专利权的化学申请

根据《专利法》的相关规定，天然物质（不包括首次从自然界分离或提取出来且其结构、形态或者其他物理化学参数是现有技术中未记载的，并能被确切地表征，且在产业上有利用价值的物质本身以及取得该物质的方法）；菜谱和烹调方法；医生处方以及物质的医药用途（不包括将物质用于制造药品）等属于不被授予专利权的化学申请。

2.5.2.2 化学发明权利要求的分类

（1）化合物权利要求

化合物权利要求应当用化合物的名称或化合物的结构式或分子式来表征。化合物应当按 IUPIC 的“系统命名法”来命名，也可以使用本领域普遍接受的通用名或俗名，不允许用商品名或代号以避免出现公开不充分的问题。

如果所有可选择化合物具有共同的性能或作用且所有可选择化合物具有共同的结构，即主要结构单元是共有的；或者在不能有共同结构的情况下，所有可选择化合物在该发明的相关技术中被认为是属于一类化合物，那么我们可以采用马库什权利要求形式来限定保护范围。

例如：

一种环氧化酶Ⅱ抑制剂的药物制剂，其特征在于……溶解于选定的结构式所示的异山梨酯类溶剂中制得，

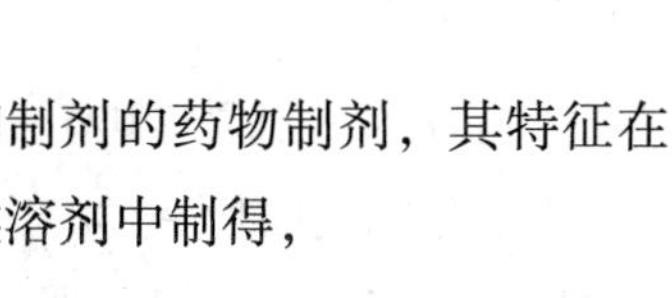

其中 R1 和 R2 是氢原子或 1－3 个碳的烷基或醋酸酯，且 R1 和 R2 不可同时为氢原子。

通式给出所有马库什化合物共有的主要结构单元，并且这些化合物均有同样的用途，所以该马库什权利要求有单一性。

对于无法用化学名称或化学式表征的化合物，如果有例如物理化学参数等可以将其与已知化合物区别的，可用这些参数来表征。

如果上述方法仍然无法准确定义化合物，则可以使用赋予该化合物区别于现有化合物特征且具有一定用途的制备方法来表征该化合物。

（2）组合物权利要求

组合物权利要求是涉及至少两种物质按照一定配比并具有特定性质和用途的权利要求。其应当用组合物的组分或者组分和含量等组成特征来表征。

组合物权利要求有开放式、封闭式及半开放式三种表达方式：

开放式表示组合物中并不排除权利要求中未指出的组分，多采用“含有”、“包括”、“基本包含”等用语，但是要注意在开放式中列出的主要成分必须能够实现本发明的目的，否则就是缺乏必要技术特征；

封闭式则表示组合物中仅包括所指出的组分而排除所有其他的组分，多采用“由……组成”、“组成为”等描述方式，封闭式写法使得权利要求保护范围限定在很小的范围，一般不建议采用这样的写法；

半开放式介于前述两者之间。

如果采用开放或半开放式权利要求写法，应该在从属权利要求中，至少也要在说明书中给出一种或几种其他组分，否则权利要求得不到说明书的支持，只能视为是封闭式的权利要求。

在限定组分的含量时必须清楚，一般有如下的表述方法：

百分比表述法，其中组合物中各组分含量百分数之和应当等于100%，几个组分的含量范围应当符合以下条件：

某一组分的上限值+其他组分的下限值≤100

某一组分的下限值+其他组分的上限值≥100

对于百分比表述法应该写明是重量百分比、体积百分比或是其他类别的百分比；

同时不可以采用“大于”来限定组分含量；

份数表述法是以某一成分为参照物来限定组分之间的比例关系。

对于用文字或数值难以表示组合物各组分之间的特定关系的，可以允许用特性关系或用量关系式，或用图来定义权利要求。图的具体意义应当在说明书中加以说明。用文字定性地表述来代替数字定量表示的方式，只要其意思是清楚的，且在所属技术领域是众所周知的，也是可以接受的，例如“含量为足以使某物料湿润”、“催化量的”等。

（3）化学方法权利要求

化学领域中可通过对工艺设备等特征来限定包括物质制备方法、使用方法、加工方法和处理方法等方法权利要求。

涉及工艺的方法特征包括工艺步骤和工艺条件，如温度、压力、时间、各工艺步骤中所需的催化剂或其他助剂等，步骤特征也可以采用开放式或封闭式的写法，如“包括如下步骤”、“由下述步骤组成”。涉及设备的方法特征包括该方法所专用的设备类型及其与方法发明相关的特性或者功能等。

（4）用途权利要求

化学物质的用途发明包括已知物质的新用途和新物质的用途，但物质的医药用途应该以“在制药中的应用”、“在制备治某病的药中的应用”形式表述。

2.5.2.3 化学发明的充分公开以及实施例

说明书中应当说明新化合物的化学名称及结构式或分子式，对化学结构的说明应当明确到使所属领域的技术人员能确认该化合物的程度；在必要的情况下应该公开与发明要解决的技术问题相关的化学、物理性能参数（包括各种定性或定量数据和谱图等）。而且在说明书中应该给出该物质至少一种制备方法和一个可能用途。在生产方法中任何原料必须采用正式命名，而不可以采用俗语或别名，如购买的市售原料，最好给出生产商名称以及产品批号规格等信息，以便满足充分公开的需要。如果涉及新原料或新中间体，也必须给出其制备方法。

对于高分子化合物，除了对其重复单元的名称、结构式或者分子式应当按照对上述化合物的相同要求进行公开之外，还应当对其分子量及分子量分布、重复单元排列状态（如均聚、共聚、嵌段、接枝等）等要素作适当的公开；如果这些结构要素未能完全确认该高分子化合物，则还应当公开其结晶度、密度、二次转变点等性能参数。

对于组合物发明，说明书中除了应当公开组合物的组分外，还应当公开各组分的化学和/或物理状态、各组分可选择的范围、各组分的含量范围及其对组合物性能的影响等。

化学方法发明，无论是物质的制备方法还是其他方法，均应当公开方法所用的原料物质、工艺步骤和工艺条件，必要时还应当公开方法对目的物质性能的影响，使所属领域的技术人员按照说明书中公开的方法去实施时能够解决该发明要解决的技术问题。

实施例应该是具体的“点”对于涉及的化合物必须是明确的物质，而不能是通式。而且对于新物质还要给出必要的理化参数，以及这样的参数测定方法。对于涉及的组分配比、工艺参数等，必须是明确的值，而不能是一个浮动范围。

2.5.2.4 药物相关专利事宜

新的药物化合物或药物组合物，应当公开其具体医药用途、药理功效、有效量及使用方法。

在具体实施方式部分，除了提供足够的制备实施例以满足公开充分的要求外，为了说明专利申请中所提供的药物/药物组合物可以达到预期的技术效果，应提供对于本领域技术人员来说，足以证明发明的技术方案可以达到预期要解决的技术问题或效果的实验室试验（包括动物试验）或者临床试验的定性或定量数据。实验设计要合理，并且清楚完整说明实验方法、得到的数据以及分析结论。

2.5.3 生物领域专利申请文件的特殊撰写要求

2.5.3.1 可以授予专利权的生物材料

（1）微生物（包括细菌、放线菌、真菌、病毒、原生动物、藻类等），其中天然存在的微生物需要经过分离培养，并且具有特定的工业用途；

（2）基因（具有特定生理功能的 DNA 序列）或 DNA 片段，应首次从自然界分离或提取出来且其碱基的排列顺序是现有技术中不曾记载的，并能被确切地表征，且在产业上有利用价值。

2.5.3.2 不授予专利权的涉及生物技术的发明

根据《专利法》第 5 条所规定，以下发明将被认为属于不授予专利权的涉及生物技术的发明：

（1）克隆人的方法以及克隆的人；

（2）改变人生殖系遗传身份的方法；

（3）人胚胎的工业或商业目的的应用；

（4）可能导致动物痛苦而对人或动物的医疗没有实质性益处的、改变动物遗传身份的方法，以及由此方法得到的动物。

2.5.3.3 生物材料的保藏

为了满足《专利法》对说明书充分公开的要求，申请人应当在申请时或者最迟自申请日起 4 个月内提交保藏单位出具的保藏证明和存活证明，并且在说明书中均写明生物材料的分类命名、保藏该生物材料样品的单位名称、地址、保藏日期和保藏编号。国家知识产权局认可的保藏单位是指《布达佩斯条约》承认的生物材料样品国际保藏单位，其中包括中国微生物菌种保藏管理委员会普通微生物中心（CGMCC）和中国典型培养物保藏中心（CCTCC）。

2.5.3.4　权利要求书的撰写

对于涉及微生物的应按微生物学分类命名法进行表述并注明该微生物的拉丁文学名。对于已经保藏的微生物可以直接用保藏单位的简称和保藏编号来表述。

对于涉及的基因载体，在权利要求中要明确进行说明和限定，以本领域普通技术人员可以理解为限。

对于 DNA 的表述方法可以直接给出 DNA 的核苷酸顺序；或通过 DNA 的制备方法和性质进行限定。

2.5.3.5　说明书的充分公开

经保藏的微生物应尽可能完整地以分类鉴定的株名、种名、属名进行表述，并且写明其保藏日期、保藏单位名称及简称和保藏编号。同时对其进行细菌学上的描述。其中新菌株应该明确指出与同种已知菌株的区别特征，对于新菌种在详细记载其分类学性质同时说明确定为新菌种的理由，指出与已有菌种的区别特征。

说明书中应当对所使用的载体和 DNA 作出清楚、完整的说明，对已知的载体和 DNA 应当给出有关文献，对新的载体和 DNA 应当通过具体结构、顺序、制备方法或者性质进行描述，如果简单描述不足以使得本领域技术人员了解，可以辅以必要的实验数据。

对于涉及有关核苷酸或氨基酸序列表的，除在说明书中单列序列表外，还必须提供计算机可读副本，对于序列表的要求，必须严格根据专利局发布的《核苷酸和/或氨基酸序列表和序列表电子文件标准》来撰写。

2.6　外观设计专利申请

2.6.1　概述

《专利法》第 2 条所称外观设计，是指对产品的形状、图案或者其结合以及色彩与形状、图案的结合所作出的富有美感并适于工业应用的新设计。从这个定义可以看出，外观设计专利保护的是一种设计，一种应用于产品使其“富有美感”的设计方案，而不是一种技术解决方案，这是外观设计与发明和实用新型的本质区别。除此之外，还应注意以下几点：

（1）这种设计是关于产品外表的装饰性或艺术性的设计，可以是平面图案，也可以是立体造型，或者是二者的结合。

（2）这种设计必须与产品相结合，即应用于具体的产品，否则就不是《专利法》意义上的外观设计。

（3）这种设计必须能够在产业上应用，也就是说能够为生产经营目的而制造。如果产品的形状或图案不能用工业的方法复制出来，或者不能达到批量生产的要求，则也不是《专利法》意义上的外观设计。[1]

（4）产品的形状和图案可以单独构成适于外观设计专利所保护的设计方案，但色彩一般不能单独构成，需要与形状或者图案结合，才适于获得外观设计专利保护。

2.6.2 外观设计专利申请文件的撰写

申请外观设计专利时必须提交《外观设计专利请求书》（下称“请求书”）、《外观设计图或照片》（下称“图或照片”）和《外观设计简要说明》（下称“简要说明”）。

请求书用于表达申请人希望获得外观设计专利权的愿望，并记载申请人、设计人、使用外观设计的产品名称及其所属类别等信息。图或照片用于表示所要保护的设计。《专利法》第 59 条第 2 款规定，外观设计专利权的保护范围以表示在图片或照片中的该外观设计专利产品为准。因此图或照片是确定外观设计保护范围的依据。简要说明用于写明使用该外观设计的产品的设计要点、请求保护色彩、省略视图等情况。

当然，与发明和实用新型一样，上述文件也仅仅是外观设计专利申请的基本文件。实践中完全可能还需要提交其他文件，例如，委托了专利代理机构的，需要提供专利代理委托书；要求了国外优先权的，需要提供在先申请文件副本等。

2.6.2.1 请求书

请求书应采用国家知识产权局统一制订的表格，按要求填写使用该外

[1] 尹新天. 专利代理概论［M］. 北京：知识产权出版社，2002：13.

观设计的产品名称及其所属类别、设计人姓名、申请人姓名、邮编、地址等。其中尤其需要注意的是关于使用外观设计的产品名称（以下简称“产品名称”）的填写。

产品名称应当简短、准确地表明请求给予保护的产品，一般以1～7个字为宜，不得超过20个字，并应符合下述三个方面的要求。

（1）产品名称一般应当符合国际外观设计分类表中的名称。

（2）产品名称应当与设计的内容相符合。

（3）下述名称应当避免使用：

a. 含有人名、地名、公司名称、商标、代号、型号或以历史时代命名的产品名称；

b. 概括、抽象的名称，如“文具”、“炊具”、“乐器”、“建筑物品”等；

c. 附有构造、功能或作用效果的名称，如“节油发动机”、“人体增高鞋垫”等；

d. 附有产品规格、数量单位的名称，如“21英寸彩色电视机”、“一副手套”、“一副筷子”等；

e. 以产品的造型或色彩命名的名称，如“红色外衣”、“菱形尺”等；

f. 省略写法的名称，如“棋盘”不能写成“棋”，“玩具汽车”不能写成“汽车”等；

g. 以外国文字命名的名称；

h. 附有外观设计内容的名称，如把“书包”写成“带有熊猫图案的书包”、或者写成某种动物或某种植物图案的名称。

除产品名称外，还应注意产品所属类别的填写，应写明该产品在国际外观设计分类表中的类别。申请人不明确该产品所属类别的，可以写明技术领域或使用场所。

2.6.2.2 外观设计图片或照片

《专利法实施细则》第27条第2款规定，申请人应当就每件外观设计产品所需要保护的内容提交有关视图或者照片，清楚地显示请求保护的对象。其中的“有关视图或者照片”，就立体外观设计产品而言，产品设计要点涉及六个面的，应当提交六面正投影视图；产品设计要点仅涉及一个或几个面的，可以仅提交所涉及面的正投影视图和立体图；就平面外观设计产品而言，产品设计要点涉及一个面的，可以仅提交该面正投影视图；产品设计要点涉及两个面的，应当提交两面正投影视图。

六面正投影视图的名称分别为主视图、后视图、左视图、右视图、俯视图和仰视图。各视图的名称应当标注在相应视图的下方。

所谓正投影图，是指按正投影法绘制的图。所谓正投影法，是指用相互平行并垂直于投影面的投影线，将物体投射到投影面，从而在投影面获得反映出物体实际造型的投影的制图方法。绘图时应想象在无限远处有一光源（相当于平行光）照射到物体上，在投影面得到的影子就是我们所需要的投影图。❶

2.6.2.3 外观设计图片或照片的绘制

外观设计图或照片绘制的总体要求如下：

（1）绘制的图。绘图时应当按照技术制图和机械制图国家标准绘制，并使用制图工具和黑色墨水（也可使用计算机绘制然后打印输出），不得使用铅笔、蜡笔、圆珠笔绘制，也不得使用蓝图、草图、油印件。

（2）照片。照片的拍摄应按照正投影规则制作，轮廓应当清晰，应当避免强光、阴影、衬托物。

（3）色彩。请求保护外观设计的色彩的，应当提交彩色图片或照片。

2.6.2.4 外观设计简要说明的撰写

外观设计简要说明是用于写明外观设计产品的名称、用途、设计要点、省略视图以及请求保护色彩等情况进行扼要描述的文件，并指定一幅最能表明设计要点的图片或照片。其不能用于说明产品的性能和结构，更不得使用商业性宣传用语。具体而言，下述情况（也仅限于下述情况）可在简要说明中写明：

（1）请求保护色彩或者省略视图的情况。如果外观设计专利申请请求保护色彩，应当在简要说明中声明。如果外观设计专利申请省略了视图，申请人通常应当写明省略视图的具体原因，例如因对称或者相同而省略；如果难以写明的，也可仅写明省略某视图，例如大型设备缺少仰视图，可以写为“省略仰视图”。

（2）对同一产品的多项相似外观设计提出一件外观设计专利申请的，应当在简要说明中指定其中一项作为基本设计。

（3）对于花布、壁纸等平面产品，必要时应当描述平面产品中的单元图案两方连续或者四方连续等无限定边界的情况。

（4）对于细长物品，必要时应当写明细长物品的长度采用省略画法。

❶ 尹新天. 专利代理概论［M］. 北京：知识产权出版社，2002：261－262.

（5）如果产品的外观设计由透明材料或者具有特殊视觉效果的新材料制成，必要时应当在简要说明中写明。

（6）如果外观设计产品属于成套产品，必要时应当写明各套件所对应的产品名称。

2.6.3　外观设计专利申请实例

为便于理解，下面给出两个具体的外观设计申请实例，供参考。

［**实例1**］该外观设计的产品为型材。申请型材类产品的外观设计时应注意三点：第一，型材的长度是不确定的，所以在表示其长度方向的视图中应采用省略画法——用双点划线或自然断裂线断开；第二，型材的设计要点体现在其截面形状的设计，因此应将反映截面形状的视图作为主视图；第三，后视图（也反映截面形状，与主视图相同或对称）可以省略。

在本例中，型材四侧边的形状完全相同，因此只需给出其一侧的视图即可，省略其他三侧的视图。因此该外观设计仅包括两幅图片，具体如前所示。另外，还需在简要说明中写明“省略其他视图”。

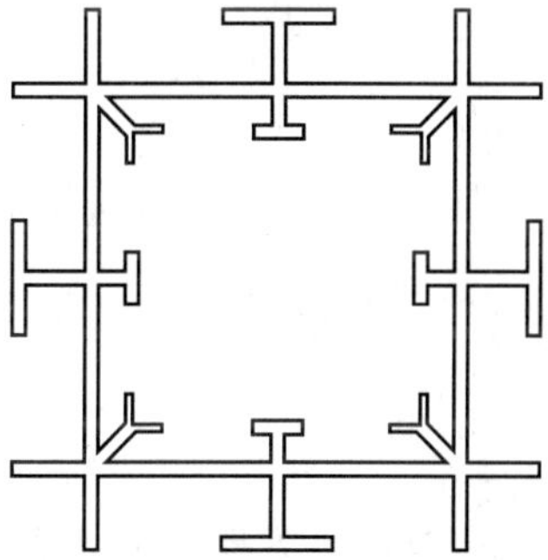

主视图

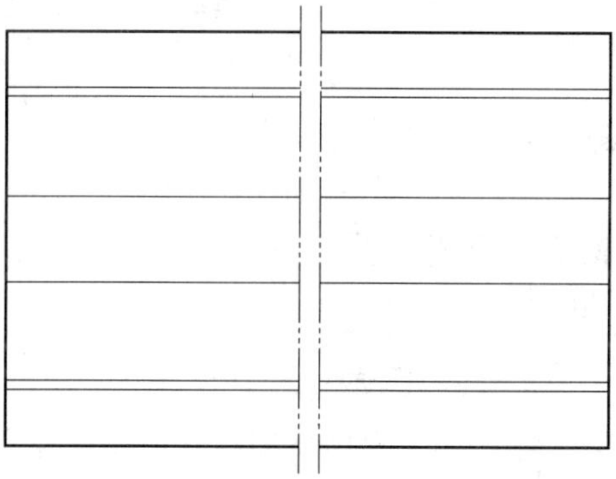

左视图

［**实例2**］该外观设计的产品为一种形状类似于海豚的路灯，故可将其取名为“路灯（海豚形）”。其后视图与主视图对称，省略后视图，并在简要说明中应予以说明。除此之外没有省略其他视图，因此该外观设计包括六幅视图（五个正面视图和一个立体图），具体如下。

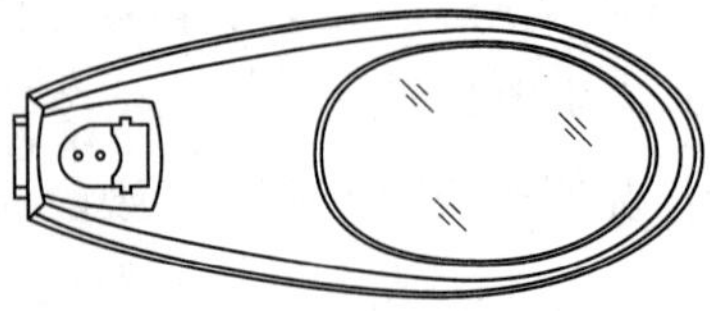

仰视图

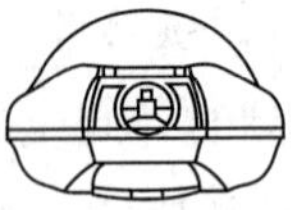

左视图

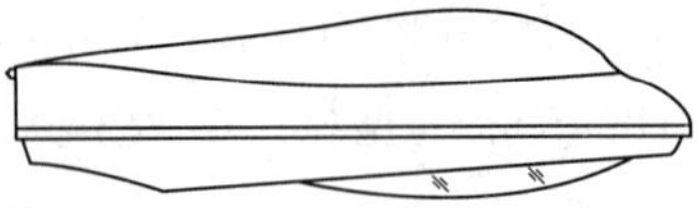

主视图

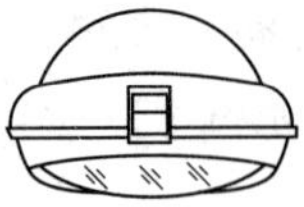

右视图

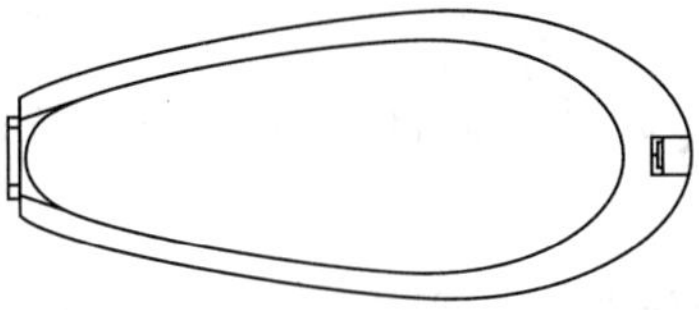

俯视图

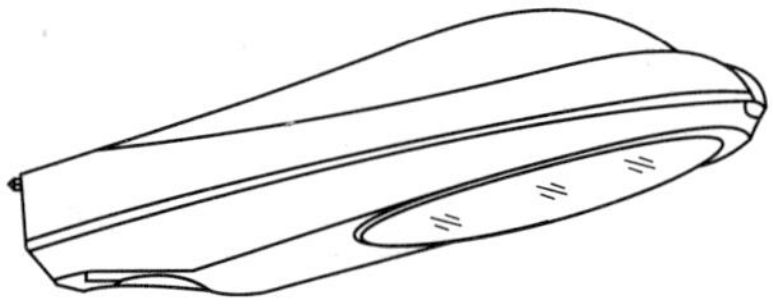

立体图

2.7 审查意见的答复

2.7.1 概述

在发明、实用新型和外观设计专利申请的初步审查以及发明专利申请的实质审查过程中，审查员有可能发出一次或多次审查意见，要求申请人在规定的期限内进行答复。申请人逾期不答复的，将导致该申请视为撤回。申请人在规定的期限内答复了，但其答复和/或修改并没有消除原申请存在的缺陷的，将导致审查员再次发出审查意见或者驳回申请；如果申请人答复了并且其答复和/或修改也消除了原申请存在的缺陷，但对申请的技术方案作了较多的限定说明的，即使该申请被授予专利权，也可能由于申请人在答复过程中将保护范围限定过窄而使该专利在授权后无法获得真正的保护。因此，如何答复审查意见也是专利申请过程中一项非常重要并且具有一定难度的工作。

总体而言，审查意见可分为两类：补正通知书和审查意见通知书。补正通知书主要用于通知申请人专利申请存在的形式缺陷，一般在初步审查程序较常见；而审查意见通知书通常用于提出审查员对专利申请的新颖性、创造性、实用性、是否充分公开等实质性问题的质疑，一般在实质审查程序中使用较多。

2.7.2　初步审查程序中审查意见的答复

对于审查员在初步审查程序中发出的补正通知书，一般答复不太困难，因为补正通知书基本都是指出申请文件存在的形式缺陷。对于发明和实用新型申请，通常申请人只需按审查员的意见，对申请文件中不符合规定的格式或相关用语等进行修改，从而消除补正通知书中所指出的缺陷即可。

对于外观设计申请，除了形式缺陷之外审查员还经常会在补正通知书中指出“各视图之间投影关系不对应”等外观设计图或照片存在的问题，对于这类补正通知书，一定要谨慎答复。尽管审查员一般均会在补正通知书写明具体不对应的视图，有时甚至还写出视图中不对应的部位，但如果申请人不能十分确信自己与审查员的理解完全一致，就应与审查员进行电话沟通，经电话讨论后再修改视图进行补正。

答复补正通知书时，通常应使用专利局统一制订的表格《补正书》，并在其“补正内容”栏对应填写补正前、补正后的相关内容，以便审查员清楚了解具体修改情况。对于修改较多、不便在《补正书》中写出，或者需要对相关修改作具体说明的申请，可使用《意见陈述书》，在其正文部分对修改作详细说明。

个别情况下，初审程序中审查员也会发出审查意见通知书。例如，审查员认为某专利申请的保护客体属于《专利法》第 5 条或第 25 条所规定的不授予专利权的内容，或者申请人将本应申请发明专利的保护主题（如产品制造方法）提出实用新型专利申请，这时审查员将发出审查意见通知书，要求申请人在规定期限内进行答复，必要时还会提出具体的建议（如建议改申请发明）。对于这类审查意见，申请人应认真分析，并对照具体的法律规定，判断审查员的理解是否正确。如果认为审查员理解有误，应陈述意见予以澄清，争取获得授权；反之，如认为审查意见十分在理，该申请确实无望授权，则不必进行答复；或者听从审查员的建议，重新提出发明专利申请。

2.7.3　实质审查程序中审查意见的答复

在发明专利申请的实质审查程序中，审查员需要对专利申请是否具备新颖性、创造性、实用性，说明书是否充分公开，权利要求书是否以说明书为依据等实质性问题进行审查，并且会针对这些问题提出具体意见。因此与初审程序中的补正通知书相比，实质审查程序中的审查意见通知书的答复要复杂得多。具体而言，可按照如下步骤进行。

（1）认真研究审查意见，充分理解其实质内容

在开始答复前，首先应认真阅读审查意见通知书的具体内容，充分理解其实质含义。审查意见通知书为标准的表格形式，由扉页和正文两部分组成。其中扉页记载了申请号、申请人、发明名称等申请的基本信息，同时还列出了审查意见通知书的次数、实质审查依据的文本、引用的对比文件、对权利要求书及说明书的结论性意见、审查员的倾向性结论意见、答复期限等。正文部分对应扉页中的结论性意见，详细写明审查员针对专利申请的具体意见。

阅读审查意见通知书时，应分层次地对其理解消化。首先，应从整体上了解审查员的倾向性意见，即阅读通知书扉页中的第7点内容：

“基于上述结论性意见，审查员认为：

□申请人应按照通知书正文部分提出的要求，对申请文件进行修改。

□申请人应在意见陈述书中论述其专利申请可以被授予专利权的理由，并对通知书正文部分指出的不符合规定部分进行修改，否则将不能授予专利权。

□专利申请中没有可以授予专利权的实质性内容，如果申请人没有陈述理由或者陈述理由不充分，其申请将被驳回。”

上述三个选项分别代表审查员的三种倾向性意见，即肯定性结论、不定性结论和否定性结论。因此看审查员所标注的选项，就能了解其对专利申请的整体倾向性意见。

之后，再阅读扉页中的第6点内容——审查的结论性意见，标准格式的通知书中该部分分项列出了说明书和权利要求书可能存在的所有问题。其中审查员所标注的选项就是本申请存在的问题。因此阅读完该部分之后，就能得知本申请具体存在哪几点问题。在此基础上，再针对这些问题详细阅读通知书正文部分的具体分析。

（2）确定应对策略和答复思路

在充分理解审查意见并对其正确性和准确性作出判断的基础上，就可确定具体的应对策略和答复思路。对于肯定性结论的审查意见，申请人一般只需对权利要求书和/或说明书进行形式上的修改即可，没有太大难度。

对于否定性结论的审查意见，如认为审查员的理解分析完全正确，本申请没有授予专利权的可能，则没有答复的必要；反之，则应清楚、全面地陈述本申请能被授予专利权的理由，必要时可同时提出对申请文件的修改。

对于不定性结论的审查意见，则应对审查员提出的各种质疑分别确定合适的答复思路。

对于审查员认为权利要求缺乏新颖性或创造性的审查意见，如果审查员的认定完全正确，则应将该权利要求修改或删除。例如，可在该权利要求中添加记载在其从属权利要求或说明中的技术特征，或直接将其删除。如果审查员的认定并不正确，则应充分陈述该权利要求具备新颖性和创造性的理由。

对于审查员认为权利要求保护范围不清楚的审查意见，如果审查员的认定完全正确，则应修改其不恰当的用词，删除或修改不一致、不清楚的描述，例如采用规范的技术术语替换原申请文件中的土话、行话等；如果审查员的认定并不正确，则应充分陈述该权利要求保护范围十分清楚明确的理由。

对于审查员认为说明书公开不充分的审查意见，应努力说服审查员：本领域的普通技术人员根据说明书的内容完全能够实施本发明，且说明书所公开的技术方案足以解决本发明所要解决的技术问题，达到其技术效果。如果审查员认为某个技术特征不清楚，应说明其为公知技术，或者对本领域的普通技术人员来说是显而易见的。之所以要这样进行答复，是因为当审查员坚持认为某一发明申请的说明书确实公开不充分时，那一定会导致该申请被驳回。对于这种严重的实质性缺陷，根本没有补救措施。因为增加新的内容都将超出原申请文件记载的范围。

对于审查员认为独立权利要求缺少必要技术特征的审查意见，如果审查员的认定完全正确，则应在独立权利要求中补入缺少的必要技术特征；反之，则应说服审查员目前独立权利要求所记载的技术特征所组成的技术方案，就足以解决本发明所解决的技术问题，以避免加入新的特征缩小其保护范围。

对于审查员认为权利要求未以说明书为依据的审查意见，如果是权利要求在形式上未得到说明书的支持，则将权利要求的相关内容补入说明书即可；如果权利要求在实质上未得到说明书的支持，则应缩小其保护范围，使其与本领域的普通技术人员能从说明书中的描述直接得到和概括得出的技术方案相适应。

（3）撰写答复意见

在充分理解审查意见并明确答复思路后，就可着手撰写具体的答复意见。撰写答复意见应采用专利局统一制订的表格《意见陈述书》，如果答复内容较少，可以直接写在《意见陈述书》的表格中第2栏；如果内容较多，则应另行起草《意见陈述书正文》或写在《意见陈述书》的附页中，在第2栏注明“详见《意见陈述书正文》（或附页）”等字样即可。

2.7.4 答复审查意见时应注意的问题

审查员对专利申请进行审查的目的一方面是为了发现申请文件中存在的缺陷，给申请人消除缺陷的机会，使专利申请被授权后权利更加稳定；另一方面，使申请人所要求的保护范围对公众而言更加公平、合理，不能将现有技术、公知技术囊括其中。申请人在答复审查员发出的审查意见时，应理解专利审查的上述两个目的，并在此基础上确定答复的一些基本原则。具体而言，答复审查意见时应注意如下几个问题。

（1）正面、直接地针对审查员的意见进行答复

审查员发出审查意见和申请人答复审查意见的过程事实上就是申请人与审查员就专利申请的相关问题进行交流的过程，因此申请人在答复时一定要针对审查员所提出的问题进行答复，准确高效地与审查员进行沟通，绝不能闭门造车一味强调自己的观点。

（2）应努力争取最大的利益

申请人申请专利的目的是为了获得专利保护，对申请人而言，专利的保护范围愈宽愈好，但审查员为了公众的利益必须对专利申请的保护范围把住关口。因此审查员往往要求申请人只保护一个较小的范围。从这个角度理解，可以认为审查员与申请人是对立的。因此申请人在答复审查意见时，不应当不假思索地接受审查员的意见，而应当认真分析审查意见的正确性。除非绝对必要，应当争取不做缩小权利要求保护范围的修改或陈述。如果必须这样，也应当仅将其缩小到可能的最大的保护范围，而不应当为了获得授权将其缩小到很难获得真正保护的较小范围。

（3）对申请文件进行修改时，不能超出原始申请文件记载的范围

对此《专利法》第33条给予了明文规定。一般而言，对发明和实用新型申请，不能增加原说明书和权利要求未记载的技术特征，也不得扩大原权利要求的保护范围；对外观设计申请，不能增加原图或照片中未示出的形状、图案、色彩，也不得扩大原图片或照片所确定的保护范围。

（4）有理、有利、有节，避免过激言辞

答复审查意见时应摆事实，讲道理，客观地陈述申请人的观点。即使申请人完全不同意审查员的审查意见，或者认为审查员没有完全理解本发明甚至错误理解了本发明，仍应注意心平气和地答复，避免使用过激的语言。双方相互尊重将有利于双方意见的交流和沟通，更有助于问题的解决及申请的授权。[1]

（5）按时完成并提交答复意见

答复审查意见都有严格的期限限制，申请人应在规定的期限内完成并提交答复，否则将导致该申请视为撤回。一般初步审查程序中审查意见的答复时间为2个月，实质审查程序中审查意见的答复时间为4个月。如果申请人因故在该期限内不能答复的，可以请求延长答复的时间，但应在期限届满前提出，并缴纳延长期限请求费。

2.7.5 答复审查意见实例

为有助于上述内容的理解，下面给出一个具体的答复审查意见的实例。鉴于篇幅限制，此处仅节选审查意见及答复意见的部分内容。

审查意见通知书正文部分的内容为：

本发明涉及一种多功能家用食品处理方法和装置，可用于粉碎食品、煮豆浆和煮米糊或花生糊。经审查具体意见如下：

1. 权利要求11请求保护一种多功能家用食品处理装置。对比文件1请求保护一种家用全自动豆浆机。其中（说明书第3页第15~28行，第5页第19~28行，附图1）公开了该装置包括机头、杯体、顶盖、电机及其粉碎装置、网罩、加热器、感温器、控制电路、报警装置和开关。由此可见权利要求11与对比文件1的区别在：该装置还包括溢出传感器、水位传感器，控制电路设置有单片机U1、晶振、稳压电源；感温器、溢出传感器、水位传感器以信号采集线路与单片机U1相连，电极、加热器以执行线路与单片机U1相连，开关键以控制电路与单片机U1相连。对比文件2请求保护一种豆浆机控制器。其中（说明书第1页第13行至第2页第10行，附图2）公开了该装置包括溢出判断电路（相当于溢出传感器）、水位判断电路（相当于水位传感器），控制电路有单片机、晶振、稳压电源，水位判断电路、溢出判断电路、自测试电路（相当于感温器）与单片机相连；电机、加热器与单片机相连；功能选择开关与单片机相连。由此可见

[1] 尹新天．专利代理概论［M］．北京：知识产权出版社，2002：331．

对比文件2公开了权利要求11的区别技术特征，且所起的作用与申请文件中相同，都是为了对煮豆浆过程进行控制。由于对比文件1和2属于相近似的技术领域，因此在对比文件1的基础上结合对比文件2得出权利要求11请求保护的技术方案对于本领域技术人员来说是显而易见的，因此权利要求11不符合《专利法》第22条第3款关于创造性的规定。

2. 权利要求12和13的附加技术特征是本领域技术人员常用的技术手段，因此当其引用的权利要求11没有创造性时，权利要求12和13也不符合《专利法》第22条第3款的规定。

……

针对上述审查意见，申请人在认真分析对比文件与本申请后，认为审查员的理解不完全正确，权利要求11相对对比文件应当有创造性。故拟定的答复意见如下：

尊敬的审查员：

首先非常感谢您对×××号发明专利申请给予认真细致的审查，针对您提出的审查意见，申请人现答复如下：

一、关于权利要求11的创造性

审查意见中指出：对比文件1和2结合能否定本申请权利要求11的创造性，对此申请人有不同意见，申请人认为：

首先，对比文件2中的自测试电路根本不是相当于本申请的感温器或水温信号电路。参见对比文件2说明书第2页倒数第4行的描述“自测试电路在空载时测试各电路的性能，用于单元电路的调试”，因此，该自测试电路与本申请的感温器及水温控制电路的作用完全不同，也根本无法实现温度控制的功能。通过阅读对比文件1和2的全文可知，对比文件1和2都没有披露本申请权利要求11所记载的“感温器以信号采集线路与单片机相连”这一技术特征。因此即使将对比文件1和2进行结合，也不能破坏本申请权利要求11的创造性。

其次，“感温器以信号采集线路与单片机相连”这一技术特征与本申请的发明目的息息相关。本申请的发明目的就是为了克服现有技术中豆浆机功能单一的缺点，提供一种除可用于煮豆浆和粉碎食品外，还可用于煮米糊、芝麻糊、花生糊等各种食品糊的多功能家用食品处理装置（参见说明书的技术效果部分）。无论是制作哪种食品糊，除防止溢出外，还既要保证食品糊被煮熟（达到预定温度），又要防止被烧糊。因而对制糊的加热过程和时间的控制有较高的工艺要求，而加热过程和时间控制的实现都有赖于感温器及其控制电路对温度数据的采集和反馈。只有单片机根据感温器采集的温度数据控制加热时间和过程，及时切断和接通加热电源，调节平均加热功率，才能保证食品糊既能煮熟又不被烧糊，也不易溢出。而对比文件2公开的豆浆机控制器，由于没有感温器与单片机相连，没有温度数据的反馈，因而该控制器是无法根据豆浆的温度对加热过程进行控制的，更不能实现本申请的制作各种食品糊并防止烧糊的功能。

另一方面，制作食品糊时，粉碎时机对防止食品被烧糊也至关重要，这也依赖于感温器及控制电路对温度数据的采集及反馈。即要在合适的温度下开始粉碎，从而保证淀粉类物质分子热运动的剧烈程度合适，能够及时地将热量散发，而不会由于热量集聚产生局部高温而烧糊。

综上，申请人认为，不仅对比文件1和2没有披露本申请权利要求11的全部技术特征，而且没有公开的“感温器以信号采集线路与单片机相连”这一技术特征对本申请发明目的的实现起到至关重要的作用。因此即使对比文件1和2结合，也不可能破坏本发明权利要求11的创造性。

二、关于权利要求12至22的创造性

在权利要求11具备创造性的前提下，对权利要求11进一步限定的从属权利要求12至22、24皆具备创造性。

……

申请人认为，上述答复及修改已克服了原申请文件中存在的所有缺陷。如您认为本申请还存在其他不足之处，希望再给申请人一次修改申请文件或陈述意见的机会。谢谢！

申请人：×××

×年×月×日

2.8 专利申请相关的事务处理

2.8.1 专利的申请与受理

2.8.1.1 概述

在专利申请被受理后的审批程序中，申请人需根据《专利法》的相关规定或审查员的要求，办理各种与该专利申请有关的事务。申请人向专利局提出专利申请以及在审批程序中办理的其他专利事务，统称为专利申请手续。

申请人提出专利申请，向专利局提交《专利法》第26条、第27条规定的请求书、说明书、权利要求书、说明书附图、摘要、外观图片或者照片等文件，称为专利申请文件；在提出专利申请的同时或者之后，申请人、专利权人或其他利害关系人在办理与该申请或者专利有关的各种手续时，提交的除申请文件以外的各种请求、申报、意见陈述、补正以及各种证明、证据材料，称为其他文件。

2.8.1.2 专利申请的手续

在办理专利申请手续时应注意以下问题。

（1）办理形式

专利申请手续应当以书面形式或者以专利局规定的其他形式办理。

（2）适用文字

专利申请文件及其他文件，除由外国政府部门出具的或者在外国书立的证明或者证据材料外，应当使用中文。专利局以申请人递交的中文专利申请文本作为审查的依据。此处的“中文”仅指汉字，以中国文字改革委员会于1964 年公布的简化字为准，不包括异体字、繁体字及非规范简化字。

如果申请文件或其他文件为外文或包含外文的，应提交其全部或部分内容的中文译文。外文科技术语通常应按规定译成中文，并采用规范用语，无统一中文译法时可按一般惯例译成中文，并注明原文；外文计量单位应当按规定使用国家规定的计量单位；当事人在递交由外国政府部门出具或者在外国书立的证明、证据材料时（例如优先权证明文本、转让证明等），应当同时附送中文题录译本。

（3）标准表格

办理各种专利申请手续时，均应使用相应的由专利局统一制订的标准表格格式。

各种文件使用的纸张应当柔韧、结实、耐久、光滑、无光、白色。其质量应当与80 克胶版纸相当或者更高。

所有表格用纸的规格均为297 毫米 ×210 毫米（A4）。申请文件的顶部（有标题的，从标题上沿至页边）和左侧均应留有25 毫米空白；右侧和底部（从页码下沿至页边）均应留有15 毫米空白。

（4）书写规则

请求书、权利要求书、说明书、摘要以及附图和摘要附图中文字部分应当打字或者印刷。上述文件中的数学式和化学式可以按制图方式手工书写。其他文件除另有规定外，可以手工书写，但字体应当工整，不得涂改。

各种文件应当使用宋体、仿宋体或者楷体，不得使用草体及其他字体。字高应当在3.5毫米至4.5毫米之间；行距应当在2.5毫米至3.5毫米之间。

各种文件除另有规定外，应当单面、纵向使用，自左至右横向书写。

一份文件不得涉及两件以上专利申请，一页纸上不应包含两种以上文件（例如，说明书和权利要求书）。

字体颜色应为黑色，以适合用于照相制版、缩微、静电复印等方法直接、大量复制该文件。字迹应当清晰、牢固、不易擦、不褪色。

一种文件在两页以上时，应当用阿拉伯数字顺序编号。编号应当置于每页下部页边的上沿，并左右居中。

（5）证明文件

向专利局提交的各种证明文件均应提供正本，证明文件是复印件的，必须经公证（集中认证的除外）。

（6）文件份数

专利申请文件应提交一式两份，原本和复印件各一份，并应当注明其中的原本。两份文件不同时，以原本为准。除《专利法》另有规定以及申请文件的替换页外，向专利局提交的其他文件为一份。

2.8.1.3 专利申请的受理

关于专利申请的受理，需要注意以下问题。

（1）受理地点

专利局受理处直接负责受理以书面方式提交的专利申请及其他有关文件。此外，专利局设置在若干省、市的代办处也负责受理专利申请，但不受理涉外申请、分案申请和要求国内优先权的申请，也不受理其他中间文件。受理是专利申请文件或其他文件进入审查流程的唯一通道，寄给专利局其他部门的个人或非受理部门的申请文件和其他有关文件不具法律效力。

（2）受理条件

专利申请符合下列条件的，专利局才予以受理。

① 申请文件中有请求书。该请求书已明确申请专利的类别，写明申请人姓名或者名称及其地址。

② 发明和实用新型专利申请文件中有说明书（实用新型还必须有说明书附图）和权利要求书；外观设计专利申请文件中有图片或者照片。

③ 申请文件是使用中文打字或者印刷的。全部申请文件的字迹和线条清晰可辨，没有涂改，至少能够容易地分辨其内容。发明或者实用新型的说明书附图和外观设计的图片是用不易擦去的笔迹绘制，并且没有涂改。

④ 申请人是外国人的，委托了涉外专利代理机构办理，其所属国与中国签订了协议、共同参加了国际条约或者有互惠原则。

⑤ 申请人是港澳地区及台湾地区的法人的，委托了涉外专利代理机构办理；申请人是港澳地区及台湾地区的居民的，委托了专利代理机构办理。

（3）受理程序

专利局受理处及各代办处收到专利申请后，对全部文件进行检查和核对，依法作出受理或不受理通知书。对符合受理条件的专利申请，审查员将依次按下列顺序受理：确定收到日、核实文件数量、确定申请日、记录邮件挂号号码（仅对邮寄的申请）、给出申请号、输入和核实数据、作出受理通知书。

对于不符合受理条件的专利申请，如果是以面交方式提交的，审查员将当面向当事人说明原因；如果是以邮寄方式提交的，审查员将作出不受理通知书，并将未被受理的文件随同不受理通知书副本一起寄送当事人。

（4）关于申请日的确定

对直接递交的专利申请（无论是递交到专利局受理处还是代办处），以收到日为申请日；通过邮局邮寄递交的专利申请，以信封上的寄出邮戳日为申请日，寄出的邮戳日不清晰无法辨认的，以专利局或者代办处的收到日为申请日。

2.8.2 专利申请的公布与公告

2.8.2.1 概述

为了保证公众在专利被授权或专利申请被公布后能获得专利的相关信息，专利局对发明、实用新型和外观设计专利在授权（颁发专利证书）的同时予以公告；对发明专利申请最迟自申请日（有优先权的，自优先权日）起18个月期限届满时予以公布，专利局还可以根据申请人的要求，对经初步审查合格的发明专利申请提前公布。专利局公告专利和公布专利申请的方式是定期编辑出版专利公报和说明书全文。

2.8.2.2 专利公报

专利局编辑出版的专利公报包括发明专利公报、实用新型专利公报和外观设计专利公报。三种专利公报每周各出版一期。

发明专利公报包括发明专利申请的公布、发明专利权的授予、保密专利、发明专利事务和索引。

发明专利申请公布中包括的内容为：著录事项、摘要和摘要附图（说明书没有附图的，不包括摘要附图）。著录事项主要有：国际专利分类号、申请号、公布号（出版号）、申请日、优先权事项、申请人事项、发明人事项、专利代理事项和发明名称等。

发明专利权的授权公告中包括的内容与申请公布包括的内容基本相同，仅著录项目有所不同，其著录项目除包括上述相关内容外，还包括：专利号（申请号）、授权公告号（出版号）和授权公告日。

保密专利只公布保密专利权的授予和保密专利的解密，与保密专利公布有关的著录事项有：国际分类号、专利号、申请日、授权公告日等。发明专利申请解密后，在专利公报的解密栏中予以公告，并出版说明书单行本。

发明专利事务公布专利局对发明专利申请和发明专利的各种决定和通知。它包括：实质审查请求的生效，专利局对专利申请自行进行实质审查的决定，发明专利申请公布后的驳回、撤回和视为撤回，视为放弃取得专利权，专利权的无效宣告，专利权的终止，权利的恢复，专利申请权、专利权的转移，专利实施的强制许可的给予，专利实施许可合同的备案，专利权的质押、保全及其解除，著录事项变更，通知事项，专利局的更正，其他有关事项等。

实用新型专利公报包括实用新型专利权的授予、实用新型专利事务和索引。其各部分所包括的内容与发明专利基本相同，仅少了发明专利所特有的事项。

外观设计专利公报包括外观设计专利权的授予、外观设计专利事务和索引。外观设计专利权的授予中包括的内容为：著录事项、外观设计的图片或照片以及简要说明（专利文件中没有简要说明的，则不包括简要说明）。著录事项主要有：分类号、专利号、授权公告号（出版号）、申请日、授权公告日、优先权事项、专利权人事项、设计人事项、专利代理事项和使用该外观设计的产品名称等。

2.8.2.3 说明书全文

专利局编辑出版的说明书全文包括发明专利申请公布说明书、发明专利说明书和实用新型专利说明书。说明书全文每周出版一次，与相应的专利公报同一天出版。保密专利申请与保密专利不出版说明书全文。

发明专利申请公布说明书的出版物代号为“A”。它包括扉页、权利要求书、说明书以及说明书有附图时的说明书附图。扉页由著录事项、摘要、摘要附图组成，说明书无附图的，则没有摘要附图。

发明专利说明书的出版物代号为“C”。它包括扉页、权利要求书、说明书以及说明书有附图时的说明书附图。权利要求书和说明书及其附图都为审查员作出的授予专利权通知中指明的文本。

经过无效程序仍然维持有效的发明专利，如果在无效程序中权利要求书有修改，则再出版该修改后的权利要求书时，其出版物代号为“C1”，同时标明修改后的权利要求书的公告日。

实用新型专利说明书的出版物代号为“Y”。它包括扉页、权利要求书、说明书和说明书附图。权利要求书和说明书及其附图都为审查员作出的授予专利权通知中指明的文本。

经过无效宣告程序仍然维持有效的实用新型专利，如果在无效程序中权利要求书有修改，则再出版该修改后的权利要求书时，其出版物代号为“Y1”，同时标明修改后的权利要求书的公告日。

2.8.3 期限和费用

2.8.3.1 概述

办理各项专利申请手续（启动专利申请的各种程序）一般涉及三个基本要素：载体、期限和费用。所谓载体，是指为启动程序而提交的，在种类、形式和内容上满足要求的书面文件或电子化的软盘或光盘。所谓期限，是指启动各种程序（向专利局提交载体和/或缴纳费用）所应遵守的法定或指定期限。所谓费用，是指启动各种程序所应向专利局缴纳的各种规定的费用。

2.8.3.2 期限的种类

总体而言，各种专利程序的期限可分为两类：法定期限和指定期限。

法定期限是指《专利法》及其实施细则规定的各种期限。例如，发明专利申请的实质审查请求期限（《专利法》第35条第1款）、申请人办理授权登记手续的期限（《专利法实施细则》第54条第1款）等。

指定期限是指专利局审查员或事务处理人员等在依据《专利法》及其实施细则作出的各种通知中，规定申请人或者其他有关人员作出答复或者进行某种行为的期限。例如，在实质审查程序中，审查员发出审查意见时会指定申请人的答复期限（一般为4个月）。

2.8.3.3 期限的计算方法

实践中为了保证各项手续都在规定的期限内办理，需要对各种情况的期限进行计算，下面对计算期限所涉及的相关问题作具体说明。

（1）期限的起算日

期限的起算日有两种情况。

第一，以申请日、优先权日、授权公告日等固定日期起计算。大部分法定期限都是从申请日、优先权日、授权公告日等固定日期起计算的。例如，缴纳申请费的期限（2 个月）从申请日起计算。

第二，以通知和决定的推定收到日起计算。全部指定期限和部分法定期限以通知和决定的推定收到日起计算。例如，审查员指定申请人陈述意见或修改申请文件的期限（指定期限），是自推定申请人收到审查意见通知书之日起计算。

推定收到日为从专利局发出文件之日（该日期记载在通知和决定上）起第 15 日。例如，专利局于 2006 年 3 月 5 日给申请人发出某一通知书，其推定收到日为 2006 年 3 月 20 日。

（2）期限的届满日

期限起算日加上法定或者指定的期限即为期限的届满日。相应的行为应当在期限届满日之前、最迟在届满日同一天完成。向专利局递交的各种文件，以寄出的邮戳日或者面交日为递交日。信封上寄出的邮戳日不清晰的，除当事人能够提出证明外，以专利局的收到日为递交日。文件交到受理处以外的其他部门或审查员个人的，寄出日不具有法律效力，以专利局受理处实际收到日为文件递交日。专利局收到日以记载在文件上的穿孔日期为准。

（3）期限的计算方法

期限的第一日（起算日）不计算在期限内。期限以年或者月计算的，以其最后一月的相应日为期限届满日；该月无相应日的，以该月最后一日为期限届满日。例如，一件发明专利申请的申请日为 2003 年 5 月 1 日，其实质审查请求期限的届满日应当是 2006 年 5 月 1 日，而不是 2006 年 4 月 30 日。又如，专利局于 2005 年 12 月 16 日发出某一通知书，其推定收到日是 2005 年 12 月 31 日，如果该通知书的指定期限为 2 个月，则期限届满日应当是 2006 年 2 月 28 日。

期限届满日是法定节假日的，以节假日后的第一个工作日为期限届满日。法定节日是指元旦（1 天）、春节（3 天）、国际劳动节（3 天）、国庆节（3 天）；法定假日是指每周的周六和周日。国家公告移用假日，以北京市政府的公告为准。

2.8.3.4 期限的延长

当事人因正当理由不能在规定期限内进行或者完成某一行为或程序时，可以请求专利局延长期限。延长请求应当在期限届满日之前书面提出并缴纳延长期限请求费。

允许请求延长的期限仅限于指定期限。延长期限请求由专利局作出相应通知和决定的部门进行审批。延长期限不足1个月的，以1个月计算，一般不得超过2个月。对同一通知或决定中指定的期限一般只允许延长一次。

2.8.3.5 耽误期限的处理

如果申请人或专利权人耽误了期限（即没有在规定期限内办理相关手续），就会导致各种权利的丧失，例如专利申请视为撤回、专利权终止等。因耽误期限而导致权利丧失的，在一定期限内可以通过向专利局请求恢复权利的方式进行补救。请求恢复权利时应注意如下问题：

（1）请求恢复的条件。《专利法实施细则》第6条对请求恢复的条件给予了明确规定，具体包括如下两种情况：

第一，当事人因不可抗拒的事由而延误期限，导致权利丧失的，自障碍消除之日起2个月，最迟自期限届满之日起2年内，可以请求恢复。不可抗拒的事由是指不可人为控制的客观情况，例如洪水、地震等导致邮路的中断。

第二，当事人因正当理由而延误指定期限，导致权利丧失的，可以自收到专利局的通知之日起2个月内请求恢复。

（2）请求恢复权利应当提出书面声明，说明理由，并附具有关证明文件；同时要缴纳恢复权利请求费。

（3）请求恢复权利的同时应完成尚未完成的行为，消除造成权利丧失的原因。例如，因未缴纳年费而导致专利权终止的，请求恢复专利权的同时应缴纳年费。

2.8.3.6 费用

对需要缴纳费用的手续而言，是否及时、足额缴纳相关费用直接关系到手续是否办理成功。

（1）缴费期限

《专利法》及其实施细则对缴纳各种费用的期限作了具体规定，其中：

① 申请费的缴纳期限是自申请日起2个月内。需要同时缴纳的费用还有优先权费、申请附加费和发明专利申请的公布印刷费。

② 实质审查费的缴纳期限是自申请日（有优先权的，自最早的优先权日）起3年内。

③ 授权登记费（包括专利登记费、授权当年的年费、公告印刷费和专

利证书印花税）的缴纳期限是自收到专利局的授予专利权通知之日起 2 个月内。发明专利申请被授予专利权之前，自第三年度起应当缴纳申请维持费。申请维持费的缴纳期限和授权登记费相同，一般二者同时缴纳。

④ 除授权当年的年费外，以后每年度的年费应当在前一年度期满前 1 个月内缴纳。

⑤ 著录事项变更费、实用新型专利检索报告费、中止程序请求费、无效宣告请求费、强制许可请求费和强制许可使用费的裁决请求费的缴纳期限是自提出相应请求之日起 1 个月内。

（2）缴费方式

各种专利费用既可以直接向专利局或各代办处直接缴纳，也可以通过邮局或银行汇付。费用通过邮局或银行汇付的，应当在汇单上写明正确的申请号或专利号、缴纳的费用名称；同时还应当写明汇款人姓名或者名称及通讯地址。不符合上述规定的，视为未办理缴费手续。通过邮局汇付的，其缴费日为邮局汇出的邮戳日；通过银行汇付的，其缴费日为银行实际汇出日。

2.8.4　相关手续及文件处理

2.8.4.1　概述

在申请人提出专利申请时、专利申请的审批过程中及专利授权以后，申请人（或专利权人）可能需要办理各种手续。《专利审查指南》对办理各种手续的相关事项作了具体规定。

2.8.4.2　委托专利代理机构

申请人（或专利权人）委托专利代理机构办理专利事务时，应当签署《专利代理委托书》，即在委托书的委托人栏签字或盖章，并写明委托权项。申请人有两个以上的，应当由全体申请人签字或盖章。

2.8.4.3　要求优先权

要求优先权是指，申请人提出专利申请时，根据《专利法》第 29 条的规定向专利局要求以其在先提出的专利申请为基础享有优先权。

按照在先申请是否是向中国专利局递交的申请的不同，可将优先权分为外国优先权和本国优先权两种。实践中，要求优先权应注意如下事项：

（1）期限

《保护工业产权巴黎公约》（以下简称《巴黎公约》）和中国《专利法》都对优先权期限作了明确规定，简单地说，发明和实用新型的外国优先权期限为 12 个月，外观设计的外国优先权期限为 6 个月。即在后发明或实用新型专利申请应当在在先申请的申请日起 12 个月内提交，在后外观设计专利申请应当在在先申请的申请日起 6 个月内提交。发明与实用新型的本国优先权期限为 12 个月。

（2）条件

要求优先权时，作为优先权基础的在先申请应当符合两个方面的条件。首先，该在先申请应当是第一次申请，即该申请没有要求过优先权。其次，要求外国优先权的，在先申请应当是向《巴黎公约》成员国提出的专利申请；或者在先申请来自非《巴黎公约》成员国，但该国承认我国的优先权。要求本国优先权的，在先申请应当是向国家知识产权局提出的发明或实用新型专利申请，而不应当是外观设计专利申请（外观设计没有本国优先权），也不是分案申请。

（3）方式

申请人要求优先权的，应当在提出专利申请的同时提出书面声明。即应在请求书中填写在先申请的申请日、申请号和受理该在先申请的国家名称或政府间组织名称；要求外国优先权的，还应当在提出后一申请之日起 3 个月内提交在先申请文件的副本。

（4）费用

要求优先权的，应当在缴纳申请费的同时缴纳优先权要求费。

（5）后果

申请人要求本国优先权的，其在先申请自后一申请提出之日起即视为撤回。

2.8.4.4 要求不丧失新颖性宽限期

根据《专利法》第 24 条的规定，申请专利的发明创造在申请日（享有优先权的指优先权日）之前 6 个月内有下列情况之一的，不丧失新颖性。

（1）在中国政府主办或者承认的国际展览会上首次展出的；

（2）在规定的学术会议或者技术会议上首次发表的；

（3）他人未经申请人同意而泄露其内容的。

属于上述第（1）、（2）种情况的，申请人应当在提出专利申请时在请求书中声明；属于上述第（3）种情况的，若申请人在申请日前已获知，也应当在提出专利申请时在请求书中声明。

在申请专利时提出了不丧失新颖性宽限期要求的，申请人应在自申请日起 2 个月内提交相关证明材料。对于上述第 3 种情况，若申请人在申请日以后得知的，应当在专利局指定期限（2 个月）内提交证明文件。

2.8.4.5 请求实质审查

实质审查程序是发明专利申请被授予专利权的必经程序，该程序主要依据申请人的请求而启动。尽管《专利法》第35条第2款规定“国务院专利行政部门认为有必要时，可以自行对发明专利申请进行实质审查”，但实践中几乎没有一件发明专利申请由专利局自行启动实质审查，因此所有发明都需要申请人提出实质审查请求才能进入实质审查程序。

提出实质审查请求的期限是自申请日（有优先权的，自优先权日）起3年内。需要注意的是，3年是最后期限而不是强制的时间。申请人最早可以在提出申请的同时就提出实质审查请求，当然也可在提出申请之后提出，但最迟应当在申请日（或优先权日）起3年的期限届满日提出实质审查请求。

提出实质审查请求时，需要提交《实质审查请求书》和申请日（有优先权的，指优先权日）前与发明有关的参考资料，对于已在外国提出申请的发明，还应提交外国的检索资料或审查结果资料（如果有的话）。此外还应缴纳实质审查费，在文件和费用都到达专利局后，实质审查请求才生效。

2.8.4.6 请求提前公布

按照《专利法》第34条的规定，发明专利申请自申请日（有优先权的，自优先权日）起满18个月即行公布。在有些情况下，例如为早日获得《专利法》第13条所规定的临时保护，申请人往往希望提前公布，这时申请人可以向专利局提出提前公布其发明专利申请的请求。

请求提前公布只需提交《要求提前公布声明》即可，无需缴纳费用，但不得附带任何条件。要求提前公布声明经审查合格，在专利申请初步审查合格后立即进入公布准备程序，准备工作完成后立即公布。

2.8.4.7 专利申请的撤回

授予专利权之前，申请人随时可以主动要求撤回其专利申请。申请人撤回专利申请的，应当使用专利局统一制作的《撤回专利申请声明》。

撤回专利申请不得附有任何条件。此外，无论申请人是否委托专利代理机构，都必须出具申请人签章同意撤回申请的证明材料。专利申请的申请人在两人以上的，要求撤回其专利申请时，应当提交经全体申请人签名或盖章同意撤回专利申请的证明材料。申请人无正当理由不得要求撤销该声明；除非在申请权非真正拥有人恶意要求撤回专利申请后，申请权真正拥有人（必须提供生效的法律文书来证明）可要求撤销该声明。

2.8.4.8 著录项目的变更

专利申请的著录项目有：申请号、申请日、发明创造名称、分类号、优先权事项（包括在先申请的申请号、申请日和申请国）、申请人或者专利权人事项（包括申请人或者专利权人的姓名或者名称、国籍、地址、邮政编码）、发明人姓名、专利代理事项（包括专利代理机构的名称、地址、邮政编码、专利代理人姓名）、联系人事项（包括姓名、地址、邮政编码）以及代表人等。

其中有关人事的著录项目（指申请人或者专利权人事项、发明人姓名、专利代理事项、联系人事项、代表人）发生变化的，当事人应当按照规定办理著录项目变更申报手续。

办理著录项目变更申报手续应使用专利局统一制作的表格《著录项目变更申报书》，同时附具相关证明材料，并缴纳变更费。一件专利申请的多个著录项目同时发生变更的，只需提交一份申报书；多件专利申请的同一著录项目发生变更的，即使变更的内容完全相同，也应当分别提交各自的著录项目变更申报书。

2.8.4.9 请求中止

所谓中止，是指当地方知识产权局或人民法院受理了专利申请权或专利权归属纠纷，或者在法院裁定对专利权采取诉讼保全措施时，专利局可以根据权利归属纠纷的当事人的请求或法院的要求中止涉案专利申请或专利有关程序的行为。中止的范围包括如下四个方面：

（1）停止办理如撤回专利申请、放弃专利权、权利转让等直接涉及权利丧失或转移的手续；

（2）停止作出视为撤回、专利权终止等与地方知识产权局的调处结论或法院判决直接有关的通知或决定；

（3）停止授予专利权、颁发专利证书和授权公告程序；

（4）停止全部审查、复审和无效宣告请求的审查程序。

2.8.4.10 办理文件副本

总体来讲，与专利相关的文件副本主要包括专利证书副本、专利登记簿副本和在先申请文件副本三种。

当一件专利有两名或两名以上的专利权人时，专利局根据共同权利人的请求，可以颁发专利证书副本。对同一专利权颁发的专利证书副本数目不能超过共同权利人的总数。颁发证书后，因专利权转让、继承或赠予发生专利权人变更的，专利局不再向新专利权人或新增专利权人颁发证书副本。

任何人欲了解某一专利的相关信息及法律状态时，可以请求专利局出具该专利的专利登记簿副本。

专利局授予专利权时建立专利登记簿。专利登记簿登记的内容包括：专利权的授予，专利申请权、专利权的转移，专利权的无效宣告，专利权的终止，专利权的恢复，专利权的质押、保全及其解除，专利实施许可合同的备案，专利实施的强制许可以及专利权人姓名或名称、国籍、地址的变更。

授予专利权时，专利登记簿与专利证书上记载的内容是一致的，在法律上具有同等效力；专利权授予之后，专利的法律状态的变更仅在专利登记簿上记载，由此导致专利登记簿与专利证书上记载的内容不一致的，以专利登记簿上记载的法律状态为准。

在先申请文件副本即优先权文本，当申请人欲申请国外专利并要求中国在先申请的优先权时，需要请求专利局出具在先申请文件副本，以递交到国外专利局。在先申请文件副本由扉页和全部申请文件组成，二者不可拆开地装订在一起，其中扉页记载有申请人、申请日、发明名称等信息。

请求专利局出具上述三种文件副本的，应使用专利局统一制订的表格《办理文件副本请求书》，在表格中填写相关信息并按规定缴纳费用即可。

2.8.4.11 办理实用新型专利和外观设计专利权评价报告

实用新型和外观设计专利权人欲起诉他人侵权时，一般应先委托国家知识产权局出具该专利权评价报告。一方面，专利权人自己可根据报告的结论判断专利权的稳定性以及胜诉的把握有多大；另一方面，也是为了满足《专利法》第61条的规定，在起诉的同时向法院或专利行政管理部门递交该报告。请求国家知识产权局出具实用新型和外观设计专利权评价报告时应注意如下事项。

（1）请求人必须是专利权人或利害关系人。如委托代理机构办理，应就该事宜附具委托书。

（2）应提交专利局制订的标准表格《专利权评价报告请求书》及写明专利号。

（3）应于提出请求的同时或之后的1个月内缴纳费用。

本章思考与练习

1. 中国发明专利申请的程序有哪些？
2. 申请发明和实用新型专利需要提交哪些文件？
3. 发明和实用新型有何区别？
4. 在撰写申请文件前应做哪些工作？
5. 撰写权利要求书时应使其满足哪些要求？
6. 说明书由哪几部分组成，各包括哪些内容？
7. 外观设计的定义包括哪些含义？
8. 答复审查意见时应注意哪些问题？

第3章 涉外专利申请

本章学习要点

1. 中国人申请国外专利的途径
2. PCT 申请国际阶段的程序

3.1 涉外专利申请概述

3.1.1 涉外专利申请的概念

专利权的保护具有地域性的特点，即在中国申请并获得授权的，只能在中国获得保护。如果希望自己的发明创造在国外获得专利保护，则应向欲获得保护的国家或地区提出专利申请。

所谓涉外专利申请，是指中国人为在国外获得专利保护而向外国的专利局[1]（或知识产权局）提出的专利申请，以及外国人为在中国获得专利保护而向中国知识产权局提出的专利申请。因此，总体而言涉外专利申请可分为两类：一是中国人提出的国外专利申请，通常称为内对外的涉外申请；二是外国人提出的中国专利申请，通常称为外对内的涉外申请。本章仅对前者（内对外的涉外申请）的申请手续及相关事宜作具体介绍。

3.1.2 涉外专利申请的法律依据

中国申请人提出国内专利申请的法律依据是《专利法》及其相关法规。与申请国内专利一样，提出涉外专利申请也需要有相应的法律依据。总体而言，提出涉外专利的法律依据包括三个方面：

（1）申请人所属国与专利申请的受理国共同加入的国际条约

申请人可以依据其所属国加入的国际条约向该条约的其他成员国提出

[1] 尹新天．专利代理概论［M］．北京：知识产权出版社，2002：331．

专利申请。目前此类条约主要有两个：《巴黎公约》和《专利合作条约》（Patent Cooperation Treaty，PCT）。中国先后分别于1985年3月19日和1994年1月1日加入这两个条约，自此成为该两个条约的成员国。因此中国申请人可以向该两个条约的其他成员国提出专利申请。

（2）申请人所属国与专利申请的受理国签订的双边协议

当申请人不能依据国际公约向某国提出专利申请时，还可依据其所属国与该国签订的双边协议（协议中必须规定给予对方国民以专利保护）向该国提出专利申请。

（3）申请人所属国与专利申请的受理国相互给予的互惠原则

当上述两个条件都不具备时，申请人还可以依照其所属国与某国相互给予专利保护的互惠原则向该国提出专利申请。

申请人可以依据上述任一法律依据提出涉外专利申请。其中所谓的申请人所属国，是指申请人的国籍或居所地的所在国。

3.1.3 中国人提出涉外专利申请的注意事项

按照《专利法》第20条规定，中国人提出涉外专利申请时，应注意如下问题：

（1）任何单位或者个人将在中国完成的发明或者实用新型向外国申请专利的，应当事先报国务院专利行政部门进行保密审查。

（2）中国单位或者个人可以根据中华人民共和国参加的有关国际条约提出专利国际申请。申请人提出专利国际申请的，应当遵守前款规定。

（3）国务院专利行政部门依照中华人民共和国参加的有关国际条约、本法和国务院有关规定处理专利国际申请。

（4）对违反本条第一款规定向国外申请专利的发明或者实用新型，在中国申请专利的，不授予专利权。

3.2 中国人申请国外专利的途径

3.2.1 概述

根据申请程序的不同，可将中国人申请国外专利的途径分为两条：一是依据国际条约、双边协议或互惠原则，直接向外国提出专利申请，简称直接申请；二是依据PCT提出PCT国际专利申请，简称通过PCT途径申请。这两种申请途径在程序、费用等方面皆有较大的差别，因此下面分别予以介绍。

3.2.2 直接向外国提出专利申请

中国人申请国外专利的第一条途径就是直接向外国提出专利申请，这是申请国外专利的传统途径。目前中国人直接向外国提出的专利申请大多数都是依据《巴黎公约》提出的。❶

《巴黎公约》1883 年签订于法国巴黎，是最早的关于保护工业产权的国际公约。截止到 2009 年 10 月，《巴黎公约》已有 173 个成员国。该公约所规定的与专利相关的内容主要包括如下几项原则：

（1）国民待遇原则

所谓国民待遇原则，是指在保护工业产权方面，各成员国应给予其他成员国的国民与本国国民同样的保护；非成员国的国民如果在某一成员国有住所或真实、有效的工商企业的，可以享有与成员国国民同样的待遇。

（2）专利独立原则

所谓专利独立原则，是指各成员国对同一专利申请❷的审查结果相互独立。即一件专利申请在一个成员国被授予专利权，并不意味其他成员国也有义务对该申请授予专利权。

（3）优先权原则

所谓优先权原则，是指成员国的国民在向一个成员国提出专利申请（包括发明、实用新型和外观设计等）后，在一定期限内再向其他成员国提出相同的专利申请时，可要求该在先申请的优先权。即在后申请视为在在先申请的申请日提交。所谓“一定期限”即优先权期限，《巴黎公约》规定，发明和实用新型的优先权期限为 12 个月，外观设计的优先权期限为 6 个月。❸

（4）国际展览会的临时保护原则

所谓国际展览会的临时保护原则，是指在任何成员国领土上举办的官方的或者经官方认可的国际展览会展出的商品，在一定期限内再申请发明、实用新型或外观设计专利的，不会因为展出而丧失新颖性。

（5）强制许可原则

所谓强制许可原则，是指如果从申请日起满 4 年或从批准专利之日起

❶ 也有少数涉外专利申请是依据其他条约如 TRIPS、双边协议或互惠原则提出的。

❷ 准确地说，应称为同族专利。所谓同族专利，是指具有共同优先权的由不同国家公布或颁发的内容相同或基本相同的一组专利或专利申请。

❸ 《专利法》第 29 条参照了《巴黎公约》的规定，因此二者规定的优先权期限完全相同。

满3年，专利权人无正当理由没有或没有充分实施其专利的，专利局可以应有条件实施人的请求，强制专利权人许可其实施该专利。

3.2.3 根据PCT提出PCT国际专利申请

除直接向外国提出专利申请外，中国人申请外国专利的另一条途径是根据PCT提出PCT国际专利申请（简称“PCT申请”）。与直接申请相比，PCT申请的最大特点在于：其在程序上包括国际阶段和国家阶段两个阶段的程序，而直接申请仅包括相当于PCT申请的国家阶段的程序。

3.2.4 两种申请途径的优劣对比

直接向外国提出专利申请和提出PCT申请这两条申请国外专利的途径各有利弊，但总体而言，后者较前者具有更多的优点。这也是为什么近年来PCT申请量不断上升而直接申请量趋于下降的原因。具体而言，与直接申请途径相比，提出PCT申请具有如下三个方面的好处。

（1）赢得时间

中国人可以以中文向国家知识产权局PCT处直接提交（面交或传真）PCT申请，提交日即为国际申请日，也即该PCT申请将来在每个指定国的申请日。而直接申请需要将申请文件翻译成外国的官方语言，并委托当地的专利律师递交，时间上肯定会滞后。

（2）减小风险

申请国外专利所花的费用会远远高于国内专利，而其中很大一部分是支付给国外律师的代理费。由于PCT申请在进入国家阶段（委托国外律师）之前的国际阶段，有两个判断该申请授权前景的程序（国际检索和国际初步审查）。因此申请人可以根据检索和审查的结果来决定是否进入国家阶段，从而避免将授权前景非常渺茫的申请盲目进入国家阶段而花费大笔的国外律师费，减少不必要的经济损失。而直接申请则没有前期的授权前景判断程序，存在较大风险。

（3）推迟决策时间

对于申请人在短期内不能或难以决定需要在哪些国家获得保护的发明创造，提出PCT申请可以让申请人推迟决策的时间。因为根据PCT的规定，申请人最迟可自国际申请日（有优先权的，自优先权日）起30个月进入国家阶段（很多国家还规定了更长的时间或宽限期）。在此期间，申请人可以对国外的市场进行考察，有利于最终做出准确的判断和正确的决定。

PCT申请的缺点主要是，一方面费用高于直接申请，因为PCT申请比直接申请多出国际阶段的程序，因此也多出国际阶段的花费。另一方面，PCT 申请在国外专利局审查的时间一般会较直接申请滞后。因此，具体通过哪种途径申请国外专利，申请人应结合自己的实际情况予以衡量。一般而言，如果希望自己的发明创造在多个国家获得保护，通过 PCT 途径申请更为科学；反之，如果仅希望在某一两个国家获得保护，则不一定有必要提出 PCT 申请。

3.3　PCT 简介

3.3.1　PCT 的含义

PCT 首先意为《专利合作条约》，其次还可理解为依据该条约提出的 PCT 国际专利申请。

3.3.2　PCT 的产生、发展及中国加入概况

PCT 于 1970 年 6 月 19 日在华盛顿签订，1978 年 1 月 28 日正式生效，同年 6 月 1 日，PCT 国际专利申请体系正式开始运行。之后该条约分别于 1979、1984、2002 年经过三次修改，现行的文本为 2002 年的修改文本。

PCT 是在《巴黎公约》之下，仅对《巴黎公约》成员国有效的协议。参加该条约的国家组成“国际专利合作联盟”。截止到 2009 年 11 月，该联盟已有 142 个成员国。中国于 1994 年 1 月 1 日加入 PCT；自 1997 年 7 月 1 日起，PCT 适用于中国香港特别行政区；自 1999 年 12 月 20 日起，PCT 适用于中国澳门特别行政区。

3.3.3　PCT 的宗旨及主要目标

PCT 的宗旨是，成员国组成联盟，对保护发明创造的专利申请的提出、检索和审查进行合作。从该宗旨可以看出，联盟不对专利申请的授权进行合作，即授权的任务仍然保留在各指定国的国家专利局。[1] PCT 的目标是建立国际申请体系，即：

（1）使用一种语言、向一个专利局（受理局）提交一份申请（国际申请）、在申请中指定多个国家（指定国）；

（2）该申请自国际申请日起在所有指定国具有正规国家申请的效力；

[1] 各指定国的国家专利局依据本国专利法对专利申请进行审查并决定是否授予专利权，因此根据 PCT 提出的是国际申请，而不是国际专利。

(3) 由一个局（受理局）完成形式审查，一个局（国际检索单位）进行检索，由国际局公布，由一个局（国际初审单位）进行国际初步审查。

3.3.4 PCT 体系的组织机构

作为对专利申请的提出、检索和审查进行合作的国际专利申请体系，PCT 的运作需要多个职能部门的参与。具体而言，PCT 的组织机构包括：

(1) 国际局（IB）：世界知识产权组织（World Intellectual Property Organization，WIPO）的办事机构，是 PCT 的核心，其负责整个 PCT 申请流程的运作，包括接收各受理局传送的 PCT 申请、建立 PCT 申请数据库、向各指定局传送 PCT 申请小册子等。此外国际局还负责全部 PCT 申请的国际公布以及部分 PCT 申请的受理。

(2) 受理局（RO）：负责受理 PCT 申请的国家专利局或政府间组织（如欧洲专利局）。

(3) 国际检索单位（ISA）：负责对 PCT 申请进行国际检索的国家专利局或政府间组织。

(4) 国际初步审查单位（IPEA）：负责对 PCT 申请进行国际初步审查的国家专利局或政府间组织。

(5) 指定局（DO）：申请人提出 PCT 申请时指明要求该国对其发明给予保护的缔约国的国家专利局或政府间组织。

(6) 选定局（EO）：申请人提出国际初步审查要求时指明国际初步审查结果在该国生效的缔约国的国家专利局或政府间组织。

另外还需要说明以下几点：第一，选定局一定是在指定局的范围之内。第二，一个缔约国加入 PCT 时，该国国家专利局自动成为受理局。第三，目前有且仅有 14 个国际检索和国际初步审查单位（二者完全相同），分别为中国国家知识产权局、澳大利亚专利局、奥地利专利局、欧洲专利局、日本专利局、韩国工业产权局、俄罗斯专利局、西班牙专利商标局、瑞典专利局、美国专利商标局、巴西知识产权局、加拿大知识产权局、芬兰专利商标局、北欧专利协作组织。中国于 1994 年加入 PCT 的同时成为国际检索和国际初步审查单位。第四，政府间组织共有 4 个，分别为：欧洲专利局、欧亚专利局、非洲知识产权组织和非洲地区工业产权组织。

3.3.5 PCT 的法律体系

作为指导 PCT 申请具体运作的程序法，从广义的角度理解，PCT 不仅包括其本身，还包括其他诸多相关法规等。具体而言，PCT 的法律体系包括如下三大法律渊源：

（1）PCT 及其相关法规

其中相关法规包括《PCT 实施细则》和《PCT 行政规程》。PCT 共 8 章，其中涉及 PCT 申请程序的规定主要在前三章，第一章是关于提出 PCT 申请、进行国际检索和完成国际公布的规定；第二章是关于国际初步审查程序的规定；第三章是对各程序都适用的共同规定。《PCT 实施细则》和《PCT 行政规程》对 PCT 的相关事宜作进一步的补充规定。

（2）操作指南

包括《PCT 申请人指南》《PCT 受理局指南》《PCT 国际检索和初步审查指南》。各指南分别对申请人提出申请、受理局受理申请和国际检索单位及初步审查单位进行国际检索和初步审查的具体操作提供指导和参考。

（3）各缔约国的专利法中关于 PCT 申请的规定

如中国的《专利法实施细则》第 10 章和《专利审查指南》第 3 部分。这些部分主要对 PCT 申请进入该国国家的相关事宜做出具体规定。

3.4 PCT 国际专利申请简介

3.4.1 PCT 申请程序概述

PCT 申请的程序在总体上包括国际阶段和国家阶段两个阶段。申请人提出 PCT 申请后，首先进入国际阶段。国际阶段所涉及的程序包括：PCT 申请的受理、国际检索、国际公布和国际初步审查等，其具体体现了国际合作联盟对 PCT 申请在提出、检索和审查三大领域的合作。国家阶段与国际阶段相衔接，在申请人办理了进入某国国家阶段的手续后，PCT 申请即进入该国国家阶段。国家阶段的程序是指定局（或选定局）依据其本国专利法对 PCT 申请进行审查，从而决定将其授权或驳回的程序。

为便于理解，下面以时间数轴图标示 PCT 申请的典型流程。该 PCT 申请要求了本地在先申请的优先权，请求了国际初步审查，并在优先权期日起 30 个月进入了国家阶段。图中按时间顺序示出了其所经历的主要程序。

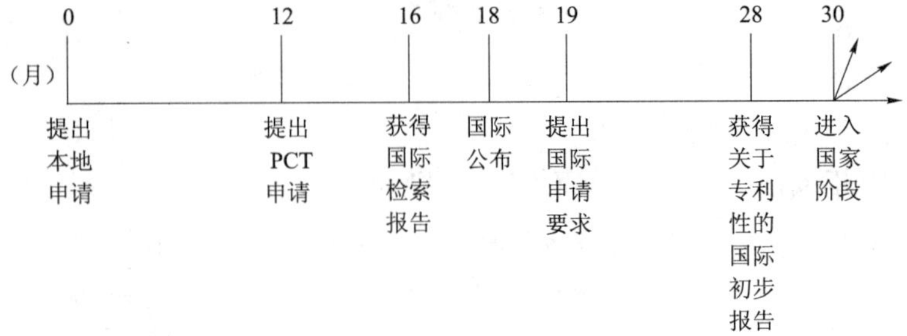

PCT 申请的典型流程

3.4.2 PCT 申请国际阶段的程序

总体来说，PCT 申请在国际阶段的程序包括申请人提出申请、受理局受理申请、国际检索单位进行国际检索、国际局进行国际公布、国际初步审查单位进行国际初步审查等共五个程序。参见上图，这些程序大体依次衔接。

需要说明的是，按照修改后的 PCT，申请人在获得国际检索报告的同时还能获得一份国际检索单位书面意见，如果申请人不要求国际初步审查，国际局将根据该书面意见做出《专利性国际初步报告（第Ⅰ章）》；如果申请人要求国际初步审查并对该书面意见进行答复，则该书面意见视为国际初步审查单位发出的第一次书面意见，国际初步审查单位以申请人的答复为基础进行审查，并最终做出《专利性国际初步报告（第Ⅱ章）》。《专利性国际初步报告（第Ⅰ章）》、《专利性国际初步报告（第Ⅱ章）》自优先权日起 30 个月由国际局分别传送至各指定局和选定局。

3.4.2.1 PCT 申请的提出

PCT 对提出 PCT 申请的申请人、申请文本的语言、应缴纳的费用等都作了明确规定，具体如下。

（1）PCT 申请的申请人

PCT 申请的申请人既可以是自然人，也可以是法人。但 PCT 规定，一件 PCT 申请中至少应有一个申请人是 PCT 成员国的国民或居民；同一件 PCT 申请对不同的指定国可以有不同的申请人。实践中，除上述规定外，关于申请人资格还应适当考虑指定国本国法的要求。其中最典型的特例就是美国专利法规定申请人必须是发明人，发明人也必须是申请人。因此对美国的申请人只能是个人，而且必须是发明人；只要指定美国，发明人就必须作为对美国的申请人。

（2）PCT 申请的受理局

申请人应将 PCT 申请递交到其主管受理局。主管受理局一般是申请人本国的国家局（或所属地区局）。此外，国际局受理任何 PCT 成员国的国民提出的 PCT 申请。因此中国申请人可以向中国国家知识产权局和国际局两个受理局递交 PCT 申请。

（3）PCT 申请文件的语言

申请人必须使用受理局规定的语言提出 PCT 申请。受理局一般根据本局的工作语言、主管国际检索单位接受的语言和国际公布允许的语言三方面的因素确定其能够接受的 PCT 申请的语言。中国国家知识产权局接受以中文和英文提出的 PCT 申请。

（4）国家的指定和保护类型的选择

根据修改后的《PCT 实施细则》的规定，申请人提出 PCT 申请时就自动、完全指定所有的 PCT 成员国，即提出 PCT 申请时就能自动指定每一个 PCT 成员国的每一种工业产权保护类型。具体在某国以何种类型获得保护，等进入国家阶段时再做选择。另一方面，PCT 允许提出 PCT 申请时排除对某些国家的指定。目前这些国家包括德国、韩国和俄罗斯。因为它们的相关法律规定，指定该国并要求该国在先申请的优先权的，会导致在先申请的效力终止。

（5）优先权的要求

PCT 申请可以要求一项或多项在先申请的优先权，在先申请既可以是向《巴黎公约》成员国提出的申请，也可以是向非该公约成员但属于 WTO 成员提出的申请。要求优先权的，申请人应在请求书表格中填写优先权信息，并在自最早的优先权日起 16 个月内向受理局或国际局提交优先权文件（当在先申请是向受理局提交的申请时，申请人可以要求受理局准备并向国际局传送该优先权文件）。此外，申请人自国际申请日起 4 个月内或自优先权日起 16 个月内（以后届满期限的为准），可以修改或增加优先权。

PCT 申请中的优先权是可以恢复，允许申请人即使在 12 个月的优先权期限届满之后递交国际申请，仍能享有该项更早的优先权。这一条款适用的条件是：（1）申请人在递交的国际申请的请求书中应当包含恢复优先权的要求；（2）国际申请日在优先权日起 14 个月内；（3）申请人需要说明在优先权期限内没有递交国际申请的原因；（4）受理局可以要求申请人提供相应证据或声明来支持其提交的原因说明；（5）此外，申请人还需按照受理局的要求缴纳一笔优先权恢复费，目前中国作为受理局收取的费用是 1000 元人民币。对于这一新增条款，受理局和指定局均可以做出保留。目前，作为受理局对此条款予以保留的国家和地区组织包括：比利时、巴西、哥伦比亚、古巴、捷克、德国、阿尔及利亚、欧洲地区组织、西班牙、法国、希腊、匈牙利、印度尼西亚、印度、意大利、日本、韩国、挪威、菲律宾、葡萄牙、新加坡。作为指定局对此条款予以保留的国家和地区组织包括：巴西、加拿大、中国、哥伦比亚、古巴、捷克、德国、阿尔及利亚、欧洲地区组织、西班牙、匈牙利、印度尼西亚、印度、日本、韩国、立陶宛、墨西哥、挪威、菲律宾、葡萄牙、瑞典、新加坡、土耳其和美国。可以看到，中国作为受理局接受了这一条款，但作为指定局予以保留。这也意味着在国际阶段利用这一条款的 PCT 申请在进入中国国家阶段时，对于在国际阶段恢复的优先权，中国国家知识产权局将不予认可。同时申请人也应注意到像日本、韩国等专利大国在作为指定局时对此条款都进行了保留。鉴于此，应当慎重利用这一条款，尽可能地在 12 个月的优先权期限内递交国际申请，避免出现在进入国家阶段时，无法享受该项优先权从而导致权利无法得到保护的情况。

（6）PCT 申请的费用

提出 PCT 申请需要缴纳的费用包括：受理局收取的传送费、国际检索单位收取的检索费和国际局收取的国际费。中国申请人向中国国家知识产权局提出 PCT 申请时，上述费用分别为传送费 500 元人民币、检索费 2100 元人民币、国际费 1330 瑞士法郎。中国申请人要求国际初步审查的，需要缴纳审查费 1500 元人民币、手续费 200 瑞士法郎。

需要说明的是，上述费用仅仅是所有 PCT 申请必需缴纳的基本费用。实践中可能还需缴纳其他费用，如需要专利局制作优先权文件的，应缴纳优先权费人民币 150 元/项；申请文件总页数超过 30 页的，超过部分需缴纳超页费 15 瑞士法郎/页等。

3.4.2.2 PCT 申请的受理

受理局收到一件 PCT 申请后，首先检查其是否符合确定国际申请日的条件。经检查认为符合条件的，发出国际申请号和国际申请日通知书，受理局收到该申请之日即为国际申请日。

对于不符合条件的 PCT 申请，受理局将分情况予以处理。对于无权受理（受理局不是该申请的主管受理局或国际局）和没有使用规定语言的申请，受理局将其转送国际局；对于不符合其他条件的申请，受理局将通知申请人在规定的期限内改正。如果改正之后符合上述条件，则以收到改正文件之日为国际申请日。

除上述情形外，对于申请人在递交国际申请时，遗漏了某些项目或部分可以通过援引在先申请中相应部分的方式加入，而保留原国际申请日。这里提到的“项目”是指全部说明书或全部的权利要求；“部分”是指部分说明书、部分权利要求或全部或部分附图。这一条款适用的条件是：（1）在先申请中应包含这些遗漏的项目或部分；（2）申请人在递交国际申请的请求书中应包含关于援引加入的说明；（3）申请人应当在规定的期限内及时确认援引加入的项目或部分。该条款适用的期限为申请人递交国际申请之日起两个月或受理局发出改正通知的发文日起两个月。利用此条款时，申请人需要递交的文件包括：（1）一份确认援引加入的书面通知，用来确认根据 PCT 细则 4. 18 援引加入国际申请的项目或部分；（2）遗漏项目或部分的相应页；（3）在先申请文件的副本；（4）如果优先权文件与国际申请语言不同时还需要提交译文；（5）此外，还需指明遗漏部分在优先权文件中的位置。如果上述条件没有全部满足的话，那么受理局将以后提交文件的日期来重新确定国际申请日或者申请人可以请求对遗漏部分不予考虑。通过援引加入的信息将与国际申请一起公布。

需要注意的是，受理局或指定局均可对此条款作出保留。作为受理局对此条款予以保留的国家和地区组织包括：比利时、古巴、捷克、德国、欧洲地区组织、西班牙、匈牙利、印度尼西亚、意大利、日本、韩国、墨西哥、菲律宾、新加坡。作为指定局对此条款予以保留的国家和地区组织包括：中国、古巴、捷克、德国、欧洲地区组织、西班牙、匈牙利、印度尼西亚、日本、韩国、立陶宛、墨西哥、菲律宾、新加坡、土耳其。可以看到，中国作为受理局接受了这一条款，但作为指定局予以保留。这就意味着在国际阶段利用这一条款的 PCT 申请在进入中国国家阶段时，对于通过援引优先权文件的方式加入的项目或部分，中国国家知识产权局将不予认可。同时申请人也应注意到像欧专局、日本、韩国等专利大国在作为指定局时对此条款都进行了保留。鉴于此，应当慎重利用这一条款，在首次递交国际申请时，申请文件应尽可能地准备完整、准确，避免出现遗漏，也避免带来不必要的损失。

除受理 PCT 申请外，受理局还负责对 PCT 申请进行形式审查、核对费用缴纳情况、向国际局转送代其收取的费用（如国际费）、向国际局传送申请文件正本（作为登记本）、向国际检索单位传送申请文件副本（作为检索本）等工作。其中形式审查是指审查 PCT 申请是否缺少申请人的签字、是否缺少发明名称或摘要、是否按规定写明了申请人情况、优先权信息的填写是否正确等。

3.4.2.3 国际检索

PCT申请的国际检索由其主管国际检索单位完成。主管国际检索单位由国际局根据PCT申请的申请人国籍和居所确定。中国国家知识产权局受理的PCT申请，其主管国际检索单位仍为中国国家知识产权局。

主管国际检索单位收到检索本（一般推定为自国际申请日起1个月）后对PCT申请进行国际检索。国际检索是全面、彻底、高质量的检索，其目标是努力发现相关的现有技术。PCT规定国际检索中审查员必须查阅的最低限度文献包括：

（1）国家专利文献，指1920年和该年以后由法国、德国、日本、俄罗斯（或称前苏联）、英国、美国、瑞士（使用法语和德语）公布的专利申请或颁发的专利，以及1920年以后在任何其他国家用英文、法文、德文或西班牙文公布的专利申请或颁发的专利。

（2）所有已公布的PCT申请和地区专利申请（或发明人证书申请），以及公布的地区专利（或发明人证书）。

（3）其他公布的非专利文献，包括169种期刊和书籍。[1]

根据《PCT实施细则》的规定，国际检索单位应于收到检索本之日起3个月内（即国际申请日起4个月内）或者自优先权日起9个月内（以后届满的期限为准）完成检索，并做出国际检索报告及书面意见。对于某些不能进行检索的PCT申请，应于该期限内做出不检索的通知书。所谓不能进行检索的PCT申请，是指下列情形：

（1）PCT申请所涉及的主题是PCT规定不需要国际检索单位进行检索的主题。如科学或数学理论；植物或动物品种或者用于生产植物或动物的基本生物学方法（微生物方法除外）；经营业务、进行纯智力活动或人事游戏活动的方案、规则或方法；对人体或动物体的外科手术或治疗的治疗方法及在人体或动物体上实施的诊断方法、单纯的信息表述等。

（2）权利要求书、说明书或附图不符合规定的要求，以至于不能做出有意义的检索。例如，权利要求书、说明书表达含糊清楚，无法准确理解其技术方案或保护范围等。

（3）没有提供符合规定的书面形式或计算机可读形式的核苷酸或氨基酸序列表以至于不能进行有意义的检索。

（4）PCT申请包含多项从属权利要求的，国际检索单位可以针对该多

[1] 张清奎．专利审查概说［M］．北京：知识产权出版社，2002：580.

项从属权利要求不做检索。这种情况会直接在检索报告中注明（哪些权利要求未做检索）。

3.4.2.4　国际公布

PCT申请一般自国际申请日（或优先权日）起18个月届满后由国际局迅速公布。国际局通常在公布前15天完成公布的技术准备工作，因此，在优先权日起17个半月内到达国际局的改正、更正、修改、变更等信息可以及时包含在公布的内容中。

PCT规定，国际公布的语言为10种：阿拉伯文、中文、英文、法文、德文、日文、韩文、葡萄牙文、俄文和西班牙文。对于以这10种公布语言之一提出的PCT申请，以其提出的语言公布；对于国际检索单位接受的，以公布语言之外的语言提出的PCT申请，以英文译本公布，该英文译本由国际检索单位准备；对于以既不是公布语言，又不是国际检索单位能够接受的语言提出的PCT申请，申请人应自受理局收到国际申请之日起1个月内，向该局提供一份PCT申请的译文，要求译文使用的语言既是主管国际检索单位接受的语言，又是公布使用的语言，还必须是受理局接受的语言，国际局将以申请人提供的译文所使用的语言进行国际公布。

国际局以小册子和PCT公报两种形式公布PCT申请，小册子的内容包括：扉页、说明书、权利要求书、依据PCT第19条修改的权利要求书、附图、序列表、检索报告等。扉页中标明国际局给予的PCT申请的公布号（以字母WO开头），公布号之后载明公布文件的种类。公布的种类包括A1、A2、A3三种，其中A1表示带有国际检索报告的公布；A2表示不带国际检索报告的公布；A3表示单独公布检索报告。PCT公报每周出版一期，其内容除了包括小册子扉页的部分内容（著录项目、发明名称、摘要和一幅附图）外，还包括索引、相关事务档案、各国家局的相关情况等信息。

如果在国际公布的技术准备工作完成之前，国际局收到申请人提出撤回PCT申请的书面请求，国际局对该PCT申请将不予公布。实践中为了避免撤回请求使已经公布或做好公布的技术准备的PCT申请效力中止，申请人提出撤回请求时可附带条件：以避免国际公布为前提。

国际局还可以应申请人的请求，对PCT申请进行提前公布（在18个月的期限届满前公布）。但如果此时国际检索报告还未完成，以至于不能和申请文件一起公布时，申请人需要缴纳特别公布费200瑞士法郎。

PCT申请公布后，国际局负责将小册子传送给申请人和每一指定局。

任何公众也可通过订购光盘、纸件或通过网络获得小册子全文。

关于国际公布在指定国的效力（即国际公布之后申请人在指定国可能享有的临时保护），PCT 第 29 条首先规定，国际公布在指定国的这种效力应当与本国法对未经审查的国家申请在国内强制公布的效力相当。换言之，只要指定国本国法规定该国国家申请的申请人在申请公布之后可以享有临时保护，则 PCT 申请在国际公布后，其申请人在该国也能获得临时保护。但是，国际公布在指定国的效力从何时产生，PCT 第 29 条允许各国的本国法有以下几种不同的规定：

（1）公布的语言限制。如果国际公布不是指定国国家公布所使用的语言，则指定国可以要求只有在使用该国规定语言的译本按其本国法公布、公开展示或向实施其发明的使用人送达之后，国际公布在该指定国的效力才产生。例如加拿大、德国、英国、日本、韩国、美国、中国等国家都有这样的规定。

（2）时间限制。对于提前公布的 PCT 申请，指定国本国法可以规定在自优先权日起 18 个月的期限届满之后，国际公布在该国的效力才能产生。

（3）公布副本送达的限制。指定国本国法还可以规定，只有在该国的国家局收到公布的申请文件副本（小册子）之后，国际公布在该国的效力才能产生。例如美国、澳大利亚等国家都有这样的规定。[1]

3.4.2.5 国际初步审查

国际初步审查是 PCT 申请一个可选择的程序，即只有当申请人提出国际初步审查要求时，PCT 申请才经过该程序。通常申请人可根据国际检索报告的结论及书面意见决定是否要求国际初步审查。一般而言，对于检索报告中包含不利结论、并且通过对申请文件进行修改和/或陈述意见，就可能获得一个更好的审查结论的 PCT 申请，才有必要要求初步审查。

PCT 规定，提出初步审查要求的最迟时间是自优先权日起 22 个月或自收到国际检索报告和书面意见起 3 个月（以后届满的期限为准），之后提出的初步审查要求视为未提出。通常自优先权日起第 19 个月提出初审要求较为合适，这样能保证在优先权日起第 28 个月能获得初步审查的结果——《国际专利性初步报告（第Ⅱ章）》，从而根据该报告决定是否进入国家阶段。

国际初步审查的目的是对请求保护的发明是否有新颖性、创造性和工

[1] 张清奎．专利审查概说［M］．北京：知识产权出版社，2002：588－589.

业实用性提出初步的、无约束力的意见。在该程序中，如果审查员欲做出不利于申请人的专利性国际初步报告，一般之前会发出至少一次书面意见，即给申请人至少一次针对不利审查结论发表意见的机会。

PCT规定，国际初步审查单位最迟应自优先权日起第28个月或申请人提出初步审查要求起6个月内（以后届满的期限为准）做出《专利性国际初步报告（PCT第Ⅱ章）》，并将该报告分别传送给国际局和申请人。

3.4.3 PCT申请进入国家阶段简述

如前所述，PCT申请国际阶段仅涉及受理、检索和初步审查等程序，如要在某缔约国获得保护，还必须进入该国的国家阶段并获得授权。所谓进入国家阶段，是指PCT申请的申请人，按照指定国（或选定国）国家法的规定，在一定期限内办理相关手续，缴纳相关费用，使该PCT申请在该国生效的程序。

PCT申请进入某国国家阶段后，该国国家局将依据其本国法的规定对PCT申请进行审查，并根据审查结果决定授予专利或驳回申请。例如，以发明或实用新型进入中国国家阶段的PCT申请，中国国家知识产权局将按照中国《专利法》中关于发明或实用新型的审查程序和授权条件的规定对其进行审查。

3.4.3.1 进入国家阶段的期限

根据PCT的规定，申请人最迟可自优先权日起30个月届满之日办理PCT申请进入国家阶段的手续。对此各缔约国的本国法还可以规定更长的期限，或者规定一定的宽限期（未在规定期限内办理进入手续的PCT申请，在付费的情况下，可在宽限期内办理）。例如欧洲专利局规定进入欧洲地区阶段的期限为31个月，加拿大规定了12个月的宽限期（即进入的最迟期限为自优先权日起42个月）。进入其他国家/地区的期限可从中国知识产权局、世界知识产权组织或各指定局的网站上查询。

根据中国《专利法实施细则》第103条的规定，指定（或选定）中国的PCT申请进入中国国家阶段的期限是自优先权日起30个月。未在该期限内办理进入手续的PCT申请，在缴纳宽限费（1000元）后，享有2个月的宽限期，即最迟可在自优先权日起32个月的期限届满前办理进入手续。

如果申请人在规定的期限届满时，甚至在宽限期届满时仍没有按照某个指定国的规定履行全部手续，或者履行手续不符合要求的，将该导致PCT申请在该国的效力丧失，国家阶段的程序不再启动。[1]

[1] 张清奎．专利审查概说［M］．北京：知识产权出版社，2002：626.

3.4.3.2 进入国家阶段的手续

根据 PCT 第 22 条和第 39 条的规定，PCT 申请进入国家阶段时申请人须履行的手续主要包括：

（1）缴纳国家费用

缴纳费用几乎是任何 PCT 申请进入任何国家阶段都必须完成的手续。PCT 申请进入国家阶段应缴纳的费用项目与直接向该国提出专利申请所需缴纳的费用项目基本相同。但由于 PCT 申请带有国际检索报告，所以不少缔约国都对 PCT 申请的费用给予减免。例如，欧洲专利局规定，由奥地利专利局、西班牙专利局、瑞典专利局以及本局做出的国际检索报告，进入欧洲地区阶段可以免缴检索费，由其他国际检索单位做出国际检索，进入该地区阶段检索费可以减除 20%。[1]

（2）提供 PCT 申请的译文

如果 PCT 申请提出或者国际公布时使用的语言不是指定局的官方语言，则进入该国国家阶段时需要提供申请文件的译文（译成指定局要求的官方语言）。进入任何国家阶段申请人均必须提交的译文包括：说明书、权利要求书以及附图中所包含的文字的译文。除此之外，少数国家还要求提供请求书和摘要的译文，如奥地利、俄罗斯、美国、波兰等。

（3）提供 PCT 申请文件的副本

某些缔约国的国家法规定，当申请人在该国国家局还未收到国际局传送来的 PCT 申请小册子时就进入该国国家阶段的，需要提供 PCT 申请文件的副本。这些缔约国包括奥地利、英国、美国、中国等。

需要说明的是，上述手续仅仅是一些原则性的规定。关于 PCT 申请进入各指定国具体应履行的手续，应缴纳的费用数额、币种，译文的语言、形式等，因国家的不同而不同，此处无法详述。具体可参见各指定国国家法的相关规定。实践中，这类案件一般都要通过指定国本国的专利律师办理，他们清楚本国法的具体规定。

3.4.3.3 特殊的国家要求

PCT 进入国家阶段，除应履行缴纳国家费用、提交译文，以及在某些情况下提供 PCT 申请的副本等这些基本要求外，还应满足各国的法律对专利申请规定的其他要求。由于各国法律不同，这些其他要求差异很大，通常称为特殊的国家要求。但是，PCT 对特殊的国家要求进行了原则性的规

[1] 张清奎. 专利审查概说［M］. 北京：知识产权出版社，2002：628.

定，各国提出的国家要求必须在PCT允许的范围之内。PCT允许的国家要求包括：

（1）要求提供关于发明权、申请权、优先权的证明

如关于发明人身份的文件或发明资格的宣誓、关于申请人享有申请权的声明、关于申请的权利转移或转让的文件、关于申请人在申请日有权要求优先权的证明。

（2）要求申请人委托代理人

PCT规定，任何指定局适用的本国法可以要求申请人委托代理人作为其全权代表在该局办理事务，或者要求申请人为接收通知的目的在指定国中有一个通讯地址。[1]

（3）要求提供关于实质性条件的证据

PCT规定，缔约国的本国法可以要求申请人提供与专利实质性条件有关的证据，例如申请人在国际阶段做出过关于不影响新颖性公开的声明的，指定局根据适用的本国法可以要求申请人就此提供证据。

（4）要求提供优先权文件的副本和译本

PCT规定，如果申请人在国际阶段未提交或未请求受理局制作优先权文本，进入国家阶段时指定局可以要求申请人提供优先权文件。当指定局认为优先权要求与本申请的专利性有关时，可以要求申请人提供优先权文件的译本。

（5）要求提供计算机可读形式的核苷酸或氨基酸序列表

PCT规定，如果国际申请的内容涉及核苷酸或氨基酸序列表，指定局可以依据其本国法要求申请人提供计算机可读的序列表。

关于上述特殊的国家要求的期限，PCT规定，任何缔约国不得要求申请人在履行进入国家阶段的手续的同时满足上述特殊的国家要求。即如果在进入国家阶段适用的期限届满时尚未满足这些特殊的国家要求，应当在期限届满后仍然给予申请人合适的机会以满足要求。[2]

[1] 张清奎. 专利审查概说［M］. 北京：知识产权出版社，2002：639.

[2] 张清奎. 专利审查概说［M］. 北京：知识产权出版社，2002：640.

本章思考与练习

1. 中国申请人申请外国专利有哪几种途径?
2. PCT途径申请国外专利与直接申请各自具有的优缺点是什么?
3. 中国人申请国外专利时要注意哪些事项?
4. PCT申请在国际阶段包括哪些程序?
5. PCT的宗旨和主要目标?
6. PCT申请进入国家阶段的期限?
7. PCT申请提出国际初步审查的期限?
8. PCT申请进入国家阶段时申请人须履行的手续主要包括哪些?

第4章　专利申请的初步审查

本章学习要点

1. 三种专利的初步审查内容以及不同之处
2. 优先权三要素和请求的期限
3. 不属于实用新型专利保护的发明创造
4. 外观设计名称的作用
5. 三种专利申请可以提出主动补正的内容和期限以及不允许的修改

4.1　概述

4.1.1　初步审查的范围和内容

初步审查是专利受理之后的程序，它主要是对专利申请及办理申请的手续是否符合《专利法》及其实施细则的规定进行审查，按审查内容分类划分，初步审查包括：合法性审查，形式审查，明显缺陷审查，其他文件形式审查和费用审查。

合法性审查是对发明人、申请人的资格，申请人递交的各种文件、证明的法律效力，申请人委托的代理机构和代理人的资格，申请人办理专利申请的各种手续所启动的行政规程进行审查。

形式审查是对申请文件的格式、版心、文字和附图或图片的清晰度等进行审查。

明显缺陷审查是对发明创造是否明显属于不予保护的领域，是否明显违反国家法律、社会公德和妨碍公共利益、公共卫生、公共秩序等进行审查。

4.1.2　初步审查的地位和作用

初步审查是专利获得授权的必经程序，无论是采用审查制还是登记制的国家均无例外，并且发明专利申请只有经初步审查合格后，才能进入实质审查程序，故其重要性是不言而喻的。

初步审查的作用可以归结为以下几点：

① 保证申请文件和相关证明的法律有效性，例如，对于要求了优先权的申请，需要审查所提交的文件是否符合享有优先权的条件，是否在规定的期限内缴纳了相关费用等，才能确定能否享有优先权。

② 减少和防止发明权、申请权和专利权方面的争议和纠纷。

③ 提高公布或公告的专利文件的质量，保证专利文件的严肃性，并有利于公众正确认识专利信息。

④ 对于明显不能获专利权的申请可在初审程序中及早结束，避免不必要的时间、精力和费用方面的浪费。

4.1.3 初步审查应遵循的原则

初步审查是按照国家知识产权局制定的《专利审查指南》进行的，在实际工作中主要遵循下述一些原则：

（1）严守规程的原则

《专利审查指南》是《专利法》及其实施细则的具体化，必须严格遵守，违反程序或通融办事的做法不仅是违法行为，而且会造成国家知识产权局审批程序的混乱，后果十分严重。

（2）书面处理的原则

申请人提出专利申请或办理相关的各种手续，专利局做出的任何审查意见、决定，通知等，均以书面形式进行，口头声明、说明等不具备法律效力。除书面以外的其他信息载体，如实物，模型、录像带按目前规定不具法律效力。

目前为适应信息电子化的需求，专利局正在研究和开发电子申请系统，一旦成功投入使用，届时申请人则可按有关规定办理电子申请。

（3）申请独立的原则

每件专利申请从法律和申请案卷上来看，都是独立的，所以审批过程也是独立的，申请人或专利权人办理任何手续、缴纳任何专利费用，都必须针对每件专利单独办理。

（4）依法保密的原则

专利申请在公开之前的所有信息均应处于保密状态，与本案当前审批程序无关的人员（包括专利局工作人员）均不得接触、查阅和复制案卷。因特殊公务需要查阅的，需得到专利局的批准并保存记录。

（5）启动程序的三要素综合审查原则

在初步审查过程中，任何程序的启动首先都必须满足三个要素。这三个要素分别是：载体、期限和费用。所谓载体是指启动该程序所提交的文件必须在种类、形式、内容上满足要求；所谓期限是指启动该程序的时间符合法定或指定的时间限制；所谓费用是指启动该程序所应缴纳的相关费用。每种程序中的构成要素缺一不可，否则程序不能正常启动。

（6）按请求顺序审批的原则

专利局对于专利申请过程中的各项审批程序是按照申请人提出请求的先后顺序进行审查或处理的。对国家利益或公共利益具有重大意义的申请，申请人或其主管部门可以提出请求，经专利局局长批准后，可优先进行审查。

（7）允许申辩和节约程序相结合的原则

补正和申辩是申请人或其他程序当事人的权利，因此专利局在做出不利于当事人的决定以前，会通知当事人并给予至少一次补正或申辩机会。并且审查员应当在一次补正或审查意见通知书中一次尽可能列出全部缺陷，以节约程序。

（8）审批过程单渠道联系的原则

对任何正式立案的专利申请，在审批过程中，专利局只与请求书中所填写的申请人联系，对于多个共同申请人，专利局只与申请人的代表人联系，如指定了联系人则只与联系人联系；如果申请人委托了代理机构，专利局只与代理机构联系，申请人直接递交的补正或意见陈述将被视为未提交。这样可以避免多头联系在法律上可能产生的混乱以及造成办理某些手续相互观望或重复的情况。

（9）专利审批程序接受公众监督的原则

专利申请案卷中保存的所有文件都必须保持其真实性，不允许随便增加或抽走，文件中的错误必须按规定方式修改或删除。申请案卷上记载事项及所有的审批文件中的实质性内容均要以公众可以阅读或理解的方式记录和表达。

4.2 发明专利申请的初步审查

4.2.1 概述

根据《专利法》第34条的规定，专利局收到发明专利申请后，经初步审查认为符合《专利法》要求的，自申请日起满18个月，即行公布。

专利局也可以根据申请人的请求早日公布其申请。发明专利申请的初步审查是受理发明专利申请之后、公布该申请之前的一个必要程序。

4.2.1.1 发明专利申请初步审查的主要任务

（1）审查申请人提交的申请文件是否符合《专利法》及其实施细则的规定，发现存在可以补正的缺陷时，通知申请人以补正的方式消除缺陷，使其符合公布的条件；发现存在不可克服的缺陷时，做出审查意见书，指明缺陷的性质，并通过驳回的方式尽早结束审批程序。

（2）审查申请人在提出专利申请的同时或者随后提交的与专利申请有关的其他文件是否符合《专利法》及其实施细则的规定，发现文件存在缺陷时，根据缺陷的性质，通知申请人以补正的方式消除缺陷，或者直接做出视为未提交的决定。

（3）审查申请人提交的与专利申请有关的其他文件是否是在《专利法》及其实施细则规定的期限内或者专利局指定的期限内提交；逾期未提交或逾期提交的，根据情况做出视为撤回或者视为未提交的决定。

（4）审查申请人缴纳的有关费用的金额和期限是否符合《专利法》及其实施细则的规定，费用未缴纳或者未缴足或者逾期缴纳的，根据情况做出视为撤回或者视为未提出的决定。

4.2.1.2 发明专利申请的初步审查范围

（1）申请文件的形式审查，包括专利申请是否包含《专利法》第26条规定的申请文件，以及这些文件格式上是否明显不符合《专利法实施细则》第16条至第19条、第23条的规定，是否符合《专利法实施细则》第2条、第3条、第26条第2款、第119条、第121条的规定。

（2）申请文件的明显实质性缺陷审查，包括专利申请是否明显属于《专利法》第5条、第25条规定的情形，是否不符合《专利法》第18条、第19条第1款、第20条第1款的规定，是否明显不符合《专利法》第2条第2款、第26条第5款、第31条第1款、第33条或者《专利法实施细则》第17条、第19条的规定。

（3）其他文件的形式审查，包括与专利申请有关的其他手续和文件是否符合《专利法》第10条、第24条、第29条、第30条以及《专利法实施细则》第2条、第3条、第6条、第7条、第15条第3款和第4款、第24条、第30条、第31条第1款至第3款、第32条、第33条、第36条、第40条、第42条、第43条、第45条、第46条、第86条、第87条、第100条的规定。

（4）有关费用的审查，包括专利申请是否按照《专利法实施细则》第93条、第95条、第96条、第99条的规定缴纳了相关费用。

4.2.1.3　初步审查遵循的原则

（1）给申请人补正或陈述意见的机会

对于申请文件中存在的可以通过补正方式消除的缺陷，应当给申请人补正机会；对于申请文件中存在的不可克服的缺陷，应当给申请人陈述意见的机会。只有在经补正或者陈述意见之后，仍未能消除缺陷的，才能做出驳回决定。必要时，可以给申请人两次以上的补正或者陈述意见的机会。给予多次补正机会时，以不耽误《专利法》第34条规定的公布专利申请的期限为前提。

（2）符合公布要求

对于申请文件和其他文件中存在的格式缺陷应当进行全面审查，使公布文件格式上符合要求；对于申请文件中存在的实质性缺陷，仅在明显存在并影响公布时，才需指出和处理。

（3）一次指出全部格式缺陷

除申请文件被驳回的情形外，应当尽量在一次补正通知书中指出申请文件中存在的全部格式缺陷。

（4）告知后续程序

凡因申请人提交的文件或启动的程序不符合《专利法》及其实施细则规定，而需做出视为未提出或视为撤回或驳回决定的，应同时告知申请人可启动的后续程序。

4.2.2　申请文件的审查

申请文件不符合以下规定的，通知申请人在指定期限内补正；期满未答复的，做出视为撤回专利申请或视为未提出的通知。同一缺陷两次补正不合格的，即可做出驳回决定。

4.2.2.1　请求书

（1）发明名称

发明名称应当简短、准确地表明发明专利申请请求保护的主题名称。发明名称中不应含有非技术词语，例如人名、单位名称、商标、代号、型号等；也不应含有含糊的词语，例如“及其他”、“及其类似物”等；也不应使用笼统的词语，致使未给出任何发明情报，例如仅用“方法”、“装置”、“组合物”、“化合物”等词作为发明名称。

发明名称一般不得超过25个字。特殊情况下，可以增加到40个字。

例如某些化学领域的发明。

（2）发明人

发明人应当是对发明创造的实质性特点做出创造性贡献的人。但在专利局的审查程序中，审查员对请求书中指明的发明人是否符合《专利法实施细则》第 13 条规定不作审查。

发明人应当是个人，不应当是单位或者集体，例如不应当写成“××课题组”等。发明人应当使用本人真实姓名，不得使用笔名或者其他非正式的姓名。多个发明人的，应当自左向右顺序填写。

发明人可以请求专利局不公布其姓名；请求不公布姓名的，应当由发明人本人书面提出。不公布姓名的请求提出之后，经审查认为符合要求的，专利局在专利公报、说明书单行本以及专利证书中均不公布其姓名，发明人也不得再请求重新公布其姓名。

外国发明人中文译名中可以使用外文缩写字母，姓和名之间用圆点分开，圆点置于中间位置，例如 M· 琼斯。

（3）申请人

① 申请人是本国人

在专利局的审查程序中，审查员对请求书中指明的申请人一般情况下不作审查。申请人是个人的，可以推定该发明为非职务发明，该个人有权提出专利申请。除非专利申请的主题明显不是非职务发明的，才需要通知申请人提供所在单位出具的非职务发明证明。申请人是单位的，可以推定申请专利的发明是职务发明，该申请人有权提出专利申请。除非该单位明显不具有法人地位或者对其法人地位有疑问的，例如单位是××大学科研处或××研究所××课题组，应当通知该单位提供法人地位的证明文件。

申请人是个人的，应当使用本人真实姓名，不得使用笔名或者其他非正式的姓名。申请人是单位的，应当使用正式全称，不得使用缩写或者简称。申请文件中指明的单位名称应当与所使用的公章上的单位名称相一致。

② 申请人是外国人、外国企业或者外国其他组织

《专利法》第 18 条规定：“在中国没有经常居所或者营业所的外国人、外国企业或者外国其他组织在中国申请专利的，依照其所属国同中国签订的协议或者共同参加的国际条约，或者依照互惠原则，根据本法办理。”

审查员对请求书中指明的申请人的国籍、营业所或者总部所在地有疑义时，可以根据《专利法实施细则》第 33 条第 1 项或者第 2 项通知申请人提供国籍证明或者营业所总部所在地的证明文件。申请人在请求书中表明

在中国有营业所的，审查员应当要求申请人提供当地工商行政部门出具的真实有效的营业所证明。申请人在请求书中表明在中国有经常居所的，审查员应当要求申请人提交公安部门出具的可在中国居住一年以上的证明文件。

根据《专利法》第 18 条的规定，在确认申请人是“在中国没有经常居所或者营业所的外国人、外国企业或者外国其他组织”后，应当审查请求书中指明的申请人国籍或者总部所在地国家是否符合下列三个条件之一：申请人所属国同我国签订有相互给予对方国民以专利保护的协议；申请人所属国是《巴黎公约》成员国或者 WTO 成员；申请人所属国的法律中规定有依互惠原则给外国人以专利保护的。

审查应当从申请人所属国（申请人是个人的，以国籍、经常居所来确定；申请人是单位的，以总部所在地、真实有效的营业所所在地来确定）是否是《巴黎公约》成员国或者 WTO 成员开始，但不必审查该国是否与我国签订有互相给予对方国民以专利保护的协议，因为与我国已签订上述协议的所有国家都是《巴黎公约》联盟成员国或者 WTO 成员。只有当申请人所属国不是《巴黎公约》成员国时或者 WTO 成员，才需审查该国法律中是否有依互惠原则给外国人以专利保护的条款。申请人所属国法律中没有明文规定依互惠原则给外国人以专利保护的条款的，应当要求申请人提供其所属国承认中国公民和单位可以按照该国国民的同等条件、在该国享有专利权和其他有关权利的证明文件。申请人不能提供证明文件的，依据《专利法实施细则》第 44 条的规定，以不符合《专利法》第 18 条为理由，驳回该专利申请。

对于来自某《巴黎公约》成员国领地或属地的申请人，应当审查该国家是否声明将《巴黎公约》适用于该地区。

对于未与我国签署相关协议的非《巴黎公约》成员国的申请人，在实践中未排除我国申请人向该国家申请专利的权利的，审查员应当依照互惠原则处理。

申请人是个人的，其姓名中可以使用外文缩写字母，姓和名之间用圆点分开，置于中间位置，例如 M · 琼斯。姓名中不应含有学位、职务等称号，例如 × ×博士、× ×教授等。申请人是单位的，其名称应当使用正式全称，不应使用简称或俗称，如北大（北京大学）。对于申请人所在国法律规定具有独立法人地位的某些称谓允许使用。

③ 本国人与外国人共同申请

本国人与外国人共同申请的，分别按上述规定进行审查。

(4) 专利代理机构、专利代理人

专利代理机构的名称应当使用其在国家知识产权局登记的全称，并且要与加盖在申请文件中的专利代理机构公章上的名称一致，不得使用简称或者缩写。请求书中还应当填写国家知识产权局给予该专利代理机构的编码。

在请求书中，专利代理人应当使用其真实姓名，同时填写《专利代理人工作证》的证书号码。

一件专利申请的专利代理人不得超过两人。

(5) 地址

请求书中的地址（包括申请人、专利代理机构、联系人的地址）应当符合邮件能迅速、准确投递的要求。本国的地址应当包括所在地区的邮政编码，以及省（自治区）、市（自治州）、区、街道门牌号码和电话号码，或者省（自治区）、县（自治县）、镇（乡）、街道门牌号码和电话号码，或者直辖市、区、街道门牌号码和电话号码。有邮政信箱的，可以按规定使用该邮政信箱。地址中可以包含单位名称，但单位名称不得代替地址，例如不得写××省××大学。申请人是单位的，应当有联系人，并写明联系人的通讯地址；申请人是个人的，也可以指定联系人作为专利局送达信函的收件人。外国的地址应注明国别、市（县、州），并附具外文详细地址。

4.2.2.2 说明书

说明书第一页第一行应当写发明名称，该名称应当与请求书中的名称一致，并左右居中。发明名称前面不得冠以“发明名称”或者“名称”等字样。发明名称与说明书正文之间应当空一行。

说明书的格式应包括以下各部分，并要在每一部分前面写明小标题：

技术领域　背景技术　发明内容　附图说明　具体实施方式

说明书无附图的，说明书文字部分就不包括附图说明及其相应的小标题。

涉及核苷酸或者氨基酸序列的申请，应当将该序列表作为说明书的一个单独部分，应当在申请的同时提交与该序列表相一致的光盘或软盘；该光盘或软盘应当符合专利局的有关规定。该光盘或软盘中记载的序列表与说明书中的序列表不一致的，以说明书中的序列表为准。未提交光盘或软盘的，应当通知申请人在指定期限内补交；逾期未补交的，该申请视为撤回。

说明书文字部分中可以有化学式、数学式和表格，但不得有插图。

说明书文字部分写有附图说明的，说明书中应当有附图。

说明书中有附图的，说明书文字部分中应当有附图说明。说明书文字部分中有附图说明而说明书无附图或缺少部分附图的，通知申请人取消对附图的说明，或者在指定的期限内补交附图；申请人补交附图的，以向专利局提交或者邮寄补交附图之日为申请日，审查员应当发出变更申请日通知，并修改数据库中的申请日；申请人取消对附图的说明的，保留原申请日。

说明书为两页以上的，应当用阿拉伯数字顺序编写页码。

4.2.2.3　权利要求书

权利要求书有几项权利要求的，应当用阿拉伯数字顺序编号，编号前不得冠以“权利要求”或者“权项”等词。

权利要求中可以有化学式或者数学式，必要时也可以有表格，但不得有插图。

权利要求书为两页以上的，应当用阿拉伯数字顺序编号。

4.2.2.4　说明书附图

说明书附图应当用包括计算机在内的制图工具和黑色墨水绘制，线条应当均匀清晰、足够深，并不得着色和涂改。

剖面图中的剖面线不得妨碍附图标记线和主线条的清楚识别。

几幅附图可以绘制在一张图纸上。一幅总体图可以绘制在几张图纸上，但应保证每一张上的图都是独立的，而且当全部图纸组合起来构成一幅完整总体图时又不互相影响其清晰程度。附图的周围不得有框线。

附图总数在两幅以上的，应当使用阿拉伯数字顺序编号，并在编号前冠以“图”字，例如图 1，图 2。

附图应当尽量垂直绘制在图纸上，彼此明显地分开。当零件横向尺寸明显大于竖向尺寸必须水平布置时，应当将附图的顶部置于图纸的左边。一页纸上有两幅以上的附图，且有一幅已经水平布置时，该页上其他附图也应当水平布置。

附图标记应当使用阿拉伯数字编号。同一零件出现在不同的图中应当使用相同的附图标记，一件专利申请的各文件（说明书及其附图、权利要求书、摘要）中应当使用同一附图标记表示同一零件，但并不要求每一幅图中的附图标记编号连续。

附图的大小要适当，应当保证在该图缩小到 2/3 时仍能清晰地分辨出图中每一个细节，并能够满足复印、扫描的要求为准。

同一附图中应当采用相同比例绘制，为使其中某一组成部分能清楚显示，可以另外增加一幅局部放大图。附图中除必要的词语外，不应当含有其他注释。附图中的词语应当使用中文，必要时，可以在其后的括号里注明原文。

流程图、框图应当视为附图，并应当在其框内给出必要的文字和符号。特殊情况下，可以使用照片贴在图纸上作为附图。例如，显示金相结构或者组织细胞。

4.2.2.5　说明书摘要

申请发明专利的，应当提交说明书摘要（以下简称“摘要”）。

（1）摘要文字部分

摘要应当写明发明的名称和所属的技术领域，清楚反映所要解决的技术问题，解决该问题的技术方案的要点及主要用途。未写明发明名称或不能反映技术方案要点的，应当通知申请人补正；使用了商业性宣传用语的，可以通知申请人予以删除，也可由审查员删除并通知申请人。

摘要文字部分（包括标点符号）不得超过300个字。摘要超过300个字的，应当通知申请人删节或者由审查员删节；审查员删节的，应当通知申请人。

（2）摘要附图

说明书中有附图的，申请人应当指定并提供一幅最能说明该发明技术方案主要技术特征的附图作为摘要附图。摘要附图应当是说明书附图中的一幅。申请人未指定也未提供摘要附图的，审查员应通知申请人补正或者依职权指定一幅，并通知申请人提供审查员指定的摘要附图一式两份。审查员确认没有合适的摘要附图可以指定的，可以不要求申请人补正。

申请人指定并提供的摘要附图明显不能说明发明技术方案主要技术特征的，审查员应另行指定，并通知申请人提供审查员指定的摘要附图一式两份。

摘要附图的大小及清晰度应当保证在该图缩小到4厘米×6厘米时，仍能清楚地分辨出图中的各个细节。

摘要中可以包含最能说明发明的化学式，该化学式被视为摘要附图。

4.2.2.6　两种特殊专利申请的初步审查

（1）分案申请

① 分案申请的提出

一件专利申请包括两项以上发明的，申请人可以主动提出分案申请或者依据审查员的审查意见提出分案申请。

分案申请的最迟递交日应当在收到专利局对原申请案做出授予专利权通知之日起办理登记手续的 2 个月期限届满之前。在上述期限届满后，该专利申请已被驳回且已生效，或者该专利申请已撤回或视为撤回且未被恢复权利的，不能再提出分案申请。

一件专利申请不符合《专利法》第 31 条规定的，申请人应当按照分案通知书或审查意见通知书的要求对该申请进行修改，将其内容限定在符合《专利法》及其实施细则有关单一性规定的范围之内。申请人可以把从原申请中删除的内容再提出一件或者若干件分案申请。

分案申请不能改变原申请的类别，例如原申请是发明专利申请的，只能提出发明专利分案申请。分案申请也不得改变专利申请人，即分案申请的专利申请人应当与原申请的专利申请人相同；不相同的，应当有权利转移证明材料。分案申请的发明人也应当是原申请的发明人或者是其中的部分成员。

申请人提出分案申请时，应当在请求书中注明原申请的申请号和申请日，并提交原申请的全部申请文件。原申请案中已提交过各种证明材料的，可以使用复印件。原申请是国际申请的，申请人还应当在原申请号之后的括号内注明国际申请号。原申请的国际公布使用外文的，除提交原申请的中文副本外，还应当同时提交原申请国际公布文本的副本。

② 分案申请的初步审查

根据原申请案卷核实下列各项：

第一，分案申请请求书中注明的原申请日是否正确；

第二，分案申请的申请人与原申请案的申请人是否一致，不一致的，是否附有合法的权利转移证明材料；发明人是否是原申请的发明人或者是其中的部分成员；

第三，是否提交了原申请文件副本，有优先权要求的，是否提交了原申请的优先权文件副本；原申请是国际申请，并且未要求提供优先权文件副本的，分案申请可以不要求提供优先权文件副本；

第四，在分案申请递交日前，原申请案是否已经被驳回并已生效，或者已撤回或被视为撤回且未被恢复权利；分案申请递交日是否在收到专利局对原申请做出授权通知之日起办理登记手续的 2 个月期限届满之前。

不符合上述第一项、第二项和第三项之一所述情形的，通知申请人在指定期限之内补正；期满未补正的，做出分案申请被视为撤回的决定，并通知申请人。分案申请递交日是在收到专利局对原申请做出授予专利权通知之日起办理登记手续的2个月期限届满之后的，或者分案申请的原申请案已经撤回或被视为撤回且未被恢复权利的，或者被驳回并已生效的，应当做出分案申请视为未提出通知书。

分案申请的各种法定期限，例如提出实质审查请求的期限、提交优先权证明材料的期限等，均从原申请日起算。对已经届满的各种期限，可以自分案申请递交日起2个月内或自收到受理通知书之日起15日内补办各种手续；期满未补办的，该分案申请被视为撤回。

对于分案申请，视为一件新申请收取各种费用。期限已经届满的各种费用，可以在自分案申请递交日起2个月内或自收到受理通知书之日起15日内补缴；期满未补缴或未缴足的，分案申请被视为撤回。

（2）涉及生物材料的申请

① 涉及生物材料申请的提出

涉及生物材料的申请的申请人，除应当使申请符合《专利法》及其实施细则有关规定外，还应当办理下列手续：

a. 在申请日前或者最迟在申请日（有优先权的，指优先权日），将该生物材料样品提交国家知识产权局认可的生物材料样品国际保藏单位保藏；

b. 在请求书和说明书中注明保藏该生物材料样品的单位名称、地址、保藏日期和编号，以及该生物材料的分类命名（注明拉丁文名称）；

c. 在申请文件中提供有关生物材料特征的资料；

d. 自申请日起4个月内提交保藏单位出具的保藏证明和存活证明。

② 涉及生物材料申请的初步审查

已在规定期限内提交保藏证明的，审查员应当根据保藏证明核实下列各项：

a. 保藏单位是否是国家知识产权局认可的生物材料样品国际保藏单位；

b. 保藏日期是否在申请日之前或者在申请日（有优先权的，指优先权日）当天；

c. 保藏证明与请求书中所填写的项目是否一致。不符合上述第a项或者第b项所述情形的，应当做出该生物材料样品视为未保藏的通知，并通知申请人。不符合上述第c项所述情形的，应当通知申请人在规定期限内补正；期满未补正的，该生物材料样品被视为未保藏。

在规定期限内未提交保藏证明的，该生物材料样品视为未提交保藏。

在自申请日起4个月内申请人既未提交生物材料存活证明，又没有说明未能提交该证明的正当理由的，该生物材料样品视为未提交保藏。

保藏单位未能在4个月内做出生物材料样品存活证明，并出具证明文件的，应当认为是申请人的正当理由。

提交生物材料样品保藏过程中发生样品死亡的，除申请人能够提供证据证明造成生物材料样品死亡并非申请人责任外，该生物材料样品视为未保藏。申请人提供证明的，可以在4个月内重新提供与原样品相同的新样品重新保藏，并以原提交保藏日为保藏日。

涉及生物材料的专利申请，申请人应当在请求书和说明书中分别写明生物材料的分类命名，保藏该生物材料样品的单位名称、地址、保藏日期和保藏编号，并且相一致。申请时未写明或不一致的，应当自申请日起4个月内补正；期满未补正的，视为未提交保藏。

审查员发出视为未提交保藏通知后，申请人有正当理由的，可以根据《专利法实施细则》第6条第2款的规定启动恢复程序；除其他方面正当理由外，属于生物材料样品未提交保藏或未存活方面的正当理由如下：

a. 保藏单位未能在自申请日起4个月内做出保藏证明或存活证明，并出具了证明文件；

b. 提交生物材料样品过程中发生生物材料样品死亡，申请人出具证明，证明生物材料样品死亡并非申请人的责任。

4.2.2.7　申请文件出版条件的格式审查

发明专利申请公布时的说明书、权利要求书和说明书摘要的文字应当整齐清晰，不得涂改，行间不得加字。说明书附图、说明书摘要附图的线条（包括轮廓线、点划线、剖面线、中心线、标引线等）应当清晰可辨。文字和线条应当是黑色，并且足够深，背景干净。文字和附图的版心，四周不应有框线。各种文件的页码应当分别连续。

申请文件不符合上述规定的，通知申请人在规定期限内补正；期满不补正的，应当做出视为撤回专利申请的通知。

发明专利申请授权时的申请文件，除允许审查员对文字部分做出修改外，应当符合公布时的要求。

4.2.3　其他文件和相关手续的审查

4.2.3.1　委托专利代理机构和指定代表人

（1）委托专利代理机构

① 委托

根据《专利法》第 19 条第 1 款的规定，在中国没有经常居所或者营业所的外国人、外国企业或者外国其他组织在中国申请专利和办理其他专利事务或者作为第一署名申请人与中国内地的申请人共同申请专利和办理其他专利事务，应当委托专利代理机构办理。审查中发现上述申请人申请专利和办理其他专利事务未委托专利代理机构的，应当做出审查意见通知书，并通知申请人。申请人在指定期限之内未答复的，其申请视为撤回；申请人陈述意见或者补正后，仍然不符合《专利法》第 19 条第 1 款规定的，应当驳回该专利申请。

国内的单位或者个人都可以委托专利代理机构在国内申请专利和办理其他专利事务。

委托的双方当事人是申请人和专利代理机构。申请人有两个以上的，委托的双方当事人是全体申请人和共同的专利代理机构（仅限一家）。专利代理机构接受委托后，应当指定该专利代理机构的专利代理人办理有关事务，被指定的专利代理人不得超过两名。

国内的单位或个人的委托不符合规定的，应当通知专利代理机构在指定期限内补正；期满未答复或者补正仍不合格的，视为未委托专利代理，并通知双方当事人。

在中国内地没有经常居所或者营业所的香港、澳门或者台湾地区的申请人向专利局提出专利申请和办理其他专利事务，或者作为第一署名申请人与中国内地的申请人共同申请专利和办理其他专利事务的，应当委托专利代理机构办理。未委托专利代理机构的，审查员应当发出审查意见通知书，通知申请人在指定期限内答复。申请人在指定期限内未答复的，审查员应当发出视为撤回通知书；申请人陈述意见或者补正后仍不符合规定的，该专利申请应当被驳回。

② 委托书

申请人委托专利代理机构向专利局申请专利和办理其他专利事务的，应当同时提交委托书，写明委托权限。

委托书应当采用专利局统一制定的表格，写明委托权限、发明创造名称、专利代理机构名称、专利代理人姓名，并应当与请求书中指明的内容相一致。在专利申请确定申请号后再委托专利代理机构的，还应当注明专利申请号。

委托书应当由申请人签字或者盖章，申请人有两个以上的，应当由全体申请人签字或者盖章，并由专利代理机构加盖公章。

申请人委托专利代理机构的，可以向专利局交存总委托书；专利局收到合法的总委托书后，应当给出总委托书编号，并通知该专利代理机构。已交存总委托书的，在提出专利申请时可以不再提交专利代理委托书原件，而提供总委托书复印件，并注明该专利代理机构名称、专利代理人姓名、发明创造名称和专利局给出的总委托书编号，并加盖专利代理机构公章。

委托书不符合规定的，应当通知专利代理机构在指定期限内补正；第一署名申请人是中国内地单位或者个人的，期满未答复或者补正后仍不符合规定的，审查员应当向双方当事人发出视为未委托专利代理机构通知书。第一署名申请人为外国人、外国企业或者外国其他组织的，期满未答复的，审查员应当发出视为撤回通知书；补正后仍不符合规定的，该专利申请应当被驳回。第一署名申请人是香港、澳门或者台湾地区的个人、企业或者其他组织的，期满未答复的，审查员应当发出视为撤回通知书；补正后仍不符合规定的，该专利申请应当被驳回。

③ 解除和辞去委托

申请人委托专利代理机构后，可以解除委托；专利代理机构接受申请人委托后，可以辞去被委托。解除委托时，申请人（或专利权人）应当提交著录项目变更申报书，并附具全体申请人（或专利权人）签字或者盖章的解聘书，或者仅提交由全体申请人（或专利权人）签字或者盖章的著录项目变更申报书。辞去委托时，专利代理机构应当提交著录项目变更申报书，并附具申请人（或专利权人）或者其代表人签字或者盖章的同意辞去委托声明，或者附具由专利代理机构盖章的表明已通知申请人（或专利权人）的声明。变更手续生效之前，该专利代理机构为申请人办理的事务继续有效。变更手续合法的，专利局应当做出手续合格通知书，通知双方当事人。

（2）指定代表人

① 指定

申请人有两人以上且未委托专利代理机构的，应当指定一人为代表人，被指定的代表人必须是申请人之一。除申请人在请求书中另有声明把非第一申请人作为代表人之外，专利局视请求书中的第一申请人（即第一署名人）为代表人。

② 权利

除直接涉及共有权利的手续外，共同代表人有权办理在专利局的各种事务。直接涉及共有权利的手续是指：提出专利申请、委托专利代理、要求提前公开、转让专利申请权、优先权或专利权，撤回专利申请、撤回优先权要求、放弃专利权或者提出复审请求等手续。直接涉及共有权利的手续应当由全体权利人签字或者盖章。

4.2.3.2　要求优先权

要求优先权，是指申请人依据《专利法》第 29 条规定向专利局要求以其在先提出的专利申请为基础享有优先权。申请人要求优先权应当符合《专利法》第 29 条、第 30 条，《专利法实施细则》第 31 条、第 32 条，以及《巴黎公约》的有关规定。

要求外国优先权

① 在先申请和要求优先权的后一申请

申请人向专利局提出一件专利申请并要求外国优先权的，作为要求优先权基础的在先申请应该是在《巴黎公约》成员国内提出的，或者是对该成员国有效的地区申请或者国际申请；对于来自非《巴黎公约》成员国的要求优先权的申请，该国应该是承认我国优先权的国家；另外要求优先权的申请人应该是有权享受《巴黎公约》给予的权利，即申请人应该是《巴黎公约》成员国的国民或者居民，或者申请人应该是承认我国优先权的国家的国民或居民。

要求外国优先权的后一申请应该是在先申请的申请日起 12 个月内提出的；不符合规定的，视为未要求优先权。在先申请有两项以上的，其期限从最早的在先申请的申请日起算，对于超过 12 个月的，将视为未要求那项超出优先权期限的在先申请的优先权。

初步审查中，对于在先申请是否是《巴黎公约》定义的第一次申请以及在先申请和后一申请的主题的实质内容是否相同均不予审查，除非第一次申请明显不符合《巴黎公约》的有关规定或者在先申请与后一申请的主题明显不同。

在先申请可以是《巴黎公约》第 4 条第 A 款定义的要求发明人证书的申请。

② 要求优先权声明

申请人要求优先权的，必须在提出专利申请的同时在请求书中提出书面声明；未在请求书中提出书面声明的，视为未要求优先权。

申请人在要求优先权声明中应当写明作为优先权基础的在先申请的申请日、申请号和受理该在先申请的国家名称或者政府间组织名称；未写明或者错写在先申请日、申请号和原受理机构名称中的一项或者两项内容，而申请人已在规定的期限内提交了在先申请文件副本的，审查员应当发出办理手续补正通知书，期满未答复或者补正后仍不符合规定的，审查员应当发出视为未要求优先权通知书。

要求多项优先权而在声明中未写明或者错写某个在先申请的申请日、申请号和原受理机构名称中的一项或者两项内容，而申请人已在规定的期限内提交了该在先申请文件副本的，审查员应当发出办理手续补正通知书，期满未答复或者补正后仍不符合规定的，视为未要求该项优先权，审查员应当发出视为未要求优先权通知书。

③ 在先申请文件副本

在先申请文件的副本应当由受理作为优先权基础的在先申请的国家或者政府间组织的主管部门出具。在先申请文件副本的格式应当符合国际惯例，至少应当指明受理的国家或政府间组织、申请人、申请日、申请号；不符合规定的，应当做出办理手续补正通知；期满未答复或补正不合格的，视为未提交在先申请文件副本，并以此为理由，发出视为未要求优先权的通知。要求多项优先权的，应当提供全部在先申请文件副本；不符合规定的，视为未提交在先申请文件副本，并以此为理由，发出视为未要求所缺在先申请文件副本的该项优先权的通知。

在先申请文件的副本应当在提出后一申请之日起 3 个月内提交；期满未提交的视为未要求优先权。

申请人在要求优先权声明中应当写明作为优先权基础的在先申请的申请日、申请号和原受理机构名称；未写明或者错写在先申请日、申请号和原受理机构名称中的一项或者两项内容，而申请人已在规定的期限内提交了在先申请文件副本的，审查员应当发出办理手续补正通知书，期满未答复或者补正后仍不符合规定的，审查员应当发出视为未要求优先权通知书。要求多项优先权而在声明中未写明或者错写某个在先申请的申请日、申请号和原受理机构名称中的一项或者两项内容，而申请人已在规定的期限内提交了该在先申请文件副本的，审查员应当发出办理手续补正通知书，期满未答复或者补正后仍不符合规定的，视为未要求该项优先权，审查员应当发出视为未要求优先权通知书。

已向专利局提交过的在先申请文件的副本，需要再次提交的，可以依照国家知识产权局与在先申请的受理机构签订的协议，专利局通过电子交换等途径从该受理机构获得在先申请文件副本的，视为申请人提交了经该受理机构证明的在先申请文件副本。

已向专利局提交过的在先申请文件副本，需要再次提交的，可以仅提交该副本的中文题录译文，但应当注明在先申请文件副本的原件所在案卷的申请号。

④ 后一申请的申请人

要求优先权的后一申请的申请人与在先申请文件副本中记载的申请人应当一致，或者是在先申请的申请人之一。

申请人完全不一致、且在先申请的申请人将优先权转让给后一申请的申请人的，必须在后一申请提出的同时或最迟至 3 个月内提交在后一申请日前由在先申请的全体申请人签章的优先权转让证明文件。在先申请具有多个申请人，且后一申请具有多个不同的申请人的，可出具在后一申请日前由在先申请的所有申请人签章的共同转让给后一申请的所有申请人的优先权转让证明文件；或者出具在后一申请日前由在先申请的多个申请人分别签章部分转让给后一申请的申请人的优先权转让证明文件。

申请人期满未能提供优先权转让证明文件或者提供的证明文件不符合规定的，将被视为未要求优先权。

⑤ 优先权要求的撤回

申请人要求优先权之后，可以撤回优先权要求。申请人要求多项优先权之后，可以撤回全部优先权要求，也可以撤回其中某一项或者某几项优先权要求。申请人要求撤回优先权要求的，应当由全体申请人书面提出。

优先权要求撤回后，导致该专利申请的最早优先权日变更时，自该优先权日起算的各种期限尚未届满的，该期限应当自变更后的最早优先权日或者申请日起算，撤回优先权的请求是在原最早优先权日起 15 个月之后到达专利局的，则后一专利申请的公布期限仍按原最早优先权日起算。

撤回优先权后，要求优先权的相关要求和处分不再成立。

⑥ 优先权要求费

要求优先权的，应当在缴纳申请费的同时缴纳优先权要求费；期满未缴纳或者未缴足的，视为未要求优先权。

撤回优先权要求的，已缴纳的优先权要求费不予退回。

（2）要求本国优先权

要求本国优先权，是指申请人在中国第一次提出发明或者实用新型专利申请之日起 12 个月内，就相同主题又向专利局提出后一申请并要求享有优先权。要求本国优先权的申请人可以是中国人，也可以是外国人。

① 在先申请和要求优先权的后一申请

在先申请和要求优先权的后一申请应当符合下列规定：

a. 在先申请应当是发明或者实用新型专利申请，不应当是外观设计专利申请，也不应当是分案申请；

b. 在先申请的主题没有要求过外国优先权或者本国优先权或虽要求过但未享有；

c. 该在先申请的主题，尚未授予专利权，即尚未发出授予专利权的通知书；

d. 要求优先权的后一申请是在其在先申请的申请日起 12 个月内提出的。

审查上述第 c 项时，以要求优先权的后一申请的申请日为时间判断基准。也就是说，在该申请日，专利局尚未对该在先申请的主题发出授予专利权的通知书。审查上述第 d 项时，遇有要求多项优先权的，以最早的在先申请的申请日为时间判断基准，即要求优先权的后一申请的申请日是在最早的在先申请的申请日起 12 个月内提出的。

在先申请不符合上述各项规定情形之一的，将被视为未要求优先权或视为未要求不符合规定的那项在先申请的优先权。

审查优先权时，如果发现专利局已经对在先申请发出授予专利权通知书和办理登记手续通知书，并且申请人已经办理了登记手续的，审查员应当针对在后申请发出视为未要求优先权通知书。

初步审查中，只审查后一申请与在先申请的主题是否明显不同，不审查后一申请与在先申请的实质内容是否一致。当其申请的主题明显不同时，将被视为未要求优先权。

② 要求优先权声明

申请人要求优先权的，应当在提出专利申请的同时在请求书中声明；未在请求书中提出声明的，视为未要求优先权。

申请人在要求优先权声明中应当写明作为优先权基础的在先申请的申请日、申请号和原受理机构名称（即中国）。未写明或者错写上述各项中的一项或者两项内容的，审查员会发出补正通知书，期满未答复或者补正后仍不符合规定的，审查员会发出视为未要求优先权通知书。

要求多项优先权而在声明中未写明或者错写某个在先申请的申请日、申请号和原受理机构名称中的一项或者两项内容的，审查员会发出补正通知书，期满未答复或者补正后仍不符合规定的，视为未要求该项优先权，审查员会发出视为未要求优先权通知书。

③ 在先申请文件副本

在先申请文件的副本，由专利局根据规定制作。申请人只要在请求书中写明了在先申请的申请日和申请号的，视为提交了在先申请文件副本。

④ 后一申请的申请人

要求优先权的在后申请的申请人与在先申请中记载的申请人应当一致；不一致的，在后申请的申请人应当在提出在后申请之日起 3 个月内提交由在先申请的全体申请人签字或者盖章的优先权转让证明文件。在后申请的申请人期满未提交优先权转让证明文件，或者提交的优先权转让证明文件不符合规定的，视为未要求优先权通知书。

⑤ 优先权要求的撤回

申请人可要求撤回优先权要求，但已按《专利法实施细则》第 32 条第 3 款规定而被视为撤回的在先申请不得因优先权要求的撤回而请求恢复。

⑥ 视为撤回在先申请的程序

申请人要求本国优先权的，其在先申请自后一申请提出之日起即视为撤回。

申请人提出的本国优先权要求，经初步审查认为符合要求的，应当对在先申请做出视为撤回的通知，并通知申请人。申请人要求两项以上本国优先权，经初步审查认为符合要求的，应当对相应的在先申请做出视为撤回的通知，并通知申请人。

被视为撤回的在先申请不得请求恢复。

4.2.3.3 不丧失新颖性的公开

（1）适用范围

根据《专利法》第 24 条的规定，申请专利的发明创造在申请日（享有优先权的指优先权日）之前 6 个月内有下列情况之一的，不丧失新颖性：

① 在中国政府主办或者承认的国际展览会上首次展出的；

② 在规定的学术会议或者技术会议上首次发表的；

③ 他人未经申请人同意而泄露其内容的。

属于上述第①种、第②种情况的，应当在提出专利申请时在请求书中声明；属于上述第③种情况的，若申请人在申请日前已获知，也应当在提出专利申请时在请求书中声明。

不符合上述要求的，将被视为未要求不丧失新颖性宽限期并通知申请人。

（2）证明材料

在申请专利时提出不丧失新颖性要求的，申请人应在自申请日起 2 个月内提交证明材料。对于上述第③种情况，若申请人在申请日以后得知的，申请人应当在得知情况后2个月内提出不丧失新颖性宽限期的声明并提交证明文件；逾期提交证明材料的，将被视为未要求不丧失新颖性宽限期并通知申请人。

国际展览会的证明材料，应当由展览会主办单位出具并签章。学术会议和技术会议的证明材料，应当由国务院有关主管部门的业务司、局出具并签章。

证明材料中应当注明展览会展出或者会议召开的日期、地点、展览会或会议的名称、该发明创造内容展出或发表的日期、形式以及内容副本。

申请人提交的关于他人泄露的证明材料，应当注明泄露日期、泄露方式、泄露的内容，并由证明人签章。

4.2.4 明显实质性缺陷的审查

对于发明专利的明显实质性缺陷的审查，具体包括以下几个方面：

4.2.4.1 依据《专利法》第5条规定的审查

根据《专利法》第5条的规定，对违反法律、社会公德或者妨害公共利益的发明创造，以及违反法律、行政法规的规定获取或者利用遗传资源，并依赖该遗传资源完成的发明创造，不授予专利权。

如果专利申请的全部内容或者部分内容属于上述三个方面之一的，以及对依赖遗传资源完成的发明创造，应当审查遗传资源的获取或者利用是否明显违反法律行政法规的规定。例如申请人提交下列或类似申请："一种吸毒工具"、"一种赌博工具及其使用方法"、"一种可自动将小偷逮捕的保险箱"，专利局会发出审查意见通知书、说明理由，并通知申请人在指定期限内陈述意见（全部内容涉及的）或者删除相应部分（部分内容涉及的）。申请人陈述的理由不足以说明该申请不属于《专利法》第5条规定的范围或者无充分理由而又拒绝删除相应部分的，则申请将被驳回。申请人按审查员意见删除相应部分，为使上下文内容达到文字上的连贯性而增加必要的文字应当允许。

上述所谓违反《专利法》第5条的发明创造，不包括仅其实施为国家法律所禁止的发明创造。

4.2.4.2 依据《专利法》第25条规定的审查

根据《专利法》第25条的规定，下列各项不授予专利权：

（1）科学发现；

（2）智力活动的规则和方法；

（3）疾病的诊断和治疗方法；

（4）动物和植物品种；

（5）用原子核变换方法获得的物质；

（6）对平面印刷品的图案、色彩或者二者的结合做出的主要起标识作用的设计。

对上述第（4）项所列产品的生产方法，可以授予专利权。

对申请专利的发明是否明显属于《专利法》第25条规定的不授予专利权的客体进行审查。如果专利申请的全部内容属于《专利法》第25条所列情形之一的，例如申请人提交下列或类似申请的："一颗新发现的小行星"、"一种有人类基因的新的种牛"、"一种人体疾病的诊断方法"，专利局会发出审查意见通知书，说明理由，并通知申请人在指定期限内陈述意见。申请人陈述的理由不足以说明该申请不属于上述情形之一的，则申请将被驳回。如审查员认为专利申请的部分内容属于上述情形之一的，而又难以从该申请中分割出来时，在初步审查中可不作处理，留待实质审查程序中处理。

4.2.4.3 依据《专利法》第31条第1款规定的审查

根据《专利法》第31条第1款的规定，一件发明专利申请应当限于一项发明，属于一个总的发明构思的两项以上的发明，可以作为一件申请提出。

初步审查时，不需要对专利申请是否符合《专利法》第31条第1款的规定进行审查，除非一件专利申请包含了两项以上完全不相关联的发明，致使不能按一个主题给出分类号的，才需做出审查意见通知书，通知申请人修改其专利申请，使其符合单一性规定；申请人无正当理由而又拒绝对其申请进行修改的，可以做出驳回决定。

4.2.4.4 依据《专利法》第33条规定的审查

根据《专利法》第33条的规定，申请人可以对其发明专利申请文件进行修改，但是，对专利申请文件的修改不得超出原说明书和权利要求书记载的范围。在初步审查程序中，对申请人依据《专利法实施细则》第51条的规定在实质审查请求的同时主动提出的修改一般不予审查，仅需要对补正书进行形式审查，还核查主动修改的时机是否符合细则第51条的规定。只有当审查员在初步审查程序中做出了审查意见通知书，并要求申请人修改申请文件，此时才需对申请人就此做出的修改是否明显超出原说明书和权利要求书记载范围进行判定。明显修改超出范围的，例如申请人修改了数据或扩大了数值范围，或是增加了原说明书中没有相应文字记载的技术方案的权利要求，或是增加一页或数页原说明书或权利要求中没有记载的发明的实质内容，审查员会发出审查意见通知书通知申请人。申请人没有足够的理由说明修改未超范围、并对此不符合《专利法》第33条规定的修改文本坚持不做修改的，或者修改后仍不符合此规定的，可以做出驳回决定。

在初审合格通知书发出之后，对申请人提出的主动修改不再进行审查，而是在进入实质审查程序后由实质审查部门的审查员处理。

4.2.4.5　依据《专利法》第2条第2款规定的审查

根据《专利法》第2条第2款的规定，发明是指对产品、方法或者其改进所提出的新的技术方案。

初步审查时，只对专利申请文件中描述的“发明”是否构成一个技术方案进行判断。申请文件仅描述了某些技术指标、优点和效果，而对解决技术问题的技术方案未作任何描述，甚至未描述任何技术内容的，专利局将发出审查意见通知书通知申请人。申请人未在指定期限内答复的，该申请视为撤回；申请人答复后，审查员仍认为是属于审查意见通知书所指出的情况的，应当以该专利申请不符合《专利法》第2条第2款的规定驳回该申请，并说明驳回的理由。初审程序中对申请文件是描述了“发明”的完整的技术方案还是仅描述了部分技术特征、能否实施等不做具体审查和判断，留待实质审查程序中处理。

4.2.4.6　依据《专利法实施细则》第17条规定的审查

在说明书中，不得使用与技术无关的词句，也不得使用商业性宣传用语以及贬低或诽谤他人或他人产品的词句，但客观地指出背景技术所存在的技术问题不认为是贬低行为。说明书中应当记载发明的技术内容。说明书明显不符合上述规定的，专利局将发出审查意见通知书，说明理由，并通知申请人在指定期限内陈述意见；申请人陈述的理由或补正不足以消除缺陷的，可以依据本条规定驳回该申请。

在初步审查时，只要说明书中描述了发明的部分技术特征，并且形式上符合有关规定即可，对其他实质性问题均留待后面的实质审查程序处理。

4.2.4.7　依据《专利法实施细则》第19条规定的审查

权利要求书应当写明发明的技术特征。权利要求书中不得使用与技术无关的词句，例如“请求保护该专利的生产、销售权”等，不能使用商业性宣传用语，也不能使用贬低他人或他人产品的词句。初步审查中，权利要求书明显不符合上述规定的，审查员会发出审查意见通知书，说明理由，并通知申请人在指定期限内陈述意见；如申请人陈述的理由不足以消除缺陷的，可依法驳回该申请。

4.2.4.8 依职权修改

根据《专利法实施细则》第51条第4款的规定，对于发明专利申请文件中文字和符号的明显错误，审查员可以在初步审查合格之前依职权进行修改，并通知申请人。依职权修改的常见情形如下：

（1）请求书：修改申请人地址或联系人地址中漏写、错写或者重复填写的省（自治区、直辖市）、市、邮政编码等信息。

（2）权利要求书和说明书：改正明显的文字错误和标点符号错误，修改明显的文本编辑错误，删除明显多余的信息。但是，可能导致原始申请文件记载范围发生变化的修改，不属于依职权修改的范围。

（3）摘要：添加明显遗漏的内容，改正明显的文字错误和标点符号错误，删除明显多余的信息，指定摘要附图。

4.3 实用新型专利申请的初步审查

4.3.1 概述

《专利法》第3条和第40条的规定，专利局受理和审查实用新型专利申请，经初步审查没有发现驳回理由的，做出授予实用新型专利权的决定，发给相应专利证书，同时予以登记和公告。因此，实用新型专利申请的初步审查是受实用新型专利申请之后，授予专利权之前的一个重要程序。由于《专利法》规定了实用新型专利申请在初审合格以后，不再进行实质性审查即予以公告授权，为了保证专利的质量，在对自1985~2009年以来实用新型审查实践经验总结和改革演变的基础上，我国目前对实用新型采取了比国际上通常的形式审查内容更为广泛的强化的初步审查制度。强化的初步审查的主要特点是以说明书技术方案为核心进行技术方案是否清楚完整的审查；补正是否超出原申请文件记载范围的审查；权利要求书是否具有保护功能和必要撰写格式的审查；单一性的审查以及格式方面的审查等。它既不是实质审查也不同于纯粹的登记制，它是一种具有中国特色的审查制度，并且由于在2009年开始实施的经过第三次修改的《专利法》及其实施细则第57条中明确规定遇专利侵权纠纷涉及实用新型专利的，人民法院或者管理专利工作的部门可以要求专利权人出具由国务院专利行政部门做出的检索报告，因此强化的初步审查制加授权后的提供检索报告体制的设立，又较好解决了实用新型专利权法律地位不稳定的问题。2009 年 10 月 1 日通过的新修改的《专利法》和 2010 年 2 月 1 日通过的新修改的《专利法实施细则》，基本延续了以上的审查制度，并且在细则第 56 条和第 57 条具体规定授予实用新型或者外观设计专利权的决定公告后，《专利法》第 60 条规定的专利权人或者利害关系人可以请求国务院专利行政部门作出专利权评价报告。请求作出专利权评价报告的，应当提交专利权评价报告请求书，写明专利号。每项请求应当限于一项专利权。专利权评价报告请求书不符合规定的，国务院专利行政部门应当通知请求人在指定期限内补正；请求人期满未补正的，视为未提出请出。国务院专利行政部门应当自收到专利权评价报告请求书后 2 个月内作出专利权评价报告。对同一项实用新型或者外观设计专利权，有多个请求人请求作出专利权评价报告的，国务院专利行政部门仅作出一份专利权评价报告。任何单位或者个人可以查阅或者复制该专利权评价报告。实用新型初步审查的内容具体体现在修改后的《专利法实施细则》第 44 条中。

4.3.2 初步审查程序

4.3.2.1 审查准备

在启动实用新型审查程序前，首先核对文件和费用这两方面是否符合要求。

（1）文件

第一次进入审查程序的实用新型专利申请应当满足《专利法》第 26 条及《专利法实施细则》第 38 条规定的受理条件，即案卷中必须包括实用新型专利请求书、说明书（包括说明书附图）和权利要求书，如果缺少其中一项文件或者其中某项文件不属于该实用新型的，即该项文件中实用新型名称与其他文件不一致，则不应启动审查程序。

（2）费用

审查员应当根据《专利法实施细则》第 93 条、第 95 条及相应费用数额规定，核对案卷中收费凭证或记录，凡缺少或数额不足的，不启动该项审查程序。

4.3.2.2 审查要求

根据《专利法实施细则》第 44 条的规定，审查员在实用新型专利申请初步审查程序中，除了应当审查《专利法》第 26 条规定的文件和其他必要的文件是否符合规定的格式以外，还应当审查《专利法实施细则》第 44 条第 1 款第 2 项所列项目。

（1）审查原则

在初步审查程序中，应遵守以下原则。

① 顺序审查

除特殊情况外，应当根据实用新型专利申请的申请日先后或者专利申请案卷送交审查员时间先后顺序进行审查，勿使一些缺陷较多或者较难审查的案卷长时间压在审查员手中，保证实用新型专利审查程序顺利运转。上述特殊情况是指，申请人书面向专利局要求提前或者推迟审查请求并经专利局局长批准的实用新型专利申请。在这种情况下，应当将该书面文件存入案卷备查。

② 书面审查原则

在审查程序中，均应以书面文件为依据，并将书面文件归入案卷。除《专利法实施细则》第 51 条第 4 款规定的可依职权对不涉及权利的文字和符号的明显错误进行修改外，其他内容的修改，应当通知专利申请人以替换页进行，原文件应当存入案卷，不应当退回申请人。需外地申请人会晤或进行演示的申请案，应当报告本审查处处长，经处长同意后方可通知申请人；需要申请人提供样品的，应当经处长批准。

③ 保密原则

在实用新型专利的整个审查过程，专利局工作人员根据有关保密规定，对于尚未公布、公告的专利申请文件和与专利申请有关的其他内容，以及其他不适宜公开的信息负有保密责任。

④ 听证原则

在实用新型专利申请审查程序中，申请人有权以意见陈述书说明自己的见解、要求和主张。当准备驳回专利申请时，必须预先将事实、理由及支持该理由的证据通知申请人，并由申请人陈述对该理由的意见，方可发出驳回决定，驳回决定中的理由不得包含未曾通知过申请人的新的理由和/或新的证据。

⑤ 节约程序原则

依照实用新型专利申请审查程序工作，并应当以最短程序结案。对于存在可以通过补正克服的缺陷的申请，审查员应当进行全面审查，并尽可能在一次补正通知书中指出全部缺陷。对于存在不可能通过补正克服的实质性缺陷的申请，审查员可以不对申请文件和其他文件的形式缺陷进行审查，在审查意见通知书中可以仅指出实质性缺陷。对于申请文件中的缺陷均可以通过依职权修改克服的申请，审查员可以不发出补正通知书。

除遵循以上原则外，审查员在作出视为未提出、视为撤回、驳回等处分决定的同时，应当告知申请人可以启动的后续程序。

（2）初步审查程序的要求

① 概述

根据《专利法实施细则》第 44 条第 1 款的规定，实用新型专利申请的初步审查包括四部分：a. 格式审查；b. 明显实质性缺陷审查；c. 其他文件的形式审查；d. 有关费用的审查。

② 授权

经过初步审查，实用新型专利申请符合格式审查和明显实质性缺陷审查要求，审查员应当做出授予实用新型专利权通知书。能够授权的实用新型专利申请包括不需要补正就符合初步审查要求的申请，以及经过补正符合初步审查要求的申请。授予专利权通知书除收件人信息、著录项目外，还应指明授权所依据的文本和实用新型名称。审查员依职权修改的，还应当写明依职权修改的内容。

③ 补正和再次补正

实用新型专利申请如果不存在会导致驳回的实质性缺陷，但是存在其他不符合《专利法》及《专利法实施细则》规定且在审查过程中可被改正的缺陷的，应当通知专利申请人补正。

补正可分为申请人主动补正和应审查员要求补正。

根据《专利法实施细则》第 51 条第 2 款的规定，实用新型专利申请人在自申请日起 2 个月内可以对其申请主动提出修改。通常自申请日起 2 个月以后，实用新型专利申请已进入审查阶段，申请人应当按照补正通知书要求进行修改，直至授权。在审查阶段收到申请人在申请日起 2 个月后提出的主动补正文件，可酌情考虑是否接受；例如有利于加快该件专利申请审查结案的修改文本可以接受。对于不接受的主动修改文本，则通知申请人该主动补正因超过《专利法实施细则》第 51 条第 2 款规定的期限而不予接受。无论是否接受，申请人主动补正的文件均应存入案卷，不退还申请人。

初步审查中，对于申请文件存在可以通过补正克服的缺陷的专利申请，审查员应当进行全面审查，并发出补正通知书。

补正通知书除收件人信息、著录项目外，还应包括如下内容：

（1）指出补正通知书所针对的是申请人何时提交的何种文件；

（2）明确具体地指出申请文件中存在的缺陷，并指出其不符合《专利法》

及其实施细则的有关条款；

（3）明确具体地说明审查员的倾向性意见和可能的建议，使申请人能够理解审查员的意图；

（4）指定申请人答复补正通知书的期限；

（5）提示申请人补正时的文件种类和数量要求。

当申请人应审查员的补正要求修改文件时，如果未能全部改正申请文件中的缺陷，审查员可以再次要求申请人补正，但是一般以不超过三次为宜，以避免使审查时间拖得过长。在第二次要求申请人补正时，审查员即可指出，如果再次补正仍不能使专利申请符合规定，将依据《专利法实施细则》第44条第2款驳回其申请。

申请人按照审查员要求补正时，应当在审查员指定期限内进行，超过期限未答复的，申请将被视为撤回。

申请人在补正时，以补正书和相关补正文件进行，相关补正文件中除涉及说明书及其附图、权利要求书、摘要等替换页需要一式两份外，其他文件均补正一份。申请人随补正文件提交的信函可视为补正书。

根据《专利法》第33条的规定，申请人在补正时，其内容不得超出申请日提交的说明书和权利要求书记载的范围。

④ 审查意见通知与驳回

实用新型专利申请在初步审查中，如果审查员认为专利申请不具备《专利法》第26条规定的文件和其他必要的文件，或者属于《专利法实施细则》第44条第1款第2项的，应当将审查意见通知申请人，申请人陈述意见或补正后仍未克服通知书中所指出的缺陷，应当驳回该申请。

驳回理由可以是下列情况中的一项或者两项：

a. 申请文件和其他必要文件的格式缺陷经多次补正仍然不符合要求，或者申请人无正当理由拒绝补正。

b. 申请文件存在明显实质性缺陷。

审查意见通知是做出驳回决定前必经步骤，对于准备驳回的申请，应当发出审查意见通知书，将准备驳回的理由预先通知申请人，并且要求申请人陈述意见。审查员准备驳回的理由属于前述第a项的，申请人可以在陈述意见的同时，附经过修改的文件替换页，如果文件符合要求，可以授权；经多次补正仍然不符合要求的，申请将被驳回。准备驳回理由属于前述第b项的，如果申请人陈述意见成立，在专利申请格式符合要求前提下可予以授权；如果申请人陈述意见不成立，或者未针对准备驳回的理由陈述意见，或者仅表示不同意驳回而未充分说明理由，申请将被驳回。申请人超过审查员指定期限未陈述意见或补正的，申请将被视为撤回。

申请文件存在可以通过补正方式克服的缺陷，审查员针对该缺陷已发出过两次补正通知书，并且在指定的期限内经申请人陈述意见或者补正后仍然没有消除的，审查员可以作出驳回决定。

⑤ 主动撤回

申请人可以在审查程序中随时要求撤回其实用新型专利申请。如果是多个申请人共同申请的，主动撤回应当由全体申请人共同提出，并在撤回专利申请声明上签章。主动撤回专利申请是申请人的权利，提出时可以不说明撤回理由。根据在法律程序中不得反悔原则，撤回专利申请声明一经生效，申请人不得要求撤回该声明。

对撤回专利申请声明不符合要求的，视为未提出；符合要求的，该声明即生效。主动撤回声明生效后，该申请即告结案，此后申请人就该申请提交的任何文件均不受理。

撤回专利申请不得附有任何条件。

⑥ 延期请求、视为撤回与恢复

在实用新型专利申请审查程序中，若申请人在指定期限内因正当理由做出答复有困难时，可以提出延期答复的请求。若申请人在指定期限内既未做出答复，又未提出延长期限请求，则该申请被视为撤回。对于申请人因正当理由或者不可抗拒事由耽误期限而导致被视为撤回的专利申请，可以在收到专利局通知之日起 2 个月内，或者自障碍消除之日起 2 个月内，但最迟自期限届满日起 2 年内，向专利局提出恢复权利的请求。当实用新型专利申请在被视为撤回后又恢复权利的，应当从该申请被视为撤回时所处程序位置继续审查。

4.3.3　申请文件的审查

4.3.3.1　实用新型专利申请的初步审查范围

（1）实用新型专利申请是否具备《专利法》第 26 条规定的专利申请文件，以及这些文件是否符合《专利法实施细则》第 2 条、第 3 条、第 16 条至第 23 条、第 40 条、第 42 条、第 43 条第 2 款和第 3 款、第 51 条、第 52 条、第 119 条、第 121 条的规定。

（2）申请文件的明显实质性缺陷审查，包括专利申请是否明显属于《专利法》第 5 条、第 25 条规定的情形，是否不符合《专利法》第 18 条、第 19 条第 1 款、第 20 条第 1 款的规定，是否明显不符合《专利法》第 2

条第 3 款、第 22 条第 2 款或第 4 款、第 26 条第 3 款或第 4 款、第 31 条第 1 款、第 33 条或《专利法实施细则》第 17 条至第 22 条、第 43 条第 1 款的规定，是否依照《专利法》第 9 条规定不能取得专利权。

（3）其他文件的形式审查，包括与专利申请有关的其他手续和文件是否符合《专利法》第 10 条第 2 款、第 24 条、第 29 条、第 30 条以及《专利法实施细则》第 2 条、第 3 条、第 6 条、第 15 条、第 30 条、第 31 条第 1 款至第 3 款、第 32 条、第 33 条、第 36 条、第 45 条、第 86 条、第 100 条、第 119 条的规定。

（4）有关费用的审查，包括专利申请是否按照《专利法实施细则》第 93 条、第 95 条、第 99 条的规定缴纳了相关费用。

4.3.3.2 申请文件的格式审查

与发明专利申请的文件格式审查要求相同。

4.3.3.3 其他文件的格式审查

与发明专利申请的其他文件格式审查要求相同。

4.3.3.4 说明书的审查

依据《专利法》第 26 条第 3 款以及《专利法实施细则》第 17 条第 1 款至第 3 款的规定对说明书的撰写进行审查，该审查包括下述内容：

（1）说明书应当对实用新型做出清楚、完整的说明，以所属技术领域的技术人员能够实现为准；所属技术领域的技术人员能够实现，是指所属技术领域的技术人员按照说明书记载的内容，不需要创造性劳动，就能够再现该实用新型的技术方案，解决其技术问题，并且产生预期的技术效果；

（2）说明书应当写明实用新型的名称，该名称应当与请求书中的名称一致，说明书还应当包括技术领域、背景技术、实用新型内容、附图说明和具体实施方式等五个部分，并且在每个部分前面写明标题；

（3）说明书中实用新型内容部分应当描述实用新型所要解决的技术问题、解决其技术问题所采用的技术方案、对照现有技术写明实用新型的有益效果，并且所要解决的技术问题、所采取的技术方案和有益效果应当符合逻辑，即技术方案的描述应能解决其技术问题而且从所采取的技术方案能自然得到实用新型的有益效果；

（4）说明书中具体实施方式部分至少应给出一个实现该实用新型的优选方式，并且应当对照附图进行说明；

（5）说明书应当用词规范、语句清楚，用技术术语准确地表达实用新型的技术方案，并不得使用“如权利要求……所述的……”一类的引用语，也不得使用商业性宣传用语；

（6）说明书中的文字部分可以有化学式、数学式、表格，但不应有任何插图，包括流程图、方框图、曲线图、相图等，它们只可以作为说明书的附图；

（7）说明书中记载的实用新型内容应当与权利要求所限定的相应技术方案的表述相一致；

（8）说明书中应当写明各幅附图的图名，并且对图示的内容作简要说明。附图不止一幅的，应当对所有附图作出图面说明。

4.3.3.5 说明书附图的审查

附图是说明书的一个组成部分。附图的作用在于用图形补充说明书文字部分的描述，使人能够直观地、形象地理解实用新型的每个技术特征和整体技术方案。因此，说明书附图应该清楚地反映实用新型的内容。所以说，“附图是说明书的工作语言”。

依据《专利法实施细则》第17条第5款和第18条的规定对说明书附图进行审查，该审查包括下述内容：

（1）附图不得使用工程蓝图、照片；

（2）附图应当使用包括计算机在内的制图工具按制图规范绘制，周围不得使用框线，图形线条和引出线应为黑色并且均匀清晰，不得使用铅笔、圆珠笔、彩色笔绘制，图上不得着色和涂改；

（3）附图应当用阿拉伯数字顺序编号排列，用“图1、图2……”表示；

（4）附图的清晰度和大小应当保证图缩小到2/3时仍能清楚地分辨出图的细节，以满足复印、扫描的要求为准；

（5）同一零部件的附图标记应当前后一致，并且与说明书相同，附图中不应缺少说明书中提到的附图标记；

（6）多页附图应当用阿拉伯数字连续编页码；

（7）附图中除必要的关键词外，不得有文字注释；关键词应当使用中文，必要时须用外文做出说明的，可将外文加括号注于中文的一侧；

（8）结构框图、逻辑框图，工艺流程图应当在其框内给出必要的文字和符号，框内的文字必须打字或用仿宋体、楷体书写工整、清晰；

（9）同一幅附图中应当采用相同比例绘制，为清楚显示其中某一组成部分时可增加一幅局部放大图。

4.3.3.6 权利要求书的审查

依据《专利法》第26条第4款以及《专利法实施细则》第19条至第22条的规定对权利要求书的撰写进行审查。该审查包括下述内容：

（1）权利要求书应当以说明书为依据，清楚和简要地限定要求专利保护的范围；

（2）独立权利要求应当从整体上反映实用新型的技术方案；除必须用其他方式表达的以外，独立权利要求应当包括前序部分和特征部分，前序部分应写明要求保护的实用新型技术方案的主题名称和实用新型主题与最接近的现有技术共有的必要技术特征，特征部分使用“其特征是……”或者类似的用语，写明实用新型区别于最接近的现有技术的技术特征；

（3）从属权利要求应当用附加技术特征，对引用的权利要求作进一步的限定，其撰写应当包括引用部分和限定部分，引用部分写明引用的权利要求的编号及与独立权利要求一致的主题名称，限定部分写明实用新型附加的技术特征；

（4）一项实用新型应当只有一个独立权利要求，并应写在同一项实用新型的从属权利要求之前；

（5）权利要求中不应当包括不属于实用新型专利保护客体的技术特征，如产品制造方法的技术特征或使用方法的技术特征；

（6）权利要求书中不应当写入不产生技术效果的特征；

（7）在权利要求中做出记载但未记载在说明书中的内容应补入说明书中；

（8）权利要求应当描述产品的形状、构造特征，但在用方法特征来限定产品的某个形状、构造使得该形状构造更加清楚的前提下，在权利要求中以方法特征来限定产品的形状、构造才是允许的；

（9）权利要求中应当尽量避免使用功能或者效果特征来限定实用新型，特征部分不得单纯描述实用新型功能，只有某一技术特征无法用结构特征来限定，或者技术特征用结构特征限定不如用功能或效果特征来限定更为清楚，而且该功能或者效果在说明书中有充分说明时，使用功能或者效果特征来限定实用新型才是允许的；

（10）权利要求中不得使用技术概念模糊或含义不确定的语句。

此外，权利要求还应当符合下列格式要求：

（1）每一项权利要求应当由一句话构成，因此仅允许在权利要求的结尾使用句号；一项权利要求可以用一个自然段表述，也可以在一个自然段中分行或者分小段表述，分行和分小段处只可用分号或逗号，必要时可在分行或小段前给出其排序的序号；

（2）权利要求书不应当加标题；

（3）权利要求书中有几项权利要求的，应当用阿拉伯数字顺序编号；

（4）权利要求中可以有化学式或者数学式，但不得有插图，除绝对必要外，不得使用“如说明书……部分所述”或者“如图……所示”的用语，只有绝对必要时才能有表格；

（5）权利要求中的技术特征可以标注说明书附图中相应的标记，以帮助理解权利要求所记载的技术方案，这些标记应当用括号括起来，并放在相应的技术特征后面；权利要求书中如使用附图标记，应与说明书附图标记一致；

（6）从属权利要求只能引用在前的权利要求，引用两项以上权利要求的多项从属权利要求只能以择一方式引用在前的权利要求，并不得作为另一项多项从属权利要求的基础。

4.3.3.7　说明书摘要的审查

根据《专利法实施细则》第23条的规定，对说明书摘要的审查包括下述内容：

（1）摘要应当写明实用新型的名称、技术方案的要点以及主要用途，尤其应写明反映该实用新型相对于现有技术在形状和结构上做出改进的技术特征，不应当写成广告或者单纯功能性的产品介绍；

（2）摘要不应当加标题，可连续书写；

（3）摘要可以有化学式或数学式；

（4）全文不得超过300个字；

（5）申请人应提交一幅从说明书附图中选出能反映技术方案的附图作为摘要附图。

4.3.3.8　补正文件超范围修改的审查

依据《专利法》第33条的规定对实用新型专利申请文件进行审查。

申请人在递交实用新型专利申请后2个月内可以对实用新型专利申请文件主动提出修改。申请人还可以在答复审查意见通知书或补正通知书时，按照通知书的要求对专利申请文件进行修改。

申请人对其实用新型专利申请文件的修改不得超出原说明书和权利要求书记载的范围。以下几种修改被认为修改超出了原说明书和权利要求书记载的范围：

（1）修改时，加入了所属技术领域的技术人员不能从原说明书和权利要求书中直接得到的内容或者直接等同物。

（2）从申请中删掉某个或者某些特征，有可能导致超出原说明书和权利要求书记载的范围。

（3）说明书中补入原权利要求书中记载而原说明书中没有描述过的技术特征，并作了扩大其内容的描述的。

（4）说明书中补入原说明书附图表示出而原说明书和权利要求书中没有记载过的技术特征，并加入了不能直接从原说明书附图中得到的技术内容描述的。

但是以下几种情况不认为是超出原始记载范围的修改：

（1）对明显错误的更正，不能被认为超出了原说明书和权利要求书记载的范围；所谓明显错误，是指不正确的内容可以从原说明书、权利要求书的上下文中清楚的判断出来，没有作其他解释或者修改的可能。

（2）对于附图中明显可见并有唯一解释的结构，允许补入说明书并写入权利要求书中。

4.3.4 对实用新型专利保护客体的审查

4.3.4.1 实用新型专利只保护产品

根据《专利法》第2条第3款的规定，实用新型专利只保护产品。该产品应当是经过工业方法制造的，有确定形状、构造且占据一定空间的实体。

一切有关方法（包括产品的用途）以及未经人工制造的自然存在的物品不属于实用新型专利的保护客体。

上述方法包括产品的制造方法、使用方法、通信方法、处理方法、计算机程序以及将产品用于特定用途等。

例如，一种齿轮的制造方法、工作间的除尘方法、数据处理方法、自然存在的雨花石等不能获得实用新型专利保护。

以下几种情况应特别注意：

（1）虽然申请的主题名称是一种产品，但除主题名称外，该独立权利要求的全部技术特征是一种方法或实质上是一种方法的，则不属于实用新型专利的保护客体。例如，一种木质牙签，其特征是在木质牙签加工成形后，浸泡于医用杀菌剂中5~20分钟，然后取出晾干。

（2）权利要求中可以使用已知方法的名称限定产品的形状、构造，但不得包含方法的步骤、工艺条件等。例如，以焊接、铆接等已知方法名称限定各部件连接关系的，不属于对方法本身提出的改进。

4.3.4.2 产品的形状

产品的形状是指产品所具有的、可以从外部观察到的确定的空间形状。

对产品形状所提出的技术方案可以是对产品的三维形态的空间外形所提出的技术方案，例如对凸轮形状、刀具形状做出的改进；也可以是对产品的二维形态所提出的技术方案，例如对型材的断面形状的改进。

无确定形状的产品，如气态、液态、粉末状、颗粒状的物质或材料，其形状不能作为实用新型产品的形状特征。

应当注意的是：

（1）不能以生物的或者自然形成的形状作为产品的形状特征。例如，不能以植物盆景中植物生长所形成的形状作为产品的形状特征。

（2）不能以摆放、堆积等方法获得的非确定的形状作为产品的形状特征。

（3）允许产品中的某个技术特征为无确定形状的物质，如气态、液态、粉末状、颗粒状物质，只要其在该产品中受该产品结构特征的限制即可。例如，对温度计的形状构造所提出的技术方案中允许写入无确定形状的酒精。

（4）产品的形状可以是在某种特定情况下所具有的确定的空间形状。例如，具有新颖形状的冰杯、降落伞等；又如，一种用于钢带运输和存放的钢带包装壳，由内钢圈、外钢圈、捆带、外护板以及防水复合纸等构成，其各部分按技术方案所提示的相互关系将钢带包装起来后形成确定的空间形状，这样的空间形状不具有任意性，则钢带包装壳可以获得实用新型专利的保护。

4.3.4.3 产品的构造

产品的构造是指产品的各个组成部分的安排、组织和相互关系。

产品的构造可以是机械构造，也可以是线路构造。机械构造是指构成产品的零部件的相对位置关系、联接关系和必要的机械配合关系等，线路构造是指构成产品的元器件之间的确定的连接关系。

复合层可以认为是产品的构造，产品的渗碳层、氧化层等属于复合层结构。

物质的分子结构、组分、金相结构不属于实用新型专利给予保护的产品的构造。因此，如果食品、饮料、调味品和药品的改进仅涉及其化学成分、组分、含量的变化，而不涉及产品的结构，则不属于实用新型专利的保护客体。如果实用新型要求保护的产品相对于现有技术来说只是材料的分子结构或组分不同，也不属于实用新型专利保护的客体。例如，以塑料替换玻璃的同样形状的水杯；仅改变焊条药皮成分的电焊条均不能授予实用新型专利权。

4.3.4.4 技术方案

《专利法》第2条第3款所述的技术方案，是指对要解决的技术问题所采取的利用了自然规律的技术手段的集合。技术手段通常是由技术特征来体现的。

未采用技术手段解决技术问题，以获得符合自然规律的技术效果的方案，不属于实用新型专利保护的客体。

产品的形状以及表面的图案、色彩、文字、符号、图表或者其结合的新设计，没有解决技术问题的，不属于实用新型专利保护的客体。例如：以十二生肖形状为装饰的开罐刀；建筑平面设计图；仅以表面图案设计为区别特征的棋类、牌类，如古诗扑克等。

明显不是新的技术方案是指，要求保护的实用新型在申请日（享有优先权的，指优先权日）以前已经公开，或者是已知技术的等效变换或简单组合，即不经检索便可得出以下结论的：

（1）有相同的产品已经公开出售、公开使用；

（2）在中国专利公报上公开了有相同内容的在先申请；

（3）出版物上已经公开了相同的内容；

（4）要求不丧失新颖性的宽限、并提供了有关证明的申请，经审查不属于可享受不丧失新颖性宽限的情况；

（5）已知技术的简单组合并且没有产生新的技术效果；

（6）要素关系变更其所产生的技术效果与现有技术相同或相似。

4.3.4.5 直接作用于人体的电、磁、光、声、放射或其结合的医疗器具

直接作用于人体的电、磁、光、声、放射或其结合的医疗器具关系到人们的健康和生命安全，因此对这类产品的实用新型申请授予专利权时审查员将明确告知申请人该申请的授权决定只是根据《专利法》有关初步审查的要求做出的，并不意味着该专利产品具备了市场准入的条件，专利权人在实施该专利之前应该根据相关法规办理相应审批手续。

4.3.5 单一性的审查

依据《专利法》第31条第1款、《专利法实施细则》第34条的规定对实用新型专利申请的单一性进行审查。

可以作为一件实用新型专利申请提出的两项以上的实用新型，是指不能包括在一项权利要求内的两项以上属于一个总的发明构思的产品独立权利要求。

不能包括在一项权利要求内的两项以上的产品独立权利要求，当其符合下列各项之一时，可以认为属于一个总的发明构思：

（1）具有相同的特定技术特征，且这些相同的特定技术特征在两项以上的独立权利要求中解决相同的技术问题；

（2）互相关联或配套使用、且具有相应特定技术特征的两件或两件以上产品。

合在一件专利申请中的两项或两项以上要求保护的实用新型主题明显缺乏单一性的，应当向申请人发出审查意见通知书，将权利要求按单一性要求划分成两组或多组权利要求，要求申请人在指定期限内做出选择，在本专利申请中保留其中一组权利要求，删去其余的权利要求。申请人期满未答复的，做出视为撤回该专利申请的通知。申请人的答复中无充足理由而又拒绝修改申请文件的，审查员应当驳回该专利申请。申请人修改申请文件删去不符合单一性的权利要求的，对专利申请的审查按照《专利审查指南》“补正文件的审查”进行。需要注意的是，在删去不符合单一性要求的权利要求后，还可能会涉及实用新型名称的修改，当涉及实用新型名称的修改时，应当按照著录项目变更程序办理必要变更手续。对于删去的权利要求，是否提交分案申请，由申请人决定。

4.3.6　分案申请的审查

一件实用新型专利申请包含两项以上实用新型的，申请人可以在收到授予实用新型专利权通知之前提出分案申请，也可以自收到授予实用新型专利权的通知之日起2个月内提出分案申请。但原申请已被驳回并已生效、或者已经被撤回或视为撤回且尚未恢复的，不能提出分案申请。

专利局认为一件实用新型专利申请不符合《专利法》第31条第1款和《专利法实施细则》第34条规定的，应当通知申请人在指定期限内对其申请文件进行修改，申请人在克服原申请缺乏单一性缺陷的同时，可以在上述办理登记手续的2个月期限届满之前向专利局提出分案申请。

两种分案申请，根据原申请案卷核实下列各项：

（1）分案申请请求书中注明的原申请日是否正确；

（2）分案申请的申请人与原申请案是否一致，不一致的，是否附有合法的权利转移证明材料；发明人是否是原申请的发明人或者是其中的部分成员；

（3）是否提交了原申请文件副本；有优先权要求的，是否提交了原申请的优先权文件副本；原申请是国际申请的，如果对原申请未要求提供优先权文件副本，则对分案申请可以不要求提供优先权文件副本；

（4）在分案申请递交日前，原申请案是否已经被驳回并已生效，或者已撤回或被视为撤回且未恢复权利；分案申请递交日是否在收到专利局对原申请做出授权通知之日起办理登记手续的2个月期限届满之前。

不符合上述三项之一所述情形的，应当通知申请人在指定期限之内补正，期满未补正的，做出分案申请被视为撤回的通知，并通知申请人。

分案申请递交日在收到专利局对原申请做出授予专利权通知之日起办理登记手续的2个月期限届满之后的，或者分案申请的原申请案已经撤回或被视为撤回且未被恢复权利的，或者被驳回并已生效的，应当做出分案申请视为未提出通知书。

分案申请的各种法定期限，例如提交优先权证明材料的期限等，均从原申请日起算。对已经届满的各种期限，申请人可以自分案申请递交日起2个月内补办各种手续。期满未补办的，做出该分案申请被视为撤回的决定，并通知申请人。

分案申请，视同一件新申请收取各种费用。期限已经届满的各种费用，申请人可以在自分案申请递交日起2个月内补缴。期满未补缴或未缴足的，做出分案申请被视为撤回的决定，并通知申请人。

实用新型分案申请不得超出原说明书和权利要求书记载的范围。如果分案的实用新型专利申请内容超出原申请说明书和权利要求书记载范围，应当通知申请人补正，删去超出的部分；申请人无正当理由拒绝补正的，可以根据《专利法实施细则》第43条第1款规定驳回该分案申请。实用新型分案申请未超出原说明书和权利要求书记载范围的，保留其原申请的申请日，对该分案申请的审查标准和执行程序完全等同于一件新申请。

4.3.7 先申请原则的审查

在初步审查程序中，对于实用新型专利申请依照《专利法》第9条的规定，是否能取得专利权，可不进行审查。除非在申请进入初步审查时审查员已经得知有两个以上的申请人分别就同样的发明创造申请了专利。

在初步审查程序中，对于实用新型专利申请是否符合《专利法》第9条的规定可不进行审查，除非审查员已经得知有同样的发明创造已经被授予专利权。

4.3.8　前置审查与复审后的继续审查

按照《专利法实施细则》第 62 条的规定，审查员应当对专利复审委员会转送的复审请求书进行前置审查，在收到转送的案卷之日起 1 个月内做出前置审查意见书。

专利复审委员会做出撤销专利局的驳回决定的复审决定后，审查员应对该专利申请进行继续审查。在继续审查过程中，不得以同一事实和理由再次做出与该复审决定相悖的驳回决定。

4.4　外观设计专利申请的初步审查

4.4.1　概述

根据《专利法》第 3 条和第 40 条的规定，专利局受理和审查外观设计专利申请，经初步审查没有发现驳回理由的，做出授予外观设计专利权的决定，发给相应的专利证书，同时予以登记和公告。我国对于外观设计专利申请是采用不进行实质审查的登记制，即不对是否有相同内容的在先申请进行检索，所以不可避免地会存在重复授权的情况。

根据《专利法实施细则》第 44 条第 1 款对于外观设计专利申请的初步审查范围包括：

（1）申请文件的形式审查，包括专利申请是否具备《专利法》第 27 条第 1 款规定的申请文件，以及这些文件是否符合《专利法实施细则》第 2 条、第 3 条第 1 款、第 16 条、第 27 条、第 28 条、第 29 条、第 35 条第 3 款、第 51 条、第 52 条、第 119 条、第 121 条的规定。

（2）申请文件的明显实质性缺陷审查，包括专利申请是否明显属于《专利法》第 5 条第 1 款、第 25 条第 1 款第 6 项规定的情形，或者不符合《专利法》第 18 条、第 19 条第 1 款的规定，或者明显不符合《专利法》第 2 条第 4 款、第 23 条第 1 款、第 27 条第 2 款、第 31 条第 2 款、第 33 条，以及《专利法实施细则》第 43 条第 1 款的规定，或者依照《专利法》第 9 条规定不能取得专利权。

（3）其他文件的形式审查，包括与专利申请有关的其他手续和文件是否符合《专利法》第 24 第、第 29 条第 1 款、第 30 条，以及《专利法实施细则》第 6 条、第 15 条第 3 款和第 4 款、第 30 条、第 31 条、第 32 条第 1 款、第 33 条、第 36 条、第 42 条、第 43 条第 2 款和第 3 款、第 45 条、第 86 条、第 100 条的规定。

（4）有关费用的审查，包括专利申请是否按照《专利法实施细则》第93条、第95条、第99条的规定缴纳了相关费用。

4.4.2 申请文件的审查

根据《专利法》第27条的规定，申请外观设计专利的，应当提交请求书以及该外观设计的图片或者照片以及对该外观设计的简要说明等文件，提交的图片或照片应当清楚地显示要求专利保护的产品的外观设计。

4.4.2.1 请求书审查

申请人应当使用国家知识产权局现行规定格式的请求书（可以从www. sipo. gov. cn 上下载），在填写请求书时，应注意以下几个方面：

（1）使用外观设计的产品名称

使用外观设计的产品名称应当在请求书中写明。该名称应当简短、准确地表明请求给予保护的产品，一般应当符合国际外观设计分类表中小类列举的名称，不得超过20个字。

（2）产品类别

申请人应当在外观设计专利请求书相应栏目内写明产品所属类别，即该产品在国际外观设计分类表中所属的类别，国际外观设计分类表分31个大类，217个小类以及一个包括了所有未能列入上述31个大类中的其他杂项类（99类），该表每四年修订一次。如果没有该分类表或不能确定该产品所属类别的，则应写明该产品所属的技术领域或使用场所，以便审查员给出准确的分类号。

4.4.2.2 图片或照片审查

当申请文件存在以下缺陷而使审查中不能正确地从请求书记载事项和图片、照片中判断其内容时，审查员会通知申请人补正。

（1）产品使用的方法、状态、目的等不明确的设计，如示意图、城市规划草图等。

（2）视图投影关系有错误，如视图方向颠倒或者外观设计图片或照片表格使用方向颠倒等，审查员也可以依职权修改，并且通知申请人。

（3）外观设计图片或照片不清晰、图形尺寸过小，不能正确地表达外观设计的内容；或者虽然图形清晰，但因反光、阴影、衬托物等部分的存在而不能正确地表达外观设计的内容。

（4）外观设计产品所属专业的普通技术人员对该外观设计产品的图案、材料和尺寸不能理解的内容（如一种防伪标记，属于隐形图案，应当提交显现图案的设计图）。

（5）外观设计有几种不同变化状态，但图面上只显现一种状态（如一种折叠棋箱，打开状态是棋桌、棋盘，折叠状态是棋箱，应当提交不同变化状态的相应视图）。

（6）外观设计图片或照片中包含有应涂覆的、不能作为要求保护的外观设计具体内容的图形、文字，如人物肖像、商标、标志、名著、著名建筑物等，或者包含有应删除的线条，如视图中的阴影线、指示线、虚线、中心线、尺寸线等。

（7）立体产品的图面有下述情况的：① 各视图比例不一致；② 没有按正投影制图法绘图，或者没有按正投影规则拍摄照片；③ 产品设计要点涉及六个面，而六面正投影视图不足，但下述情况除外：后视图和主视图相同或对称时可省略后视图；左视图和右视图相同或对称时可省略左视图（或右视图）；俯视图和仰视图相同或对称时可省略俯视图（或仰视图）；大型或位置固定的机械设备和底面不经常看到的物品可以省略仰视图。

（8）表示平面产品的图面有下述情况的：① 各视图比例不一致；② 产品设计要点涉及两个面，而两面视图不足（但允许后视图和主视图相同或对称时省略后视图，后视图无图案时可省略后视图）。

（9）细长物品如量尺、型材等，绘图时省略了中间一段长度，但没有用两条平行的双点划线或自然断裂线断开的画法。

（10）六面视图或两面视图不能充分表达外观设计而又缺少充分表达该外观设计所必要的展开图、剖视图、放大图、立体图等图面。

（11）剖视图的剖面及剖切处的表示有下述情况的：① 缺少剖视图的剖面线或剖视图的剖面线不完全；② 表示剖切位置的点划线、符号及方向不全或缺少上述内容（但可不给出表示从中心位置处剖切的标记）。

（12）有局部放大图，但在有关图上没有标出放大部位的。

（13）两件以上物品的组合件产品（能够分离的物品的组合件，如组合音响）除交组合状态相应视图外，必要时还要提交各自单独的视图，但是提交的视图不足或不符合该要求。

（14）透明物品的外观设计有下述情况的：① 外层无色无图案，内层有图案，没有按透明可见部分的实际图案绘制，如鼻烟壶等；② 外层与内层有两种以上形状、图案和色彩时，没有分别表示出来。

4.4.2.3 简要说明

《专利法》第59条第2款规定，外观设计专利权的保护范围以表示在图片或者照片中的该产品的外观设计为准，简要说明可以用于解释图片或者照片所表示的该产品的外观设计。

根据《专利法实施细则》第 28 条的规定，简要说明应当包括下列内容：

（1）外观设计产品的名称。简要说明中的产品名称应当与请求书中的产品名称一致。

（2）外观设计产品的用途。简要说明中应当写明有助于确定产品类别的用途。对于具有多种用途的产品，简要说明应当写明所述产品的多种用途。

（3）外观设计的设计要点。设计要点是指与现有设计相区别的产品的形状、图案及其结合，或者色彩与形状、图案的结合，或者部位。对设计要点的描述应当简明扼要。

（4）指定一幅最能表明设计要点的图片或者照片。指定的图片或者照片用于出版专利公报。

此外，下列情形应当在简要说明中写明：

（1）请求保护色彩或者省略视图的情况。

如果外观设计专利申请请求保护色彩，应当在简要说明中声明。

如果外观设计专利申请省略了视图，申请人通常应当写明省略视图的具体原因，例如因对称或者相同而省略；如果难以写明的，也可仅写明省略某视图，例如大型设备缺少仰视图，可以写为“省略仰视图”。

（2）对同一产品的多项相似外观设计提出一件外观设计专利申请的，应当在简要说明中指定其中一项作为基本设计。

（3）对于花布、壁纸等平面产品，必要时应当描述平面产品中的单元图案两方连续或者四方连续等无限定连界的情况。

（4）对于细长物品，必要时应当写明细长物品的长度采用省略画法。

（5）如果产品的外观设计由透明材料或者具有特殊视觉效果的新材料制成，必要时应当在简要说明中写明。

（6）如果外观设计产品属于成套产品，必要时应当写明各套件所对应的产品名称。

简要说明不得使用商业性宣传用语，也不能用来说明产品的性能和内部结构。

4.4.3 对优先权的审查

申请人要求享有优先权应当符合《专利法》第 29 条第 1 款、第 30 条、《专利法实施细则》第 31 条、第 32 条第 1 款，以及《巴黎公约》的有关规定。

根据《专利法》第29条第1款的规定，外观设计专利申请的优先权要求仅限于外国优先权，即申请人自外观设计在外国第一次提出专利申请之日起6个月内，又在中国就相同主题提出外观设计专利申请的，依照该外国同中国签订的协议或者共同参加的国际条约，或者依照相互承认优先权的原则，可以享有优先权。

（1）在先申请和要求优先权的后一申请

向专利局提出一件外观设计专利申请并要求外国优先权时，作为要求优先权基础的在先申请应该是在《巴黎公约》成员国内提出的，或者是对该成员国有效的地区申请或者国际申请；对于来自非《巴黎公约》成员国的要求优先权的申请，该国应该是承认我国优先权的国家。同时申请人应该是有权享受《巴黎公约》给予的权利，即申请人应该是《巴黎公约》成员国的国民或者居民；或者申请人是承认我国优先权的国家的国民或居民。当不满足上述两项规定时，该优先权要求将被视为未提出。

另外，要求优先权的后一申请必须是在在先申请的申请日起6个月内提出的。不符合规定的，将被视为未要求优先权。在先申请有两项以上的，其期限从最早的在先申请的申请日起算。从最早的在先申请的申请日起算的期限超过6个月的，对于超出优先权期限的在先申请的优先权要求将被视为未提出。

在外观设计的初步审查中，对于在先申请是否是《巴黎公约》定义的第一次申请不予审查。

（2）在先申请文件副本

对在先申请文件副本的审查，特别要注意的是，应当核对要求优先权的后一申请与在先申请是否具有相同的设计主题。

当在后申请文件与在先申请文件的图片或照片不完全一致，但由它们的图片或照片可知，两者请求保护的是同一产品的同一项相同的外观设计，此时可认定在后申请与在先申请的设计主题相同，可以享有优先权日。例如，在先申请提供了一件产品的主视图、后视图、左视图和立体图，在后申请提供了该件产品的主视图、后视图、左视图、右视图和俯视图，且在简要说明中写明底面不经常看到省略仰视图，只要在后申请文件中的主视图、后视图和左视图与在先申请文件相同，而其右视图和俯视图已清楚地记载在在先申请文件的立体图中，则可认定两者设计主题相同，在后申请可以享有在先申请的优先权。

在后申请是一件两项以上外观设计的合案申请的，其中一项外观设计与另一件在先申请的外观设计的设计主题相同，则在后申请中这一项外观设计可以享有此在先申请的优先权。

在后申请文件中记载的一项外观设计为多个在先申请外观设计的组合的，则认定在后申请外观设计的设计主题与多个在先申请外观设计的设计主题均不相同，因而该在后申请不能享有多项优先权。

在先申请文件的副本最迟应于申请日起3个月内提交。

4.4.4 依据《专利法实施细则》第44条第1款第3项规定的审查

4.4.4.1 依据《专利法》第5条规定的审查

根据《专利法》第5条的规定，对违反国家法律、社会公德或者妨害公共利益的发明创造，不授予专利权。

在对申请专利的外观设计是否明显违反国家法律，是否明显违反社会公德，是否明显妨害公共利益三个方面进行审查时，当审查员认为专利申请的全部内容或者部分内容属于上述三个方面之一的，会做出审查意见通知书，说明理由，通知申请人在指定期限内陈述意见（涉及全部内容的）或者删除相应部分（涉及部分内容的），当所陈述的理由不足以说明该申请不属于《专利法》第5条范围或者无正当理由而又拒绝删除相应部分的，审查员会作出驳回决定。

4.4.4.2 《专利法》第25条第1款第6项的审查

《专利法》第25条第1款第6项规定，对平面印刷品的图案、色彩或者二者的结合作出的主要起标识作用的设计，不授予专利权。根据《专利法实施细则》第44条第1款第3项的规定，在外观设计专利申请的初步审查中，应当对外观设计专利申请是否明显属于《专利法》第25条第1款第6项的情形进行审查。

如果一件外观设计专利申请同时满足下列三个条件，则认为所述申请属于《专利法》第25条第1款第6项规定的不授予专利权的情形：

（1）使用外观设计的产品属于平面印刷品；

（2）该外观设计是针对图案、色彩或者二者的结合而作出的；

（3）该外观设计主要起标识作用。

在依据上述规定对外观设计专利申请进行审查时，审查员首先根据申请的图片或者照片以及简要说明，审查使用外观设计的产品是否属于平面印刷品。其次，审查所述外观设计是否是针对图案、色彩或者二者的结合而作出的。由于不考虑形状要素，所以任何二维产品的外观设计均可认为是针对图案、色彩或者二者的结合而作出的。再次，审查所述外观设计对于所使用的产品来说是否主要起标识作用。主要起标识作用是指所述外观设计的主要用途在于使公众识别所涉及的产品、服务的来源等。

壁纸、纺织品不属于本条款规定的对象。

4.4.4.3 《专利法》第23条第1款的审查

在外观设计专利申请的初步审查中，通常不进行检索，审查员仅需要根据申请文件的内容及一般消费者的常识，判断所要求保护的外观设计专利申请是否明显不符合《专利法》第23条第1款的规定。

4.4.4.4 依据《专利法》第31条第2款规定的审查

根据《专利法》第31条第2款的规定，一件外观设计专利申请应当限于一种产品所使用的一项外观设计。同一产品两项以上的相似外观设计，或者属于同一类别并且成套出售或者使用的产品的两项以上外观设计，可以作为一件申请提出（简称“合案申请”）。

对于明显不符合《专利法》第31条第2款规定的外观设计专利申请，审查员会依据《专利法实施细则》第42条第2款规定通知申请人在指定的期限内对其申请进行修改，使其符合上述规定。申请人期满未答复的，做出视为撤回该专利申请的通知书，通知申请人；申请人无正当理由而又拒绝对其申请进行修改的，将做出驳回决定，通知申请人。

（1）相似外观设计

① 根据《专利法》第31条第2款的规定，同一产品两项以上的相似外观设计可以作为一件申请提出。

根据《专利法实施细则》第35条第1款的规定，一件外观设计专利申请中的相似外观设计不得超过10项。超过10项的，审查员应发出审查意见通知书，申请人修改后未克服缺陷的，驳回该专利申请。

② 同一产品

根据《专利法》第31条第2款的规定，一件申请中的各项外观设计应当为同一产品的外观设计，例如，均为餐用盘的外观设计。如果各项外观设计分别为餐用盘、碟、杯、碗的外观设计，虽然各产品同属于国际外观设计分类表中的同一大类，但并不属于同一产品。

③ 相似外观设计

根据《专利法实施细则》第35条第1款的规定，同一产品的其他外观设计应当与简要说明中指定的基本外观设计相似。

判断相似外观设计时，应当将其他外观设计与基本外观设计单独进行对比。

初步审查时，对涉及相似外观设计的申请，应当审查其是否明显不符合《专利法》第31第2款的规定。一般情况下，经整体观察，如果其他外观设计和基本外观设计具有相同或者相似的设计特征，并且二者之间的区别点在于局部细微变化、该类产品的惯常设计、设计单元重复排列或者仅色彩要素的变化等情形，则通常认为二者属于相似的外观设计。

（2）成套产品的外观设计

① 同一类别

根据《专利法》第31条第2款及其实施细则第35条第2款的规定，两项以上（含两项，下同）外观设计可合案申请的条件之一是该两项以上外观设计的产品属于同一类别，即该两项以上外观设计的产品属于国际外观设计分类表中同一小类。例如，餐用盘、碟、杯、碗，烹调用的锅、盆，餐刀、餐叉，都属于07类（其他类未列入的家用品），但餐用盘、碟、杯、碗属于07－01小类，锅、盆属于07－02小类，餐刀、餐叉属于07－03小类，因此锅、碗、餐刀不属于同一小类，不能合案申请。碗、碟属于同一小类产品，可以合案申请。需要说明的是，属于同一小类的产品并非是合案申请的充足条件，其还应当满足《专利法》第31条第2款有关成套出售或使用的要求。

② 成套出售或者使用

根据《专利法》第31条第2款及其实施细则第35条第2款的规定，两项以上外观设计可以合案申请不仅要求该两项以上外观设计的产品属于同一类别，还要求它们是成套出售或者使用，即各产品的设计构思相同，并且习惯上是同时出售、同时使用。

两件以上（含两件，下同）同一类别的产品在满足一定条件的情况下可以作为一件申请提出，通常将它们称为成套产品。这种成套产品应当是习惯上成套出售、同时成套使用的两件以上的产品，而且它们的设计构思和设计风格应当保持一致。

a. 成套产品的概念

成套产品是由两件以上各自独立的产品组成，其中每一件产品有独立的特性和使用价值，而各件产品组合在一起又能体现出其组合使用的价值，例如由咖啡杯、咖啡壶、牛奶壶和糖罐组成的咖啡器具。对于一些由数件物品组合为一体的产品，其中每一件单独的构成部分没有独立的使用价值，组合成一体时才能使用，例如扑克牌、积木、插接组件玩具等，这些物品应当视为一件产品，只能作为一件申请提出，但不属于成套产品范围之内。

b. 同时出售

同时出售的含义应限定为习惯上同时出售的产品，也就是通常在市场上成套出售的产品，例如由床罩、床单和枕套等组成的五件套床上用品。为促销而随意搭配的产品，如书包和铅笔盒，虽然在销售书包时赠送铅笔盒，但是这不应认为是同时出售，不能作为成套产品提出申请。

c. 同时使用

同时使用，是指使用其中一件产品时，会产生使用联想，从而想到另一件或另几件产品的存在，而不是指在同一时刻同时使用这几件产品。也就是说，这些产品如咖啡器具中的咖啡杯、糖罐、牛奶壶等，在使用过程中是互相关联的，所以符合同时使用的原则。

d. 各产品的设计构思相同

设计构思相同，是指成套产品中各产品的设计风格是统一的，即对成套产品中各产品的形状、图案或者其结合以及色彩与形状、图案的结合所做出的设计是统一的。

形状的统一，是指各个构成产品都以同一种特殊的造型为特征，或者各构成产品之间以特殊的造型构成组合关系，即认为符合形状统一。

图案的统一，是指成套产品中各产品上图案设计的题材、构图、表现形式、色彩等方面必须是统一的。若其中有一方面不同，则认为图案不统一，如咖啡壶上的设计以兰花图案为设计题材，而咖啡杯上的设计图案为熊猫，由于图案所选设计题材不同，则认为图案不统一，不符合统一和谐的原则，因此不能作为成套外观设计申请。

对于色彩的统一，不能单独考虑，必须与成套产品中各产品的形状、图案综合考虑。当各产品的形状、图案符合统一协调的原则时，如果产品的色彩相同则可作为成套产品合案申请；如果各产品的色彩变换较大，破坏了整体的和谐，不能作为成套产品合成一件申请提出。

符合上述规定的两项以上外观设计可以作为一件申请提出，此时应当将各项外观设计顺序编号，标注在每件使用外观设计产品的视图名称之前。

（3）合案申请的外观设计应当分别具备授权条件

需要注意的是，无论是涉及同一产品的两项以上的相似外观设计，还是成套产品的外观设计专利申请，其中的每一项外观设计或者每件产品的外观设计除了应当满足上述合案申请的相关规定外，还应当分别具备其他授权条件；如果其中的一项外观设计或者一件产品的外观设计不具备授权条件，则应当删除该项外观设计或者该件产品的外观设计，否则该专利申请不能被授予专利权。

（4）分案申请的审查

① 分案申请的法律依据

根据《专利法实施细则》第 42 条第 1 款的规定，一件外观设计专利申请包括两项以上外观设计的，申请人可以在收到授予该外观设计专利权通知之日起办理登记手续的 2 个月期限届满之前，向专利局提出分案申请；专利申请被驳回并已生效或者被撤回或视为撤回且未恢复的，不能提出分案申请。

根据《专利法实施细则》第 42 条第 2 款的规定，专利局认为一件外观设计专利申请不符合《专利法》第 31 条第 2 款及其实施细则第 35 条规定的，应当通知申请人在指定期限内对申请文件进行修改，申请人在克服该申请缺乏单一性缺陷的同时，可以将删去的内容向专利局提出分案申请。

② 分案申请的条件

分案申请，是指原外观设计专利申请文件中包含两项以上外观设计，申请人将其中一项或几项外观设计从原申请中分出，作为另一件新的外观设计专利申请提出，该被分出的新的外观设计专利申请为分案申请，可享有原申请日。

对于新分出的申请，应当符合下述分案申请的条件：

a. 分案申请递交日应在原专利申请收到授予专利权通知之日起 2 个月办理登记手续的期限届满之前，且原专利申请尚未被驳回（或虽被驳回但尚未生效）、未主动撤回和未被视为撤回；

b. 分案申请的申请人必须和原申请人一致；不一致的，应当附有合法的权利转移证明材料；设计人应当是原申请的设计人或者是其中的部分成员；

c. 提交分案申请时，应当提交原申请文本的副本；要求优先权的，还应当提交原申请的优先权文件副本；

d. 原外观设计专利申请中包含两项以上外观设计的，分案申请应当是原专利申请中的一项或几项外观设计，分出的一项或几项外观设计不得保留在原申请中；

e. 申请人应当在原申请中至少保留一项外观设计，将其余的作为分案申请提出；

f. 原专利申请为产品整体外观设计的，不允许将其中的一部分作为分案申请提出，例如一件外观设计专利申请请求保护的是摩托车的外观设计，摩托车的零部件不能作为分案申请提出。

分案申请不符合上述第a项条件的，将被视为未提出；不符合上述第b项和第c项条件的，通知申请人在指定期限内补正，期满未补正的，做出分案申请被视为撤回的通知；不符合第d项和第e项条件的，发出审查意见通知书，通知申请人修改；期满未答复和修改的，做出分案申请被视为撤回的通知，申请人无充足理由而又坚持不做修改的，驳回该分案申请；不符合第f项条件的，发审查意见通知书；期满未答复的，做出分案申请被视为撤回的通知，申请人无充足理由而又坚持作为分案申请提出的，则对该分案申请做出驳回决定。

4.4.4.5 依据《专利法》第33条规定的审查

根据《专利法》第33条的规定，申请人对其外观设计专利申请文件的修改不得超出原图片或者照片表示的范围。

外观设计专利申请的申请人可以自申请日起2个月内对外观设计专利申请文件主动提出修改。此外，申请人在收到专利局的审查意见通知书或补正通知书后，应当按照通知书的要求对专利申请文件进行修改。

（1）申请人主动修改

自申请日起的2个月内，申请人可以主动对申请文件进行不超出原图片或者照片表示的范围主动修改。修改超出原图片或者照片表示的范围的，审查员会通知申请人该修改不符合《专利法》第33条的规定，申请人做出答复后，专利申请文件的修改仍然超范围的，申请会被驳回。对于超过2个月的修改，除了修改是克服原申请文件存在的缺陷外，审查员会依据《专利法实施细则》第51条第2款的规定做出视为未提出的通知书。

（2）按照通知书要求修改

当申请人按照通知书要求修改申请文件而又超出了原图片或者照片表示的范围的，审查员会通知申请人该修改不符合《专利法》第33条的规定。申请人答复后，专利申请文件的修改仍然超范围的，该申请会被驳回。

4.4.4.6 依据《专利法》第2条第4款规定的审查

根据《专利法》第2条第4款的规定，外观设计，是指对产品的形状、图案或者其结合以及色彩与形状、图案的结合所作出的富有美感并适于工业应用的新设计。

（1）产品的形状、图案或者其结合以及色彩与形状、图案的结合

外观设计的载体必须是产品。产品，是指任何用工业方法生产出来的

物品。不能重复生产的手工艺品、农产品、畜产品、自然物不能作为外观设计的载体。

构成外观设计的是产品的形状、图案或者其结合以及色彩与形状、图案的结合。通常，产品的色彩不能独立构成外观设计，除非产品色彩变化的本身已形成一种图案。可以构成外观设计的组合有：产品的形状；产品的图案；产品的形状和图案；产品的形状和色彩；产品的图案和色彩；产品的形状、图案和色彩。

形状，是指对产品造型的设计，也就是指产品外部的点、线、面的移动、变化、组合而呈现的外表轮廓，即对产品的结构、外形等同时进行设计、制造的结果。

图案，是指由任何线条、文字、符号、色块的排列或组合而在产品的表面构成的图形。图案可以通过绘图或其他能够体现设计者的图案设计构思的手段制作。产品的图案应当是固定、可见的，而不应是时有时无的或者需要在特定的条件下才能看见的。

色彩，是指用于产品上的颜色或者颜色的组合，制造该产品所用材料的本色不是外观设计的色彩。

形状、图案、色彩三要素是相互依存的，有时其界限是难以界定的，如多种色块的搭配即成图案。

（2）适于工业应用的新设计

适于工业应用，是指该外观设计能应用于工业上并形成批量生产。

新设计，是对一种产品做出的新的设计。明显不是新的设计是指在审查过程中不经检索就已得知在外观设计专利申请的申请日或优先权日之前已经有内容相同或相近似的在先申请在专利局提出并在中国专利公报上公布，或已有相同或相近似外观设计的实物在国内公开使用或销售，或者该外观设计专利申请的内容在其申请日或优先权日之前已在国内外出版物上公开发表过。例如，有申请人拿印有外国著名油画图案的阳伞来申请专利，因为该图案显然非为申请人的新设计，所以不能被授予专利权。

（3）不给予外观设计专利保护的客体

以下属于不符合《专利法》第 2 条第 4 款规定而不给予外观设计专利保护的客体实例。

① 取决于特定地理条件、不能重复再现的固定建筑物、桥梁等。

② 因其包含有气体、液体及粉末状等无固定形状的物质而导致其形状、图案、色彩不固定的产品。

③ 产品的不能分割、不能单独出售或使用的部分，如袜跟、帽檐、杯把等。

④ 对于由多个不同特定形状或图案的构件组成的产品而言，如果构件本身不能成为一种有独立使用价值的产品，则该构件不属于可授予专利权的客体。例如，不能用相同的插接件插接成具有特定形状或图案的组件的插接件不能单独使用，不能构成独立产品，不给予外观设计专利保护，仅仅当这样的插接件和其他可与其插接的插接件一起作为插接组件玩具，以一件外观设计专利申请提出，才能给予外观设计专利保护。

⑤ 不能作用于视觉或者肉眼难以确定其形状、图案、色彩的物品。

⑥ 要求保护的外观设计不是产品本身常规的形态，如手帕扎成动物形态的外观设计。

⑦ 以自然物原有形状、图案、色彩作为主体的设计。

⑧ 纯属美术范畴的作品。

⑨ 仅以在其产品所属领域内司空见惯的几何形状和图案构成的外观设计。

⑩ 一般文字和数字的字形以及字音、字义不能作为要求保护的外观设计的具体内容。

⑪ 产品通电后显示的图案，例如软件界面等。

4.4.4.7　依据《专利法》第 9 条规定的审查

《专利法》第 9 条第 1 款规定，同样的发明创造只能授予一项专利权。

《专利法》第 9 条第 2 款规定，两个以上的申请人分别就同样的发明创造申请专利的，专利权授予最先申请的人。

在外观设计专利申请的初步审查中，对外观设计专利申请是否符合《专利法》第 9 条的规定可以不进行审查，除非在申请进入初步审查时审查员已经得知有两个以上的申请人分别就同样的外观设计提出了专利申请或者该申请人已经提出过另一份相同内容的外观设计专利申请。

（1）判断原则

在判断是否构成《专利法》第 9 条所述的“同样的发明创造”时，应当以表示在两份外观设计专利申请或专利的图片或照片中的外观设计产品为准。

同样的外观设计是指两项外观设计相同或者实质相同。

外观设计相同，是指涉案专利与对比设计是相同种类产品的外观设计，并且涉案专利的全部外观设计要素与对比设计的相应设计要素相同，其中外观设计要素是指形状、图案以及色彩。在确定产品的种类时，可以参考产品的名称、国际外观设计分类以及产品销售时的货架分类位置，但是应当以产品的用途是否相同为准。

外观设计实质相同的判断仅限于相同或者相近种类的产品外观设计。

相近种类的产品是指用途相近的产品。例如，玩具和小摆设的用途是相近的，两者属于相近种类的产品。应当注意的是，当产品具有多种用途时，如果其中部分用途相同，而其他用途不同，则二者应属于相近种类的产品。如带 MP3 的手表与手表都具有计时的用途，二者属于相近种类的产品。

如果一般消费者经过对涉案专利与对比设计的整体观察可以看出，二者的区别仅属于下列情形，则涉案专利与对比设计实质相同：

① 其区别在于施以一般注意力不能察觉到的局部的细微差异，例如，百叶窗的外观设计仅有具体叶片数不同；

② 其区别在于使用时不容易看到或者看不到的部位，但有证据表明在不容易看到部位的特定设计对于一般消费者能够产生引人瞩目的视觉效果的情况除外；

③ 其区别在于将某一设计要素整体置换为该类产品的惯常设计的相应设计要素，例如，将带有图案和色彩的饼干桶的形状由正方体置换为长方体；

④ 其区别在于将对比设计作为设计单元按照该种类产品的常规排列方式作重复排列或者将其排列的数量作增减变化，例如，将影院座椅成排重复排或者将其成排座椅的数量作增减；

⑤ 其区别在于互为镜像对称。

（2）处理方式

涉案专利包含多项外观设计的，应当将每项外观设计分别与对比设计进行对比。如果涉及专利中的一项外观设计与另一件专利中的一项外观设计相同或者实质相同，应当认为他们是同样的发明创造。

本章思考与练习

1. 何为初步审查？
2. 发明、实用新型和外观设计三种专利的初步审查内容？
3. 对于实用新型不经实质审查而授权故法律地位不稳定的缺陷如何

弥补？

4. 不授予专利权的外观设计有几种例外？

5. 申请专利应提交哪些基本文件？

6. 什么是本国优先权？国内优先权是针对哪些类型的专利？国内优先权期限？

7. 哪些是不属于专利法保护的智力成果？

8. 涉及微生物的发明应如何申请专利？

9. 发明专利的审批程序有哪些？

10. 对请求书、说明书、权利要求书有哪些要求？

11. 初步审查的作用？

12. 初步审查应遵循的原则？

13. 发明、实用新型和外观设计的名称一般不应超过多少字？

14. 不丧失新颖性的公开的期限是几个月？从何时计算？

15. 实用新型专利申请主动修改的期限规定是什么？

16. 外观设计的简要说明应包括哪些内容？

17. 专利法对发明专利的定义是什么？

18. 专利法对实用新型专利的定义是什么？

19. 专利法对外观设计专利的定义是什么？

第5章 实质审查

本章学习要点

1. 设立实质审查程序的目的
2. 实质审查的程序和内容
3. 专利三性的审查标准
4. 从专利审查反观专利申请的撰写
5. 化学、微生物、计算机程序专利的特点

5.1 实质审查程序

5.1.1 法律依据及审查的内容

实质审查，是相对于“形式审查”而言针对发明专利申请的一种审查办法。

《专利法》第35条规定了对发明专利申请进行实质审查。其中根据《专利法》第35条第1款的规定，实质审查程序通常由申请人提出请求后启动。根据该法条第2款的规定，实质审查程序也可以由专利局启动。

对发明专利申请进行实质审查的目的在于确定发明专利申请是否应当授予专利权，特别是确定其是否符合《专利法》有关“新颖性、创造性和实用性”的规定。对于专利局而言，授予一项发明专利权的目的除了保护专利申请人的利益和发明创造积极性外，还要保护公众的合法利益，一方面通过保护专利申请人的合法利益来推动整个社会的科技进步，另一方面通过实质审查给专利申请界定合理的保护范围来保护社会大众的利益，还可以通过审查消除专利申请存在的问题，避免日后无谓的确权诉讼，也为今后在可能发生的侵权诉讼中清楚理解专利的保护范围打下基础。

每个发明专利申请案件的实质审查可能会出现三种结果：

（1）第一种结果是根据《专利法》第39条的规定，发明专利申请经

实质审查没有发现驳回理由的，专利局应当作出授予发明专利权的决定。该种情况很可能是申请人根据专利局审查员的审查意见对申请文件进行了修改或者进行了意见陈述后，审查员认为已经符合《专利法》的规定而产生的。

（2）第二种结果是根据《专利法》第 38 条的规定，在实质审查中，发明专利申请经申请人陈述意见或者进行修改后，专利局认为仍然不符合《专利法》规定，即仍然存在属于《专利法实施细则》第 53 条规定的情形的，应当予以驳回。

（3）第三种结果是根据《专利法》第 32 条的规定，申请人可以在被授予专利权之前随时撤回其专利申请。另外还包括根据《专利法》第 36 条第 2 款、第 37 条以及《专利法实施细则》第 42 条第 2 款规定，在实质审查程序中专利申请被视为撤回的情形，包括没有按照时间期限答复审查意见。

5.1.2 实质审查程序及其基本原则

5.1.2.1 实质审查程序

实质审查程序从专利局的实质审查部门接收文档流程管理部门送达的申请案卷开始，到发出授予发明专利权的通知或者发出专利申请被视为撤回的通知或者作出驳回申请的决定且该决定生效或者申请人撤回申请为止。

（1）对发明专利申请进行实质审查后，审查员认为该申请不符合《专利法》及其实施细则的有关规定的，应当通知申请人，要求其在指定的期限内陈述意见或者对其申请进行修改；审查员发出审查意见通知书（包括分案通知书、提交资料通知书）和申请人答复可能反复多次，直到申请被授予专利权、驳回、撤回或者视为撤回；

（2）对经实质审查没有发现驳回理由或者经申请人陈述意见或修改后消除了原有缺陷的发明专利申请，审查员应当发出授予发明专利权的通知；

（3）发明专利申请经申请人陈述意见或者修改后，仍然存在通知书中指出过的属于《专利法实施细则》第 53 条所列的缺陷的，审查员应当予以驳回；

（4）申请人无正当理由对审查意见通知书、分案通知书或者提交资料通知书逾期不答复的，专利局应当发出申请被视为撤回通知书。

此外，根据需要，审查员还可以按照《专利审查指南》的规定在实质审查程序中采用会晤、电话讨论和现场调查等辅助手段。

5.1.2.2 实质审查程序中的基本原则

（1）请求原则

除《专利法》第35条第2款规定的由专利局启动审查程序这种情形外，实质审查程序只有在申请人提出实质审查请求的前提下才能启动。审查员只能根据申请人依法正式呈请审查（包括提出申请、依法提出修改或者答复审查意见通知书）的申请文件进行审查。

（2）听证原则

在实质审查过程中，审查员在做出驳回专利申请决定之前，应当给申请人提供至少一次针对驳回理由和证据陈述意见和/或修改申请文件的机会。特别需要注意的是，审查员所做出的驳回决定中涉及的驳回理由和所依据的证据应当在之前的审查意见通知书中全部已经告知过申请人。

（3）节约程序原则

在对发明专利申请进行实质审查时，审查员应当尽可能地缩短审查过程，节省审查资源，同时也节省申请人处理该专利申请的时间。所以，审查员要设法尽早结案。因此，除非确认专利申请根本没有被授权的前景，否则审查员应当在第一次审查意见通知书中，将申请中不符合《专利法》及其实施细则规定的所有问题通知申请人，要求其在指定期限内对所有问题给予答复，尽量减少与申请人通信的次数，以节约程序。但审查过程中不得以节约程序为理由而违反请求原则和听证原则。

5.1.3 申请文件的核查与实审准备

5.1.3.1 查对启动程序的依据

审查员每接到一个专利申请进入实质审查的案卷，首先必须查对其程序启动的依据，根据《专利法》第35条和《专利法实施细则》第50条查对案卷中是否有实质审查请求书，其提交的时间是否在自申请日起3年之内；专利局决定自行对发明专利申请进行实质审查的，是否有经局长签署的通知书和已经通知申请人的记录；还要根据《专利法实施细则》第93条、第96条的规定，查对申请案卷中是否有在自申请日起的3年内缴纳实质审查费的收据。

5.1.3.2 查对申请文件

每个国家的专利局，均按照国际专利分类号对每个审查员的工作范围进行划分，该划分随分类、每个分类技术发展热门程度以及工作量安排等原因进行调整。每个审查员接到申请案卷后，首先要核对申请的国际专利分类号，核查是不是属于自己负责审查的分类范围，另外还要核查分类是否正确，如果分类有误，应当予以改正，如果不属于自己负责的分类，则需要根据专利局内专利分类协调的规定及时处理，以免延误审查。

对于属于自己管辖分类的案件，则需要根据查对申请文件，特别注意按照《专利法》第26条第1款规定提交的说明书（附图）和权利要求书，查对申请文件是否齐全。对于发明已在外国提出过专利申请的，还要根据《专利法》第36条第2款和《专利法实施细则》第49条的规定，查对案卷中是否有申请人提交的该国为审查其申请进行检索的资料或者审查结果的资料。如果发现申请案卷中缺少该资料而且通过简单的检索确信申请人已获得这样的资料，可以填写提交资料通知书，通知申请人在指定的2个月期限内提交。该工作有利于了解全面的资料，加快审查程序。

另外，要根据《专利法》第30条的规定，对优先权的情况进行查对，申请人要求外国优先权的，审查员应当查对案卷中是否有优先权声明以及经受理第一次申请的国家的受理机关证明的申请文件的副本；申请人要求本国优先权的，审查员应当查对案卷中是否有优先权声明以及在中国第一次提出的专利申请文件的副本。还要根据《专利法实施细则》第93条和第95条第2款的规定，查对案卷中是否有已缴纳优先权要求费的收据。

审查员如果发现申请案卷中缺少上述任何一项所述的依据、文件或资料，或者某些文件不符合《专利法》及其实施细则的规定，则应当将申请案送回文档流程管理部门并且说明理由。

5.1.3.3 审查的顺序

在完成文件的核查后，已经完成了实质审查的准备工作，对于接收到的全部发明专利申请，一般都应当按照接收的先后顺序进行审查，可以将先后接收的同类专利申请放在一起同时审查。

在申请人对第一次审查意见通知书做出答复之后，审查员对申请继续审查时，一般也按答复的先后顺序进行。

但是，对国家利益或者公共利益具有重大意义的申请，由申请人或者其主管部门提出请求，经专利局局长批准后，可以优先审查，并在随后的审查过程中予以优先处理，对于符合《专利法》第35条第2款的规定，专利局自行启动实质审查的专利申请，也可以优先处理，一般这种情况的案件非常少。对于保留原申请日的分案申请，可以与原申请一起审查，可以节省审查的工作量。

5.1.4 实质审查

实质审查的重点是审查发明专利申请是否存在实质性缺陷，《专利法实施细则》第53条列出了导致驳回专利申请的缺陷，具体而言，有以下十个方面是实质审查程序必须解决的问题：

（1）是否符合发明的定义以及保密审查。即审查是否符合《专利法》第2条第2款的规定，是否对产品、方法或者其改正所提出的新的技术方案；同时，审查是否符合《专利法》第20条第1款关于保密审查的规定；

（2）是否属于不授予专利权的范畴。即审查发明是否属于《专利法》第5条和第25条规定的不授予专利权的范畴；

（3）是否符合授予专利权的“三性”。即审查专利申请是否具备《专利法》第22条规定的新颖性、创造性和实用性，是否在申请日前有同样的发明或者实用新型在国内外出版物上公开发表过、在国内外公开使用过或者以其他方式为公众所知；是否有同样的发明或者实用新型由他人向专利局提出过申请并且记载在申请日以后公开的专利申请中；是否同申请日以前现有的技术相比，该发明是否具有突出的实质性特点和显著的进步；该发明是否能够制造或者使用，并且能够产生积极的效果；

（4）是否存在重复授权。即是否符合《专利法》第9条的规定；

（5）独立权利要求是否从整体上反映发明或者实用新型的技术方案，记载解决技术问题的必要技术特征；

（6）专利申请说明书的公开是否充分。即说明书是否符合《专利法》第26条第3款的规定，是否对发明做出了清楚、完整的说明，使得所属技术领域的技术人员能够实现；

（7）权利要求是否得到说明书的支持。即权利要求书是否符合《专利法》第26条第4款的规定，是否以说明书为依据，并且说明要求保护的范围；

（8）依赖遗传资源完成的发明创造，申请人应当在专利申请文件中说明该遗传资源的直接来源和原始来源；申请人无法说明原始来源的，应当陈述理由；

（9）是否具有单一性。即发明申请是否符合《专利法》第31条第1款的规定，是否限于一项发明，或者属于一个总的发明构思；

（10）是否存在超范围的问题。即对发明申请的修改是否符合《专利法》第33条的规定，或者分案申请是否符合《专利法实施细则》第43条第1款的规定。

针对以上要审查的十个方面内容，审查工作的开展在保障合法性的前提下，存在一定的技巧性，大体上分三个方面开展审查工作。

5.1.4.1 确定审查的文本

审查文本的确定是开展审查的基础，也是保障合法审查的前提。

需要注意的是审查所使用的文本应该是合法文本，通常是申请人按照《专利法》及其实施细则规定提交的原始申请文件或者应专利局初步审查部门要求补正后的文件，也可以是按照《专利法实施细则》第 51 条第 1 款的规定，申请人在提出实质审查请求时，或者在收到专利局发出的发明专利申请进入实质审查阶段通知书之日起的 3 个月内，对发明专利申请进行了主动修改的文本。如果申请人在上述规定期间内多次对申请文件进行了主动修改，应当以最后一次提交的申请文件为审查文本。

申请人在上述规定以外的时间对申请文件进行的主动修改，一般不予接受，其提交的经修改的申请文件，不应作为审查文本，同时在审查意见通知书中告知此修改文本不予接受的理由。但存在一个例外情况，即申请人进行的修改不符合《专利法实施细则》第 51 条第 1 款的规定，但审查员在阅读该经修改的文件后认为其消除了原申请文件存在的问题，又符合《专利法》第 33 条的规定，且在该修改文本的基础上进行审查将有利于节约审查程序，则该修改可以被视为是经审查员同意而做出的，相当于按照通知书的要求进行的修改，因而该经修改的申请文件可以作为审查的文本。

对上述可接受的、经修改后提交的申请文件，首先应当审查其修改是否符合《专利法》第 33 条的规定。申请人在申请日提交的原说明书和原权利要求书所记载的内容，是审查上述修改是否符合《专利法》第 33 条的依据。申请人向专利局提交的申请文件的外文文本和优先权文件的内容，不能作为判断申请文件的修改是否符合《专利法》第 33 条的依据。

上述可接受的、经修改的申请文件，凡符合下列情形之一者，即使其存在不符合《专利法》第 33 条的修改内容，仍应当以此修改文本作为审查文本：

（1）权利要求书未作修改；

（2）全部或部分权利要求的修改未超出原说明书和原权利要求书的记载范围。

在审查意见通知书中，审查员应当在指出申请存在的其他缺陷的同时指出该修改文本存在修改不符合《专利法》第 33 条规定的缺陷。

如果经修改的申请文件中全部权利要求的修改均超出原说明书和原权利要求书记载的范围，审查员应当发出审查意见通知书，告知申请人该修改不符合《专利法》第 33 条的规定。在这种情况下，为了有利于加快审查，审查员可以对该次修改之前的申请文件进行审查，并在上述审查意见通知书中指出其存在的不符合《专利法》及其实施细则的缺陷，供申请人进一步修改申请文件时参考。

5.1.4.2　检索与审查

检索与否不是绝对的，要根据案件的情况灵活处理，对于需要检索的情形，需要先核查优先权。

开始进入审查后，首先要认真阅读申请文件并力求准确地理解发明。其重点在于了解发明所要解决的技术问题，理解解决所述技术问题的技术方案，并且明确该技术方案的全部必要技术特征，特别是其中区别于背景技术的特征，还应了解该技术方案所能带来的技术效果。特别要注意独立权利要求中限定的特征。在理解专利申请的基础上，对于发明专利申请的全部主题明显属于下列情形的，审查员不必检索即可发出第一次审查意见通知书。

（1）属于《专利法》第 5 条或者第 25 条规定的不授予专利权的范围；

（2）不具备实用性；

（3）不符合《专利法》第 2 条第 2 款的规定；

（4）说明书和权利要求书未对该申请的主题做出清楚、完整的说明，以致所属技术领域的技术人员不能实现。

应当指出的是，如果申请中只有部分主题属于上述情形，而其他主题不属于上述情形，则应当在检索并审查不属于上述情形的其他主题后再发出第一次审查意见通知书。

专利申请缺乏单一性的缺陷有时是明显的，有时要通过检索与审查后才能确定。缺乏单一性的缺陷既可能存在于相互并列的独立权利要求之间，也可能因所引用的独立权利要求缺乏新颖性或创造性而存在于相互并列的从属权利要求之间。

对于缺乏单一性的申请，可以采用下述之一的方法进行处理。

（1）先通知申请人修改

审查员在阅读申请文件时，立即能判断出申请的主题之间明显缺乏单一性的，可以暂缓进行检索，先向申请人发出分案通知书，通知申请人在指定的 2 个月期限内对其申请进行修改。

（2）检索后再通知申请人修改

检索后才能确定申请的主题之间缺乏单一性的，审查员可以视情况决定是暂缓进一步检索和审查还是继续进一步检索和审查。

如果经检索和审查后认为第一独立权利要求或者其从属权利要求具有被授权的前景，审查员可以暂缓对其他独立权利要求的检索和审查，并且在第一次审查意见通知书中指明第一独立权利要求或者其从属权利要求具有授权前景，同时要求申请人删除或者修改缺乏单一性的其他权利要求，以克服申请缺乏单一性的缺陷。

如果经检索和审查后确认第一独立权利要求或者其从属权利要求没有授权前景，审查员可以继续检索和审查其他独立权利要求，在第一次审查意见通知书中对检索过的权利要求进行评述，同时指出申请缺乏单一性的缺陷；也可以暂缓对其他独立权利要求的检索和审查，在第一次审查意见通知书中仅仅指出该专利申请缺乏单一性的缺陷。

如果申请人按照第一次审查意见通知书的要求，对申请进行了修改，且权利要求书已不存在缺乏单一性的缺陷，审查员应当对该权利要求书继续进行审查。

对于因独立权利要求不具备新颖性或创造性而导致其相互并列的从属权利要求之间缺乏单一性的情况，一般应该于检索后在给出审查意见的同时要求申请人删除或者修改缺乏单一性的其他权利要求，以克服申请缺乏单一性的缺陷，或者进行分案处理。

应当注意的是，有时申请的主题之间虽然缺乏单一性，特别是因独立权利要求不具备新颖性或创造性而导致其相互并列的从属权利要求之间缺乏单一性，但是它们所对应的检索领域非常接近，或者在很大程度上是重叠的。因此，审查员也可以一并检索和审查这些权利要求，在审查意见通知书中指出这些权利要求不符合《专利法》及其实施细则的其他规定的缺陷，同时指出申请缺乏单一性的缺陷，以利于缩短审查程序。

无论申请属于哪一种情况，申请人都应当在指定的期限内，对其原申请进行修改，例如对原权利要求书进行限制，以克服单一性缺陷。申请人期满不答复的，该申请被视为撤回。

申请人在答复中对审查员关于申请缺乏单一性的论点提出了反对意见，审查员研究后认为反对意见成立，或者申请人修改了权利要求书并克服了单一性缺陷的，申请的审查程序应当继续进行；反对意见不成立，或者未消除单一性缺陷的，审查员可以根据《专利法实施细则》第 53 条第 3 款和《专利法》第 38 条的有关规定驳回该申请。

对专利申请进行对比文献的检索时，出现下面情况时需要核实优先权：

（1）对比文件公开了与申请的主题相同或密切相关的内容，而且对比文件的公开日在申请日和所要求的优先权日之间，即该对比文件构成 PX 或 PY 级文件；

（2）任何单位或者个人在专利局的申请所公开的内容与申请的全部主题相同，或者与部分主题相同，前者的申请日在后者的申请日和所要求的优先权日之间，而前者的公布日在后者的申请日或申请日之后，即他人在专利局的申请构成 PE 级文件；

（3）任何单位或者个人在专利局的申请所公开的内容与申请的全部主题相同，或者与部分主题相同，前者所要求的优先权日在后者的申请日和所要求的优先权日之间，而前者的公布日在后者的申请日或申请日之后，即他人的申请构成 PE 级文件。此时，应当首先核实所审查的申请的优先权；当所审查的申请不能享有优先权时，还应当核实作为对比文件的任何单位或者个人在专利局的申请的优先权。

优先权核实的一般原则实际上就是指核查申请人要求的优先权是否能依照《专利法》第 29 条的规定成立。有三个方面需要注意：

（1）作为要求优先权的基础的在先申请是否涉及与要求优先权的在后申请相同的主题；

（2）该在先申请是否是记载了同一主题的首次申请；

（3）在后申请的申请日是否在自在先申请的申请日起的 12 个月内。

进行上述第（1）项核实，即判断在后申请中各项权利要求所述的技术方案是否清楚地记载在上述在先申请的文件中。为此，审查员应当把在先申请作为一个整体进行分析研究，只要在先申请文件清楚地记载了在后申请权利要求所述的技术方案，就应当认定该在先申请与在后申请涉及相同的主题。审查员不得以在先申请的权利要求书中没有包含该技术方案为理由而拒绝给予优先权。

所谓清楚地记载，并不要求在叙述方式上完全一致，只要实质上阐明了申请的权利要求所述的技术方案即可。但是，如果在先申请对上述技术方案中某一或者某些技术特征只作了笼统或者含糊的阐述，甚至仅仅只有暗示，而要求优先权的申请增加了对这一或者这些技术特征的详细叙述，以致所属技术领域的技术人员认为该技术方案不能从在先申请中直接和毫无疑义地得出，则该在先申请不能作为在后申请要求优先权的基础。

对于优先权，存在部分优先权和多项优先权两种情形，都需要核实。

5.1.4.3 具体审查意见的给出

在审查中，要注意节约程序原则的应用，一般要求对专利申请文件进行全面的审查，注意既要全面，又要重点审查权利要求，在注意审查上面提到的十个方面实质性缺陷的同时，也要对申请文件的形式缺陷审查，包括说明书及附图、摘要等申请文件均要分别符合《专利法实施细则》第16条至第19条和第23条的规定，还要符合《专利法实施细则》第2条、第3条、第26条第2款、第119条、第121条的规定。发出的审查意见应该是理解了专利申请请求保护的主题及其对现有技术作出的贡献后，根据检索的结果对上述审查重点做出肯定或者否定的判断。

如果申请文件存在严重不符合《专利法》及其实施细则规定的缺陷的，即存在《专利法实施细则》第53条所列的情形，并且该申请不可能被授予专利权的，审查员可以对本申请不作全面审查，在审查意见通知书中仅指出对审查结论起主导作用的实质缺陷即可，因为此时指出其次要的缺陷和/或形式方面的缺陷是没有实际意义的。

另外，审查过程中还涉及对公众意见的处理，因为按照《专利法实施细则》第48条的规定，自发明专利申请公布之日起至公告授予专利权之日前，任何人均可以对不符合《专利法》规定的专利申请向专利局提出意见，该意见会存入该申请案卷中供审查员审查时考虑。而专利局对公众意见的处理情况，不会通知提意见的公众。

审查员进行全面或者不全面审查后的体现形式就是针对专利申请的“第一次审查意见通知书”。

5.1.4.4 总的要求

审查员对申请进行实质审查后，通常以审查意见通知书的形式，将审查的意见和倾向性结论通知申请人。审查意见包括专用表格和通知书正文。审查意见通知书中引用对比文件的，视情况还应当包括对比文件的复制件。在任何情况下，审查的意见都会说明理由，明确结论，并引用《专利法》或其实施细则的相关条款，审查的意见明确且具体，使申请人能够清楚地了解其申请存在的问题，同时写明审查员对申请的实质方面和形式方面的全部意见。审查员在审查意见通知书中依据所引用的对比文件的某部分提出意见的，一般会指出对比文件中相关的具体段落或者附图的图号及附图中零部件的标记，这是为了使申请人尽快地做出符合要求的修改。必要时审查员可以提出修改的建议供申请人修改时参考。如果申请人接受审查员的建议，应当正式提交经过修改的文件，审查员在通知书中提出的修改建议不能作为进一步审查的文本。

申请人收到第一次审查意见的答复期限通常为4个月，如果出现第2

次审查意见，则期限会根据审查意见的数量和性质、可能进行修改的工作量和复杂程度等因素，一般会是 1 个月或 2 个月。

为了加快案件的审查和对专利文件中疑问的了解，有可能采取会晤、电话讨论、取证和现场调查等辅助审查手段。

5.1.5　答复和修改

根据《专利法》第 37 条的规定，对专利局发出的审查意见通知书，申请人应当在通知书指定的期限内做出答复。

申请人的答复事关专利申请的命运，所以在整个专利审批环节中显得非常重要。申请人除了要了解专利局的审查程序、审查员的审查要求外，还要认真研究审查员发出的审查意见，特别是注意其倾向性意见，有针对性地解决审查员的问题。

答复可以仅仅是意见陈述书，也可以进一步包括经修改的申请文（替换页和/或补正书）。申请人可以根据《专利法实施细则》第 6 条第 4 款的规定，请求专利局延长指定的答复期限。但是，延长期限的请求应当在期限届满前提出。另外，要注意申请人征询审查员意见的信件不视为正式答复，直接提交给审查员的答复文件不具备法律效力。

5.1.6　修改

5.1.6.1　修改的范围

根据《专利法实施细则》第 51 条第 1 款的规定，发明专利申请人在提出实质审查请求时以及在收到专利局发出的发明专利申请进入实质审查阶段通知书之日起的 3 个月内，可以对发明专利申请主动提出修改。需要注意，整个审查过程只有两次主动修改的机会。

根据《专利法实施细则》第 51 条第 3 款的规定，申请人在收到专利局发出的审查意见通知书后修改专利申请文件，应当按照通知书的要求进行修改，即针对通知书指出的缺陷进行修改。

根据《专利法》第 33 条的规定，申请人可以对其专利申请文件进行修改，但是修改不得超出原说明书和权利要求书记载的范围。

《专利法实施细则》第 51 条对修改的时机和方式做出了规定，《专利法》第 33 条则对修改的内容与范围做出了规定。这是修改本身应当满足的要求。申请人应该了解提出实质审查请求和自收到实质审查通知之日起的 3 个月内的修改与收到审查员意见后答复时的修改是截然不同的，前面的称为主动修改，后面的只能是被动修改。举例来说，主动修改可以在符合《专利法》第 33 条规定的情况下，根据说明书和附图中清楚的记载来扩大地修改权利要求，而被动修改则得不到允许。

在实质审查程序中，为了使申请符合《专利法》及其实施细则规定的要求，对申请文件的修改可能会进行多次。审查员对修改进行审查时，不但会注意修改的时机和方式是否符合《专利法实施细则》第 51 条的规定，而且会严格掌握《专利法》第 33 条的规定，即申请人对申请文件的主动修改或者按照审查意见通知书的要求进行的修改，都不得超出原说明书和权利要求书记载的范围。

如果修改的内容与范围不符合《专利法》第 33 条的规定，则这样的修改不能允许。

如果修改的时机或方式不符合《专利法实施细则》第 51 条的规定，则这样的修改文本一般不予接受。

特别是，专利局对于专利申请文件的修改，其修改的时机或方式不符合《专利法实施细则》第 51 条的规定，但其内容与范围满足《专利法》第 33 条要求的修改，只要经修改的文件消除了原申请文件存在的缺陷，并且具有被授权的前景，这种修改就可以被视为是经审查员同意的、相当于按照通知书要求进行的修改，因而经此修改的申请文件可以接受。这样处理有利于缩短审查程序。但是，当出现下列情况时，即使修改的内容没有超出原说明书和原权利要求书记载的范围，也不能被视为经审查员同意的修改。

（1）删除权利要求中的技术特征，扩大了该权利要求请求保护的范围。

（2）改变权利要求中的技术特征，导致扩大了请求保护的范围。

（3）将仅在说明书中记载的与原来要求保护的主题缺乏单一性的技术内容作为修改后权利要求的主题。

（4）主动增加新的独立权利要求，该独立权利要求限定的技术方案在原权利要求书中未出现过。

（5）主动增加新的从属权利要求，该从属权利要求限定的技术方案在原权利要求书中未出现过。

5.1.6.2 对修改文本的处理

当出现上述的经修改的申请文本不能接受的情况时，专利局应当按照下述方式处理：

（1）如果该修改文本是申请人在实质审查开始前最后提交的，则审查员还是按照原申请文本进行审查，并且告之该修改文本不予接受。

（2）如果该修改文本是申请人答复审查意见通知书时提交的，则应当发出“修改文本不予接受通知书”，说明不接受该修改文本的理由，要求申请人在指定期限内提交符合《专利法实施细则》第51条第3款规定的修改文本，同时指出，到指定期限届满日为止，申请人所提交的修改文本如果仍然不符合《专利法实施细则》第51条第3款规定的，将视为在此指定期限内未对本通知书做出答复，根据《专利法》第37条，申请将被视为撤回。

应当注意的是，如果审查员认为申请人答复审查意见通知书时提交的经修改的文本中，修改的内容有一部分是按照通知书的要求而另一部分不是按照通知书的要求进行的，则审查员可以先审查该文本，并根据需要发出审查意见通知书，在提出其他审查意见的同时，要求申请人在指定期限内删除不符合前次通知书要求的修改内容，否则上述修改文本不能接受；并在通知书中告知，到指定期限届满日为止，如果重新提交的修改文本中不删除该修改内容或者出现其他不符合《专利法实施细则》第51条第3款规定的内容，将视为在此指定期限内未对本通知书做出答复，根据《专利法》第37条的规定，申请将被视为撤回。

5.1.6.3 允许的对权利要求书的修改

所有符合《专利法》第33条规定的修改就是允许的修改。

对权利要求书的修改主要包括：通过增加或变更独立权利要求的技术特征，或者通过变更独立权利要求的主题类型或主题名称以及其相应的技术特征，来改变该独立权利要求请求保护的范围；增加或者删除一项或多项权利要求；修改独立权利要求，使其相对于最接近的现有技术重新划界；修改从属权利要求的引用部分，改正其引用关系，或者修改从属权利要求的限定部分，以清楚地限定该从属权利要求请求保护的范围。对于上述修改，只要经修改后的权利要求的技术方案已清楚地记载在原说明书和权利要求书中，就应该允许。

允许的对权利要求书的修改，包括下述各种情形。

（1）在独立权利要求中增加技术特征，对独立权利要求作进一步的限定，以克服原独立权利要求无新颖性或创造性、缺少解决技术问题的必要技术特征、未清楚地限定要求专利保护的范围或者未以说明书为依据等缺陷。只要增加了技术特征的独立权利要求所述的技术方案已清楚地记载在原说明书和/或权利要求书中，这样的修改就应当允许。

（2）变更独立权利要求中的技术特征，以克服原独立权利要求未清楚地限定要求专利保护的范围、未以说明书为依据或者无新颖性或创造性等缺陷。只要变更了技术特征的独立权利要求所述的技术方案已清楚地记载在原说明书和/或权利要求书中，这种修改就应当允许。

对于含有数值范围技术特征的权利要求中数值范围的修改，只有在修改后数值范围的两个端值在原说明书和/或权利要求书中已确实公开的前提下，才是允许的。如果在原说明书和/或权利要求书中没有公开某特征的原数值范围的其他中间数值，而鉴于对比文件公开的内容或者鉴于当该特征取原数值范围的某部分时发明不可能实施，在该发明申请排除所述部分后具有新颖性和创造性的前提下，允许用具体“放弃”的方式，从一个数值范围较宽的权利要求中排除该部分，使权利要求从整体上看来，覆盖具有明显排除该部分的一个确定的保护范围。

（3）变更独立权利要求的主题类型、主题名称及相应的技术特征，以克服原独立权利要求类型错误或者缺乏新颖性或创造性等缺陷。只要变更后的独立权利要求所述的技术方案已清楚地记载在原说明书中，就可允许这种修改。

（4）删除一项或多项权利要求，以克服原第一独立权利要求和并列的独立权利要求之间缺乏单一性，或者两项权利要求具有相同的保护范围而使权利要求书不简要，或者权利要求未以说明书为依据等缺陷，这样的修改不会超出原权利要求书和说明书记载的范围，因此是允许的。

（5）将独立权利要求相对于最接近的现有技术正确划界。这样的修改不会超出原权利要求和说明书记载的范围，因此是允许的。

（6）修改从属权利要求的引用部分，改正引用关系上的错误，使其准确地反映原说明书中所记载的实施方式或实施例。这样的修改不会超出原权利要求书和说明书的记载范围，因此是允许的。

（7）修改从属权利要求的限定部分，清楚地限定该从属权利要求的保护范围，使其准确地反映原说明书中所记载的实施方式或实施例，这样的修改不会超出原说明书和说明书的记载范围，因此是允许的。

上面对权利要求书允许修改的几种情况作了说明，由于这些修改符合《专利法》第 33 条规定，因而是允许的。但经过上述修改后的权利要求书是否符合《专利法》及其实施细则的其他所有规定，还有待审查员对其进行继续审查。对于答复审查意见通知书时所作的修改，审查员要判断修改后的权利要求书是否已克服了审查意见通知书所指出的缺陷，这样的修改是否造成了新出现的其他缺陷；对于申请人所做出的主动修改，审查员要判断该修改后的权利要求书是否存在不符合《专利法》及其实施细则规定的其他缺陷。

5.1.6.4　允许的对说明书的修改

对于说明书的修改，主要有两种情况，一种是针对说明书中本身存在的不符合《专利法》及其实施细则规定的缺陷做出的修改，另一种是根据修改后的权利要求书做出的适应性修改，上述两种修改只要不超出原说明书和权利要求书的记载范围，一般都是允许的。允许的说明书的修改包括下述各种情形。

（1）修改发明名称，使其准确、简明地反映要求保护的主题的名称。如果独立权利要求的类型包括产品、方法和用途，则这些请求保护的主题都应当在发明名称中反映出来。发明名称应当尽可能简短，不宜超过25个字。

（2）修改发明所属技术领域。该技术领域是指该发明在国际专利分类表中的分类位置所反映的技术领域。为便于公众和审查员清楚地理解发明和其相应的现有技术，应当允许修改发明所属技术领域，使其与国际专利分类表中最低分类位置涉及的领域相关。

（3）修改背景技术部分，使其与要求保护的主题相适应。独立权利要求按照《专利法实施细则》第21条的规定撰写的，说明书背景技术部分应当记载与该独立权利要求前序部分所述的现有技术相关的内容，并引证反映这些背景技术的文件。如果审查员通过检索发现了比申请人在原说明书中引用的现有技术更接近所要求保护的主题的对比文件，则应当允许申请人修改说明书，将该文件的内容补入这部分，并引证该文件，同时删除描述不相关的现有技术的内容。应当指出，这种修改实际上使说明书增加了原申请的权利要求书和说明书未曾记载的内容，但由于修改仅涉及背景技术而不涉及发明本身，且增加的内容是申请日前已经公知的现有技术，因此按照国际惯例是允许的。

（4）修改发明内容部分中与该发明所解决的技术问题有关的内容，使其与要求保护的主题相适应，即反映该发明的技术方案相对于最接近的现有技术所解决的技术问题。当然，修改后的内容应在原说明书中有记载或者能从原说明书记载的内容中直接导出。

（5）修改发明内容部分中与该发明技术方案有关的内容，使其与独立权利要求请求保护的主题相适应。如果独立权利要求进行了符合《专利法》及其实施细则规定的修改，则允许该部分作相应的修改；如果独立权利要求未作修改，则允许在不改变原技术方案的基础上，对该部分进行理顺文字、改正不规范用词、统一技术术语等修改。

（6）修改发明内容部分中与该发明的有益效果有关的内容。只有在某（些）技术特征在原始申请文件中已清楚地公开，而其有益效果没有被清楚地提及，但所属技术领域的技术人员可以直接地、毫无困难地从原始申请文件中推断出这种效果的情况下，才允许对发明的有益效果做合适的修改。

（7）修改附图说明。申请文件中有附图，但缺少附图说明的，允许补充所缺的附图说明；附图说明不清楚的，允许根据上下文做出合适的修改。

（8）修改最佳实施方式或者实施例。这种修改中允许增加的内容仅限于补入原实施方式或者实施例中具体内容的出处以及已公开的反映发明的有益效果数据的标准测量方法（包括所使用的标准设备、器具）。如果由检索结果得知原申请要求保护的部分主题已成为现有技术的一部分，则申请人应当将反映这部分主题的内容删除，或者明确写明其为现有技术。

（9）修改附图。删除附图中不必要的词语和注释，可将其补入说明书文字部分之中；修改附图中的标记使之与说明书文字部分相一致；在文字说明清楚的情况下，为使局部结构清楚起见，允许增加局部放大图；修改附图的阿拉伯数字编号，使每幅图使用一个编号。

（10）修改摘要。通过修改使摘要写明发明的名称和所述技术领域，清楚地反映所要解决的技术问题、解决该问题的技术方案的要点以及主要用途；删除商业性宣传用语；更换摘要附图，使其最能反映发明技术方案的主要技术特征。

（11）修改由所属技术领域的技术人员能够识别出的明显错误，即语法错误、文字错误和打印错误。对这些错误的修改必须是所属技术领域的技术人员能从说明书的整体及上下文看出的唯一的正确答案。

5.1.6.5 不允许的修改

凡是对说明书及其附图和权利要求书，做出不符合《专利法》第33条规定的修改，均是不允许的。

具体地说，如果申请的内容通过增加、改变和/或删除其中的一部分，致使所属技术领域的技术人员看到的信息与原申请公开的信息不同，而且又不能从原申请公开的信息中直接地、毫无疑义地导出，那么，这种修改就是不允许的。

这里所说的申请内容，是指原说明书及其附图和权利要求书公开的内容，不包括任何优先权文件的内容。

不允许的修改包括不允许的增加、改变和删除。

（1）不能允许的增加内容的修改

① 将某些不能从原说明书（包括附图）和/或权利要求书中直接明确认定的技术特征写入权利要求书和/或说明书；

② 为使公开的发明清楚或者使权利要求完整而补入既不能从原说明书（包括附图）和/或权利要求书中直接明确地导出，也不能由所属技术领域技术人员的常识直接获得的信息；

③ 增加的内容是通过测量附图得出的尺寸参数技术特征；

④ 引入原申请文件中未提及的附加组分，导致出现原申请没有的特殊效果；

⑤ 补入了所属技术领域的技术人员不能直接从原始申请中导出的有益效果；

⑥ 补入实验数据以说明发明的有益效果，和/或补入实施方式和实施例以说明在权利要求请求保护的范围内发明能够实施（但这些补充的信息可以放入申请案卷中，供审查员审查新颖性、创造性或实用性时参考）；

⑦ 增补原说明书中未提及的附图，一般是不允许的；如果增补背景技术的附图，或者将原附图中的公知技术附图更换为最接近现有技术的附图，则应当允许。

（2）不能允许的改变内容的修改

① 改变权利要求中的技术特征，超出了原权利要求书和说明书记载的范围。

② 由不明确的内容改成明确具体的内容而引入原申请文件中没有的新的内容。

③ 将原申请中分开的几个分离的特征，改变成一种新的组合，而原申请没有明确提及这些分离的特征彼此间的关联。

④ 改变说明书中的某些特征，使得改变后反映的技术内容完全不同于原申请公开的内容或者超出了原说明书和权利要求书记载的范围。

（3）不能允许的删除某些内容的修改

① 从独立权利要求中删除在原申请中明确认定为发明的必要技术特征的那些技术特征，即删除在原说明书中始终作为发明的必要技术特征加以描述的那些技术特征；或者从权利要求中删除一个与说明书公开的技术方案有关的技术术语；或者从权利要求中删除在说明书中明确认定的关于具

体应用范围的技术特征。

② 从说明书中删除某些内容而导致修改后的说明书超出了原说明书和权利要求书记载的范围。

③ 如果在原说明书和权利要求书中没有记载某特征的原数值范围的其他中间数值，而鉴于对比文件公开的内容影响发明的新颖性和创造性，或者鉴于当该特征取原数值范围的某部分时发明不可能实施，申请人采用具体“放弃”的方式，从上述原数值范围中排除该部分，使得要求保护的技术方案中的数值范围从整体上看来明显不包括该部分，由于这样的修改超出了原说明书和权利要求书记载的范围，因此除非申请人能够根据申请原始记载的内容证明该特征取被“放弃”的数值时，本发明不可能实施，或者该特征取经“放弃”后的数值时，本发明具有新颖性和创造性，否则这样的修改不能被允许。例如，要求保护的技术方案中某一数值范围为 $X_1=600\sim10000$，对比文件公开的技术内容与该技术方案的区别仅在于其所述的数值范围为 $X_2=240\sim1500$，因为 X_1 与 X_2 部分重叠，故该权利要求无新颖性。申请人采用具体“放弃”的方式对 X_1 进行修改，排除 X_1 中与 X_2 相重叠的部分，即 $600\sim1500$，将要求保护的技术方案中该数值范围修改为 $X_1>1500$ 至 $X_1=10000$。如果申请人不能根据原始记载的内容和现有技术证明本发明在 $X_1>1500$ 至 $X_1=10000$ 的数值范围相对于对比文件公开的 $X_2=240\sim1500$ 具有创造性，也不能证明 X_1 取 $600\sim1500$ 时，本发明不能实施，则这样的修改不能被允许。

5.1.6.6 修改的方式

根据《专利法实施细则》第 52 条的规定，说明书或者权利要求书的修改部分，除个别文字的修改或者增删外，应当按照规定格式提交替换页。替换页的提交有两种方式。

（1）提交重新打印的替换页和修改对照表

这种方式适用于修改内容较多的说明书、权利要求书及所有作了修改的附图。申请人在提交替换页的同时，要递交一份修改前后的对照明细表。

（2）提交重新打印的替换页和在原文复制件做出修改的对照页

这种方式适用于修改内容较少的说明书和权利要求书。申请人在提交重新打印的替换页的同时递交直接在原文复制件上修改的对照页，使审查员更容易察觉修改的内容。

申请人提交的替换页应当一式两份。

5.1.7 驳回决定和授予专利权的通知

审查员应当在尽可能短的时间内完成申请的实质审查。通常，在发出一次或者两次审查意见通知书后，会出现下列情况。

（1）申请人根据审查员的意见，对申请作了认真的修改，消除了可能导致被驳回的缺陷，使修改后的申请有可能被授予专利权的，如果申请仍存在某些缺陷，则审查员应当再次通知申请人消除这些缺陷，必要时，还可以通过与申请人会晤的方式来加速审查；对个别的问题，如有可能，审查员可以通过电话与申请人讨论。但是，除审查员依职权修改明显错误的情况外，不论采用什么方式提出修改意见，都必须以申请人正式提交的书面修改文件为依据。

（2）申请经申请人陈述意见或者进行修改后，审查员仍然认为申请中存在原审查意见通知书中指出过的属于《专利法实施细则》第53条规定的情形的，审查员可以做出驳回申请的决定。

（3）申请经过修改或者申请人陈述意见后已经符合《专利法》及其实施细则的规定的，审查员应当发出授予发明专利权的通知。

不管哪种情况，最后的结果是审查员做出驳回决定或者发出授予专利权的通知。决定或者通知一经发出，申请人的任何呈文、答复和修改均不再予以考虑。

5.1.7.1 驳回决定

审查员在做出驳回决定之前，应当将其经实质审查认定申请属于《专利法实施细则》第53条规定的应予驳回情形的事实、理由、证据和法律依据通知申请人，并给申请人至少一次陈述意见和/或进行修改申请文件的机会。如果申请人在指定的期限内未提出有说服力的意见和/或证据，也未对申请文件进行符合《专利法》及其实施细则规定的修改，或者修改后的申请文件中仍然存在足以用已通知过申请人的理由和证据予以驳回的缺陷，则审查员可以做出驳回决定。

驳回决定涉及的情形，在《专利法实施细则》第53条中给出了详细的规定。驳回决定一般在第二次审查意见通知书之后才能作出。

驳回决定应当包括专利局的专用表格和驳回决定正文。驳回决定正文包括案由、驳回的理由以及决定三个部分。其中案由部分会简要陈述申请案的审查过程，特别是与驳回决定有关的情况，即历次的审查意见（包括所采用的证据）和申请人的答复概要、申请案所存在的导致被驳回的缺陷以及驳回决定所针对的申请文本；驳回的理由部分，审查员会详细论述驳回决定所依据的事实、理由和法律根据，需要注意：

（1）正确选用法律条款。当可以同时依据《专利法》及其实施细则的不同条款驳回申请时，应当选择其中最为适合、占主导地位的条款作为驳回的法律依据。

（2）以令人信服的事实和理由作为驳回的依据，而且对于这些事实和理由，已经给了申请人一次发表意见和/或修改申请的机会。不得引用新提出的对比文件等作为驳回的证据。

（3）对于不符合《专利法》第22条规定并且即使经过修改也不可能被授予专利权的申请，应当逐一地对每项权利要求进行分析。驳回的理由要充分完整、说理透彻、逻辑严密、措词恰当，不能只援引法律条款或者只做出断言。必要时，审查员在驳回理由部分应当对申请人的争辩进行简要的评论。

在决定部分，审查员应当写明驳回的理由属于《专利法实施细则》第53条的哪一种情形，并根据《专利法》第38条的规定引出驳回该申请的结论。

5.1.7.2 授予专利权的通知

发明专利申请经实质审查没有发现驳回理由的，专利局应当做出授予专利权的决定。在做出授予专利权的决定之前，应当发出授予发明专利权的通知。授权的文本，必须是经申请人以书面形式最后确认的文本。

但允许审查员对准备授权的文本依职权作如下的修改：

（1）说明书方面：修改不适当的发明名称和/或发明所属技术领域；改正错别字、错误的符号、标记等；修改明显不规范的用语；增补说明书各部分所遗漏的标题；删除附图中不必要的文字说明等。

（2）权利要求书方面：改正错别字、错误的标点符号、错误的附图标记，附图标记增加括号。但凡是可能引起保护范围变化的修改，均不能由审查员进行。

（3）摘要方面：修改摘要中不适当的内容及明显的错误。

审查员所作的上述修改应当通知申请人。

5.1.8 实质审查程序的终止、中止和恢复

5.1.8.1 程序的终止

发明专利申请的实质审查程序，因审查员做出驳回决定且决定生效，或者发出授予专利权的通知，或者因申请人主动撤回申请，或者因申请被视为撤回而终止。

5.1.8.2 程序的中止

实质审查程序可能因专利申请权归属纠纷的当事人根据《专利法实施细则》第86条第1款的规定提出请求而中止或因财产保全而中止。一旦审查员接到程序中止调回案卷的通知，应当在规定的时间内将案卷返还文档流程管理部门。

5.1.8.3 程序的恢复

专利申请因不可抗拒的事由或正当理由延误《专利法》或其实施细则规定的期限或者专利局指定的期限造成被视为撤回而导致程序终止的，根据《专利法实施细则》第6条第1款和第2款的规定，申请人可以向国家知识产权局请求恢复被终止的实质审查程序。

对于因专利申请权归属纠纷当事人的请求而中止的实质审查程序，在国家知识产权局收到发生法律效力的调处决定或判决书后，凡不涉及权利人变动的，应及时予以恢复；涉及权利人变动的，在办理相应的著录项目变更手续后予以恢复。若自上述请求中止之日起1年内，专利申请权归属纠纷未能结案，请求人又未请求延长中止的，国家知识产权局将自行恢复被中止的实质审查程序。

审查员在接到初步审查部门送达的有关恢复审查程序的书面通知和专利申请案卷后，应当重新启动实质审查程序。

5.1.9 前置审查与复审后的继续审查

对于实质审查程序驳回的专利申请，申请人可按照《专利法》第41条的规定，向专利复审委员会提出复审请求。根据《专利法实施细则》第62条的规定，审查员应当对专利复审委员会转送的复审请求书进行前置审查，通常应在收到转交的案卷之日起1个月内做出前置审查意见书。

在前置审查阶段，审查员研究了申请人提请复审的事实和理由，特别是考虑其修改的文本后，可以依然坚持原驳回决定，也可以因复审请求的理由成立或者修改的文本克服了原审查意见指出的缺陷而同意撤回驳回决定，进行审查直至授权。

如果审查员在前置审查阶段依然坚持原驳回决定的，则该案件转到专利复审委员会进行审查，如果专利复审委员会做出撤销原驳回决定的复审决定后，审查员应当对专利申请进行继续审查。在继续审查过程中，需要注意两点：第一，审查员无须对复审委员会已经审查并已确定的事实和理由再作审查；第二，审查员不得以同一事实和理由再次做出与该复审决定意见相反的驳回决定。

5.2 新颖性

5.2.1 新颖性的概念

根据《专利法》第 22 条第 1 款的规定，授予专利权的发明和实用新型应当具备新颖性、创造性和实用性。因此，申请专利的发明和实用新型具备新颖性是授予其专利权的必要条件之一。

新颖性，根据《专利法》第 22 条第 2 款的规定，是指该发明或者实用新型不属于现有技术；也没有任何单位或者个人就同样的发明或者实用新型在申请日以前向专利局提出过申请，并记载在申请日以后（含申请日）公布的专利申请文件或者公告的专利文件中。

所以，发明（或者实用新型）专利申请是否具备新颖性与现有技术和申请日以前由任何单位或者个人向国家知识产权局提出过申请并且在申请日以后（含申请日）公布的专利申请文件的内容有关。

5.2.1.1 现有技术

根据《专利法》第 22 条第 5 款的规定，现有技术是指申请日以前在国内外为公众所知的技术。现有技术包括在申请日（有优先权的，指优先权日）以前在国内外出版物上公开发表、在国内外公开使用或者以其他方式为公众所知的技术。

现有技术的时间界限是申请日，享有优先权的，则指优先权日。广义上说，申请日以前公开的技术内容都属于现有技术，但申请日当天公开的技术内容不包括在现有技术范围内。

应当注意，处于保密状态的技术内容由于公众不能得知，因此不属于现有技术。所谓保密状态，不仅包括受保密协议约束的情形，还包括社会观念或者商业习惯上被认为应当承担保密义务的情形，即默契保密的情形。

然而，负有保密义务的人违反协议或者默契泄露秘密，导致技术内容的公开，使公众能得知这些技术，这些技术也就构成了现有技术的一部分。

现有技术公开方式包括出版物公开、使用公开和以其他方式公开三种，均无地域限制。

《专利法》意义上的出版物是指记载有技术或设计内容的独立存在的有形传播载体，并且应表明其发表者或出版者以及公开发表或出版时间。

符合上述含义的出版物可以是各种印刷的、打字的纸件，例如专利文献、科技杂志、科技书籍、学术论文、专业文献、教科书、技术手册、正式公布的会议记录或者技术报告、报纸、小册子、样本、产品目录等，还包括采用其他方法制成的各种有形载体，例如采用电、光、照相等方法制成的各种缩微胶片、影片、照相底片、磁带、唱片、光盘等，还可以是以其他形式存在的资料，例如存在于互联网或其他在线数据库中的资料等。

出版物不受地理位置、语言或者获得的方式的限制，也不受年代的限制。出版物的出版发行量多少、是否有人阅读过、申请人是否知道是无关紧要的。

出版物的印刷日为公开日，印刷日只写明年月或者年份的，以所写月份的最后一日或者所写年份的12月31日为公开日。

由于使用导致一项或者多项技术方案的公开，或者导致该技术方案处于公众中任何一个人都可以得知的状态，这种公开方式称为使用公开。即使所使用的产品或者装置需要经过破坏才能得知其结构和功能，也仍然属于使用公开。使用公开不仅包括通过制造、使用、销售或者进口，而且还包括通过模型演示使公众能够了解其技术内容的情况。但是，未给出任何有关技术内容的说明，以致所属技术领域的技术人员无法得知其结构和功能或材料成分的产品展示，不属于使用公开。使用公开是以公众能够得知该产品或者方法之日为公开日。

为公众所知的其他方式，主要是指口头公开等。例如，口头交谈、报告、讨论会发言、广播或者电视等能使公众得知技术内容的方式。口头交谈、报告、讨论会发言以其发生之日为公开日。公众可接收的广播、电视和电影的报道，以其播放日为公开日。其他还包括公众可阅览的在展台上、橱窗内放置的情报资料及直观资料，如招贴画、图纸、照片、模型、样本、样品等，以其公开展出之日为公开日。

5.2.1.2 抵触申请

除了与现有技术进行比对外，判断一件申请的新颖性时，还需要考虑抵触申请。所谓抵触申请，就是根据《专利法》第22条第2款的规定，在一件专利申请中，如果存在由任何单位或者个人在该申请的申请日以前向国家知识产权局提出并且在申请日以后（含申请日）公布的同样的发明或者实用新型专利申请，那么该在先申请称为抵触申请。抵触申请会损害该专利申请的新颖性。

审查员在检索时应当注意，确定是否有抵触申请存在，不仅要查阅在先申请原始文本的权利要求，而且要查阅其说明书（包括附图），应当以其全文内容为准。

由于抵触申请不属于《专利法》第22条第5款规定的现有技术，所以抵触申请只在确定发明或者实用新型的新颖性时才予以考虑，在确定发明或者实用新型的创造性时，不予考虑。

抵触申请包括申请日以前提出、在申请日之后（含申请日）进入中国国家阶段并做出中文公布的、且为同样的发明或者实用新型的国际专利申请。

另外，抵触申请仅指由他人在申请日以前提出的，不包含在申请日提出的发明或者实用新型。

5.2.1.3 对比文件

现有技术中，有关在国内使用公开或者以其他方式为公众所知的技术，审查员一般是无法得知的，因此，在实质审查程序中所涉及的现有技术主要是指出版物公开的技术。

审查员为判断专利申请是否具有新颖性和创造性，从现有技术中检索出与该专利申请相关的文件（包括专利文件和非专利文件）以及仅为判断新颖性的抵触申请文件，用以与该专利申请进行比较，这些文件称为对比文件。

引用的对比文件可以是一件，也可以是数件；所引用的内容可以是每件对比文件的全部内容，也可以是其中的部分内容。

对比文件是客观存在的技术资料。引用对比文件所记载的内容判断申请的新颖性和创造性时，应当以对比文件公开的技术内容为准。对于所属技术领域的技术人员来说，隐含的且可无歧义地推定出的技术内容同样属于公开的内容。但是，不得随意将对比文件的内容扩大或缩小。另外，对比文件中包括附图的，也可以引用附图。但是，审查员在引用附图时必须注意，只有能够从附图中明显看出的技术特征才属于公开的内容，由附图中推测的内容，或者无文字说明仅仅是从附图中测量得出的尺寸及其关系，不应当作为已公开的内容。

一份清楚、完整地公开了发明或者实用新型专利申请的技术方案的对比文件，是损害该发明或者实用新型专利申请的新颖性的文件。

5.2.2 新颖性的审查原则和基准

发明或者实用新型专利申请是否具备新颖性，只有在其具备实用性后才予以考虑。

5.2.2.1 审查原则

审查新颖性时，应当根据以下原则进行判断。

（1）同样的发明或者实用新型

被审查的发明或者实用新型专利申请与现有技术或者申请日前由任何单位或者个人向专利局提出申请并在申请日后（含申请日）公布的（以下简称“申请在先公布在后的”）发明或者实用新型的相关内容相比，如果其技术领域、所要解决的技术问题和技术方案实质上相同、预期效果相同，则认为两者为同样的发明或者实用新型。

（2）单独对比

判断新颖性时，应当将发明或者实用新型专利申请的各项权利要求分别与每一项现有技术或申请在先公布在后的发明或实用新型申请文件中相关的技术内容单独地进行比较，不得将其与几项现有技术或者申请在先公布在后的发明或者实用新型内容的组合，或者与一份对比文件中的多项技术方案的组合进行对比。即，判断发明或者实用新型专利申请的新颖性适用单独对比的原则。这与发明或者实用新型专利申请创造性的判断方法是不相同的。

5.2.2.2 审查基准

同样的发明或者实用新型，是指技术领域、所要解决的技术问题和技术方案实质上相同，预期效果相同的发明或者实用新型。判断新颖性时，应当以此作为判断相同的发明或实用新型的基准。

以下给出新颖性判断中几种常见的情形。

（1）相同内容的发明或者实用新型

发明或者实用新型专利申请请求保护的主题与对比文件所公开的技术内容完全相同，或者仅仅是简单的文字变换，则该发明或者实用新型专利申请不具备新颖性。另外，上述相同的内容应该理解为包括可以从对比文件中直接导出的唯一内容。

（2）具体（下位）概念与一般（上位）概念

倘若发明或者实用新型专利申请请求保护的主题与现有技术或申请在先公布在后的发明或者实用新型相比，其区别仅在于前者采用一般（上位）概念，而后者采用具体（下位）概念限定同类性质的技术特征，则具体（下位）概念的公开使采用一般（上位）概念限定的发明或者实用新型专利申请丧失新颖性。

反之，一般（上位）概念的公开并不影响采用具体（下位）概念限定的发明或者实用新型专利申请的新颖性。

(3) 惯用手段的直接置换

如果发明或者实用新型专利申请的技术方案与对比文件的区别仅仅是所属技术领域的惯用手段的直接置换，则该项发明或者实用新型专利申请不具有新颖性。

(4) 数值和数值范围

发明或者实用新型专利申请要求保护的技术方案中存在以数值或者连续变化的数值范围限定的技术特征，而其余技术特征与现有技术或者申请在先公布在后的发明或实用新型相同的，其新颖性的判断应当依照以下各项规定：

① 上述限定的技术特征为离散的数值，对比文件公开的相应技术特征是介于两个端值之间的连续数值范围，则能损害上述限定技术特征的数值为该两端值中任意一个的技术方案的新颖性，但不损害上述限定的技术特征为该两端值之间的特定值的技术方案的新颖性，除非这些中间的特定值在该对比文件中也已被具体公开过。

② 上述限定的技术特征为连续的数值范围，对比文件中已公开了较其更宽的数值范围，且给出该范围中的一些具体实施例数值，如果这些实施例数值落在要求保护的技术方案中的数值范围内，则该技术方案不具备新颖性。

③ 上述限定的技术特征为连续的数值范围，对比文件中已公开的一个数值落在该数值范围内，则以该数值范围为限定技术特征要求保护的技术方案不具备新颖性。

④ 上述限定的技术特征为连续的数值范围，对比文件中已公开了一个更宽的连续数值范围，并且上述两数值范围有一个共同的端点或者部分重叠的，则以该较窄数值范围为限定技术特征要求保护的技术方案不具备新颖性。

⑤ 上述限定的技术特征为连续的数值范围，该数值范围没有在对比文件中公开过，并且也不包括对比文件公开的数值，则以该数值范围为限定技术特征要求保护的技术方案具备新颖性。

⑥ 上述限定的技术特征为连续的数值范围，对比文件中公开了一个较宽的数值范围，并且该两数值范围无共同端点或部分重叠的，则以该较窄数值范围为限定技术特征要求保护的技术方案具备新颖性。

⑦ 上述限定的技术特征为连续的数值范围，该数值范围是为了解决对

比文件中存在的特殊技术问题或者达到特殊效果而从对比文件公开的数值范围中选择出的，则以该选择出的数值范围为限定技术特征要求保护的技术方案具备新颖性。

⑧ 上述限定的技术特征为离散的数值或连续的数值范围，在现有技术中上述离散的数值或连续的数值范围是作为告诫所属技术领域的技术人员不应当选用而被公开的，克服这种偏见的发明或者实用新型专利申请则具备新颖性。

（5）包含性能、参数、用途或制备方法等特征的产品权利要求

对于包含性能、参数、用途、制备方法等特征的产品权利要求新颖性的审查，应当按照以下原则进行：

① 包含性能、参数特征的产品权利要求

对于这类权利要求，应当考虑权利要求中的性能、参数特征是否隐含了要求保护的产品具有某种特定结构和/或组成。如果该性能、参数隐含了要求保护的产品具有区别于对比文件产品的结构和/或组成，则该权利要求具备新颖性；相反，如果所属技术领域的技术人员根据该性能、参数无法将要求保护的产品与对比文件产品区分开，则可推定要求保护的产品与对比文件产品相同，因此申请的权利要求不具备新颖性，除非申请人能够根据申请文件或现有技术证明权利要求中包含性能、参数特征的产品与对比文件产品在结构和/或组成上不同。

② 包含用途特征的产品权利要求

对于这类权利要求，应当考虑权利要求中的用途特征是否隐含了要求保护的产品具有某种特定结构和/或组成。如果该用途由产品本身固有的特性决定，而且用途特征没有隐含产品在结构和/或组成上发生改变，则该用途特征限定的产品权利要求相对于对比文件的产品不具有新颖性。

③ 包含制备方法特征的产品权利要求

对于这类权利要求，应当考虑该制备方法是否导致产品具有某种特定的结构和/或组成。如果所属技术领域的技术人员可以断定该方法必然使产品具有不同于对比文件产品的特定结构和/或组成，则该权利要求具备新颖性；相反，如果申请的权利要求所限定的产品与对比文件产品相比，尽管所述方法不同，但产品的结构和组成相同，则该权利要求不具备新颖性，除非申请人能够根据申请文件或现有技术证明该方法导致产品在结构和/或组成上与对比文件产品不同，或者该方法

给产品带来了不同于对比文件产品的性能从而表明其结构和/或组成已发生改变。

5.2.3 优先权

5.2.3.1 外国优先权

《专利法》第29条第1款规定了外国优先权的情形：申请人就相同主题的发明或者实用新型在外国第一次提出专利申请之日起12个月内，又在中国提出申请的，依照该国同中国签订的协议或者共同参加的国际条约，或者依照相互承认优先权的原则，可以享有优先权。享有外国优先权的专利申请应当满足以下条件：

（1）申请人就相同主题的发明创造在外国第一次提出专利申请（以下简称“外国首次申请”）后又在中国提出专利申请（以下简称“中国在后申请”）；

（2）就发明和实用新型而言，中国在后申请之日不得迟于自外国首次申请之日起12个月；

（3）申请人提出首次申请的国家应当是同中国签有协议或者共同参加国际条约，或者相互承认优先权原则的国家。

享有外国优先权的发明创造与外国首次申请审批的最终结局无关，只要该首次申请在有关国家中获得了确定的申请日，就可作为要求外国优先权的基础。

5.2.3.2 本国优先权

《专利法》第29条第2款和《专利法实施细则》第32条规定了本国优先权的情形：申请人就相同主题的发明或者自实用新型在中国第一次提出专利申请之日起12个月内，又以该发明专利申请为基础向国家知识产权局提出发明专利申请或者实用新型专利申请的，或者又以该实用新型专利申请为基础向国家知识产权局提出实用新型专利申请或者发明专利申请的，可以享有优先权。享有本国优先权的专利申请应当满足以下条件：

（1）只适用于发明或者实用新型专利申请。

（2）申请人就相同主题的发明或者实用新型在中国第一次提出专利申请（以下简称“中国首次申请”）后又向专利局提出专利申请（以下简称“中国在后申请”）。

（3）中国在后申请之日不得迟于自中国首次申请之日起12个月。

对于被要求优先权的中国在先申请的主题有下列情形之一的，不得作为要求本国优先权的基础：

（1）已经要求外国优先权或者本国优先权的；

（2）已经被批准授予专利权的；

（3）属于按照《专利法实施细则》第42条规定提出的分案申请。

另外，需要注意的是，当申请人要求本国优先权时，作为本国优先权基础的中国首次申请，自中国在后申请提出之日起即被视为撤回。

对于优先权问题，出现了“相同主题的发明创造”的限定，对于相同主题的发明或者实用新型，是指技术领域、所要解决的技术问题和技术方案实质上相同，预期效果相同的发明或者实用新型。但应注意，这里所谓的相同，并不意味着在文字记载或者叙述方式上完全一致。

需要注意的是，对于在后申请的主题，即其在权利要求中限定的技术方案，只要已记载在首次申请中就可享有该首次申请的优先权，而不必要求其包含在该首次申请的权利要求书中。

另外，优先权概念的引入产生了一个优先权的效力问题。事实上，申请人在首次申请后，在优先权期限内提出的相同主题的发明创造专利申请，都看作是在首次申请的申请日所提出，不会因为在优先权期间内，即首次申请日与在后申请的申请日之间其他人提出了相同主题的申请，或者公布、利用这种发明创造而失去效力。

当然，在优先权的方式上，会出现多项优先权和部分优先权的情形，需要区别对待。

5.2.4 不丧失新颖性的公开

《专利法》第24条规定，申请专利的发明创造在申请日以前6个月内，有下列情形之一的，不丧失新颖性。

（1）在国际展览会上首次展出

根据《专利法》第24条第1项的规定，申请专利的发明创造在申请日以前6个月内，在中国政府主办或者承认的国际展览会上首次展出的，不丧失新颖性。

中国政府主办的国际展览会，包括国务院、各部委主办或者国务院批准由其他机关或者地方政府举办的国际展览会。中国政府承认的国际展览会，包括国务院、各部委承认的在外国举办的展览会。所谓国际展览会，即展出的展品除了举办国的产品以外，还应当有来自外国的展品。

（2）在学术或者技术会议上首次发表

根据《专利法》第 24 条第 2 项的规定，申请专利的发明创造在申请日以前 6 个月内，在规定的学术会议或者技术会议上首次发表的，不丧失新颖性。

规定的学术会议或者技术会议，是指国务院有关主管部门或者全国性学术团体组织召开的学术会议或者技术会议，不包括省以下或者受国务院各部委或全国性学会委托或者以其名义组织召开的学术会议或者技术会议。在后者所述的会议上的公开将导致丧失新颖性，除非这些会议本身有保密约定。

(3) 他人违反申请人本意的公开

根据《专利法》第 24 条第 3 项的规定，申请专利的发明创造在申请日以前 6 个月内，他人未经申请人同意而泄露其内容的，不丧失新颖性。

他人未经申请人同意对发明创造所作的公开，包括他人未遵守明示的或者默示的保密信约而将发明创造的内容公开，也包括他人用威胁、欺诈或者间谍活动等手段从发明人或者申请人那里得知发明创造的内容而后造成的公开。这两种情况的公开都是违反申请人的本意的。

5.2.5 宽限期

申请专利的发明创造在申请日以前 6 个月内，发生《专利法》第 24 条规定的三种情形之一的，该申请不丧失新颖性。即这三种情况不构成影响该申请的现有技术。所说的 6 个月期限，称为宽限期，或者称为优惠期。

宽限期和优先权的效力是不同的。它仅仅是把申请人（包括发明人）的某些公开，或者第三人从申请人或发明人那里以合法手段或者不合法手段得来的发明创造的某些公开，认为是不损害该专利申请新颖性和创造性的公开。

实际上，发明创造公开以后已经成为现有技术，只是认为这种公开在一定期限内对申请人的专利申请来说不视作影响其新颖性的现有技术，并不是把发明创造的公开日看做是专利申请的申请日。所以，从公开之日至提出申请的期间，如果第三人独立地做出了同样的发明创造，而且在申请人提出专利申请以前提出了专利申请，那么根据先申请原则，申请人就不能取得专利权。当然，由于申请人（包括发明人）的公开，使该发明创造成为现有技术，故第三人的申请没有新颖性，也不能取得专利权。

自发生《专利法》第 24 条规定的任何一种情形之日起 6 个月内，申请人提出申请之前，再次将其发明创造公开的，只要该公开不属于上述三种情况，则该申请将由于此在后公开而丧失新颖性。

专利申请有《专利法》第 24 条第 3 项所说情形的，国家知识产权局在必要时可以要求申请人提出证明文件，证实其发生所说情形的日期及实质内容。

申请人未按照《专利法实施细则》第 30 条第 3 款的规定提出声明和提交证明文件的，或者未按照该条第 3 款的规定在指定期限内提交证明文件的，其申请不能享受《专利法》第 24 条规定的新颖性宽限期。

对《专利法》第 24 条的适用发生争议时，主张该规定效力的一方有责任举证或者做出使人信服的说明。

5.2.6　对同样的发明创造的处理

《专利法》第 9 条规定，同样的发明创造只能授予一项专利权。

上述条款规定了不能重复授予专利权的原则。禁止对同样的发明创造授予多项专利权，是为了防止权利之间存在冲突。

对于发明或实用新型，《专利法》第 9 条或《专利法实施细则》第 41 条中所述的“同样的发明创造”是指两件或两件以上申请（或专利）中存在的保护范围相同的权利要求。

凡是在先申请构成抵触申请或经公开已构成现有技术的，应根据《专利法》第 22 条第 2 款、第 3 款，而不是依据《专利法》第 9 条对在后申请（或专利）进行审查。

5.2.6.1　判断原则

《专利法》第 59 条第 1 款规定，发明或者实用新型专利权的保护范围以其权利要求的内容为准，说明书及附图可以用于解释权利要求的内容。为了避免重复授权，在判断是否为同样的发明创造时，应当将两件发明或者实用新型专利申请或专利的权利要求书的内容进行比较，而不是将权利要求书与专利申请或专利文件的全部内容进行比较。

两项权利要求所要求保护的发明或者实用新型相同，是指它们的技术领域、所要解决的技术问题和技术方案实质上相同，预期效果相同。

在判断时，应当对两份申请或者专利的各项权利要求分别进行比较。其中一份申请或专利的一项权利要求与另一份申请或专利的某一项权利要求内容相同的，应当认为要求保护的是同样的发明创造。

两份申请或者专利的说明书的内容相同，但其权利要求的内容不同的，应当认为所要求保护的发明创造不同。例如，同一申请人提交的两份申请的说明书都记载了一种产品以及制造该产品的方法，其中一份申请的权利要求书要求保护的是该产品，另一份申请的权利要求书要求保护的是制造该产品的方法，应当认为要求保护的是不同的发明创造。

5.2.6.2 处理方式

在审查过程中，对于同一申请人同日就同样的发明创造提出两份申请，并且这两份申请符合授予专利权的其他条件的，应当通知申请人进行选择或者修改。申请人期满不答复的，相应的申请被视为撤回。经申请人陈述意见或者进行修改后仍不符合《专利法》第9条第1款规定的，两件申请均予以驳回。

在审查过程中，对于不同的申请人就同样的发明创造在同一日分别提出申请，并且这两份申请符合授予专利权的其他条件的，应当根据《专利法实施细则》第41条第1款的规定，通知申请人自行协商确定申请人。申请人期满不答复的，两份申请均被视为撤回；协商不成，或者经申请人陈述意见或进行修改后仍认为不符合《专利法》第9条第1款规定的，对两份申请均予以驳回。

在对一份申请进行审查的过程中，对于同一申请人就同样的发明创造提出的另一份申请已经被授予专利权，并且尚未授权的申请符合授予专利权的其他条件的，应当通知申请人进行修改。申请人期满不答复的，其申请被视为撤回。经申请人陈述意见或者进行修改后仍认为符合《专利法》第9条第1款规定的，应当驳回其申请。但是，对于同一申请人同日（仅指申请日）对同样的发明创造既申请实用新型又申请发明专利的，在先获得的实用新型专利权尚未终止，并且申请人在申请时分别做出说明的，除通过修改发明专利申请外，还可以通过放弃实用新型专利权避免重复授权。因此，在对上述发明专利申请进行审查的过程中，如果该发明专利申请符合授予专利权的其他条件，应当通过申请人进行选择或者修改，申请人选择放弃已经授予的实用新型专利权的，应当在答复审查意见通知书时附交放弃实用新型专利权的书面声明。此时，对那件符合授权条件、尚未授权的发明专利申请，应当发出授权通知书，并将放弃上述实用新型专利权的书面声明转至有关审查部门，由专利局予以登记和公告，公告上注明上述实用新型专利权自公告授予发明专利权之日起终止。

5.3 创造性

5.3.1 发明创造性的概念

根据《专利法》第22条第3款的规定，发明专利的创造性，是指同申请日以前已有的技术相比，该发明有突出的实质性特点和显著的进步。

5.3.1.1　已有的技术

根据《专利法》第22条第5款的规定，现有技术是指申请日以前在国内外为公众所知的技术。现有技术包括在申请日（有优先权的，指优先权日）以前在国内外出版物上公开发表、在国内外公开使用或者以其他方式为公众所知的技术。

《专利法》第22条第2款中所述的，在申请日以前由任何单位或者个人向专利局提出过申请并且记载在申请日以后公布的专利申请文件中的内容，不属于现有技术；因此，在评定发明创造性时不予考虑。

5.3.1.2　所属技术领域的技术人员

发明是否具备创造性，应当基于所属技术领域的技术人员的知识和能力进行评价。所属技术领域的技术人员，也可称为本领域的技术人员，是指一种假设的“人”，假定他知晓申请日或者优先权日之前发明所属技术领域所有的普通技术知识，能够获知该领域中所有的现有技术，并且具有应用该日期之前常规实验的手段和能力，但他不具有创造能力。如果所要解决的技术问题能够促使本领域的技术人员在其他技术领域寻找技术手段，他也应具有从该其他技术领域中获知该申请日或优先权日之前的相关现有技术、普通技术知识和常规实验手段的能力。

设定这一概念的目的，在于统一审查标准，尽量避免审查员主观因素的影响。

5.3.1.3　突出的实质性特点

发明有突出的实质性特点，是指发明相对于现有技术，对所属技术领域的技术人员来说，是非显而易见的。如果发明是其所属技术领域的技术人员在现有技术的基础上通过逻辑分析、推理或者有限的试验可以得到的，则该发明是显而易见的，也就不具备突出的实质性特点。

5.3.1.4　显著的进步

发明有显著的进步，是指发明与最接近的现有技术相比能够产生有益的技术效果。比如，发明克服了现有技术中存在的缺点和不足，或者为解决某一技术问题提供了一种不同构思的技术方案，或者代表某种新的技术发展趋势。

5.3.2　发明创造性的审查原则和基准

一件发明专利申请是否具备创造性，只有在该发明具备新颖性的条件下才予以考虑。

根据《专利法》第22条第3款的规定，审查发明是否具备创造性，应当审查发明是否具有突出的实质性特点，同时还应当审查发明是否具有显著的进步。

在评价发明是否具有创造性时，审查员不仅要考虑发明技术解决方案本身，而且还要考虑发明要解决的技术问题和所产生的技术效果，将其作为一个整体来看待。

与新颖性“单独对比”的审查原则不同，审查创造性时，将一份或者多份对比文件中的不同的技术内容组合在一起进行评定。

如果一项独立权利要求具备创造性，则不再审查该独立权利要求的从属权利要求的创造性。

5.3.3 发明创造性的审查基准

评定发明有无创造性，应当以《专利法》第22条第3款为基准。为有助于正确掌握该基准，下面分别给出突出的实质性特点和显著的进步的审查基准。

5.3.3.1 实质性特点的审查基准

将要求保护的发明与现有技术对比，其技术方案相对于现有技术是非显而易见的，则具有突出的实质性特点；是显而易见的，则无突出的实质性特点。

按照此审查基准判断该要求保护的技术方案相对于现有技术是否显而易见，通常可按以下三个步骤进行。

（1）确定最接近的现有技术

最接近的现有技术，是指现有技术中与要求保护的发明最密切相关的一个技术方案，它是判断发明是否具有突出的实质性特点的基础。最接近的现有技术，通常与要求保护的发明技术领域相同，并且所要解决的技术问题、技术效果或者用途最接近和/或公开了发明的技术特征最多，或者虽然与要求保护的发明技术领域不同，但能够实现发明的功能，并且公开发明的技术特征最多。应当注意的是，在确定最接近的现有技术时，应首先考虑技术领域相同或相近的现有技术。

（2）确定发明的区别特征和其实际解决的技术问题

审查员在审查中应当客观分析确定发明实际解决的技术问题。为此，首先应当分析要求保护的发明与最接近的现有技术有哪些区别特征，然后根据该区别特征所能达到的技术效果确定发明实际解决的技术问题。从这个意义上说，发明实际解决的技术问题，是指改进最接近的现有技术以获得更好技术效果的技术任务。

审查过程中，由于审查员所认定的最接近的现有技术可能不同于申请人在说明书中所描述的现有技术，因此，基于最接近的现有技术重新确定的该发明实际解决的技术问题，可能不同于说明书中所描述的“技术问题”。在这种情况下，应当根据审查员所认定的最接近的现有技术重新确定其实际解决的“技术问题”。

重新确定的“技术问题”的范围可能要依据每项发明的具体情况而定。作为一个原则，发明的任何技术效果都可以作为重新确定技术问题的基础，只要本领域的技术人员从该申请说明书中所记载的内容能够得知该技术效果即可。

（3）判断要求保护的发明对本领域的技术人员来说是否显而易见

在该步骤中，要从最接近的现有技术和发明实际解决的技术问题出发，判断要求保护的发明对本领域的技术人员来说是否显而易见。判断过程中，要确定的是现有技术整体上是否存在某种技术启示，即现有技术中是否给出将上述区别特征应用到该最接近现有技术以解决其存在的技术问题（即发明实际解决的技术问题）的启示，这种启示会使本领域的技术人员在面对所述技术问题时，改进该最接近现有技术并获得要求保护的发明。

下述情况，通常认为现有技术中存在上述“技术启示”：

（1）所述区别特征为公知常识。例如，公知的教科书或者工具书披露的解决该重新确定的技术问题的技术手段，本领域中解决该重新确定的技术问题的惯用手段；

（2）所述区别特征为与最接近的现有技术相关的技术手段。例如，同一份对比文件其他部分披露的技术手段，该技术手段在该其他部分所起的作用与该区别特征在要求保护的发明中为解决该重新确定的技术问题所起的作用相同；

（3）所述区别特征为另一篇对比文件中披露的相关技术手段，该技术手段在该对比文件中所起的作用与该区别特征在要求保护的发明中为解决该重新确定的技术问题所起的作用相同。

5.3.3.2　显著进步的审查基准

在评价发明是否具有显著的进步时，主要应当考虑发明是否具有有益的技术效果。以下情况，通常应当认为发明具有有益的技术效果，具有显著的进步：

（1）发明与最接近的现有技术相比具有更好的技术效果。例如，质量改善、产量提高、节约能源、防治环境污染等；

(2) 发明提供了一种技术构思不同的技术方案，其技术效果能够基本上达到现有技术的水平；

(3) 发明代表某种新技术发展趋势；

(4) 尽管发明在某些方面有负面效果，但在其他方面具有明显积极的技术效果。

5.3.3.3 辅助性审查基准

发明是否具备创造性，通常应当依据上面罗列的原则进行审查。为了有助于创造性的判断，可以通过以下一些特定情况下的考虑和判断来进行更好的审查。

(1) 发明解决了人们一直渴望解决但始终未能获得成功的技术难题

某个科学技术领域中的技术难题，人们长久渴望解决，经发明者的努力解决了，这种发明具有突出的实质性特点和显著的进步，具备创造性。

(2) 发明克服了技术偏见

技术偏见是指在某段时间内、某个技术领域中，技术人员对某个技术问题普遍存在的、偏离客观事实的认识，它引导人们不去考虑其他方面的可能性，阻碍人们对该技术领域的研究和开发。如果发明克服了这种技术偏见，采用了人们由于技术偏见而舍弃的技术手段，从而解决了技术问题，则这种发明具有突出的实质性特点和显著的进步，具备创造性。

(3) 发明取得了预料不到的技术效果

发明取得了预料不到的技术效果，是指发明同现有技术相比，其技术效果产生"质"的变化，具有新的性能；或者产生"量"的变化，超出人们的预期。这种"质"的或者"量"的变化，对所属技术领域的技术人员来说，事先无法预测或者推理出来。当发明产生了预料不到的技术效果时，一方面说明发明具有显著的进步，另一方面也反映出发明的技术方案是非显而易见的，具有突出的实质性特点，具备创造性。

(4) 发明在商业上获得成功

当发明的产品在商业上获得成功时，如果这种成功是由于发明的技术特征直接导致的，则一方面反映了发明具有有益效果，另一方面也说明了发明是非显而易见的，因而这类发明具有突出的实质性特点和显著的进步，具备创造性。

5.3.4 几种不同类型发明的创造性判断

下面依据发明与最接近的现有技术的区别特征的特点，提出几种情况以及在该情况下的审查方法，作为参考。

5.3.4.1 开拓性发明

一种全新的技术解决方案，在技术史上未曾有过先例，它为人类科学技术在某个时期的发展开创了新纪元，这种发明称为开拓性发明。

开拓性发明同现有技术相比，具有突出的实质性特点和显著的进步，具备创造性。但由于科学技术的成熟，做出开拓性发明的空间和可能性均越来越小。

5.3.4.2 组合发明

组合发明，是指将某些技术方案进行组合，构成一项新的技术解决方案，以解决现有技术客观存在的技术问题。

如果组合的各技术特征，在功能上彼此相互支持，并取得了新的技术效果，或者说组合后的技术效果比每个技术特征效果的总和更优越，这种组合具有突出的实质性特点和显著的进步，发明具备创造性。组合发明的每个技术特征本身是否完全公知或者部分公知不影响创造性。但是，如果发明仅是某些公知产品或者方法连结在一起，各自仍以常规的方式工作，而且总的技术效果是各组合部分效果之总和，各组合的技术特征无功能上相互作用关系，仅仅是一种简单的叠加，或称之为“拼凑”，这种拼凑的发明不具备创造性。此外，如果组合仅仅是公知结构的变型，或者组合处于常规技术继续发展的范围之内，而没有取得预料不到的技术效果，则这样的组合发明不具备创造性。

5.3.4.3 选择发明

选择发明，是指从现有技术中公开的较大范围中，有目的地选出现有技术中未提到的小范围或个体的发明。选择发明是化学领域中常见的一种发明类型，其创造性的判断主要参考发明的技术效果。如果选择发明的技术解决方案能够取得预料不到的技术效果，则具有突出的实质性特点和显著的进步，具备创造性。但是，如果发明仅仅是从一些具有相同可能性的技术解决方案中选出一种，而选出的这种方案未能取得预料不到的效果，则不具备创造性。

如果发明是在可能的、有限的范围内选择具体的尺寸、温度范围或者其他参数，而这些选择可以由本领域的技术人员通过常规手段得到，该发明不具备创造性。如果发明是可以从现有技术中直接推导出来的选择，也不具备创造性。

5.3.4.4 转用发明和用途发明

转用发明，是指将某一技术领域的现有技术转用到其他技术领域中的发明。如果这种转用能够产生预料不到的技术效果，或者克服了原技术领域中未曾遇到的困难，则这种转用发明具有突出的实质性特点和显著的进步，具备创造性。但是，如果转用是在类似的或者相近的技术领域之间进行的，并且未产生预料不到的效果，则这种转用不具备创造性。

用途发明，是指将公知产品用于新的目的的发明。如果产品的新用途，能够产生预料不到的技术效果，则这种用途具有突出的实质性特点和显著的进步，发明具备创造性。例如，将作为木材杀菌剂的五氯酚制剂用作除草剂而取得了意想不到的效果，该发明具备创造性。但是，如果新的用途仅仅是使用了已知材料的公知的性质，则不具备创造性。

5.3.4.5 要素变更的发明

要素变更的发明，包括要素关系改变的发明、要素替代的发明和要素省略的发明。

（1）要素关系改变的发明，是指发明与现有技术相比，其形状、尺寸、比例、位置及作用关系等有了变化。如果要素关系的改变导致发明质量、功能及用途上的变化，从而产生了预料不到的技术效果，则具有突出的实质性特点和显著的进步，该发明具备创造性。但是，如果要素关系的改变不能使发明产生预料不到的技术效果，则发明不具备创造性。

（2）要素替代的发明，是指已知产品或方法的某一要素由其他要素替代的发明。如果这种替代能使发明产生预料不到的技术效果，则具有突出的实质性特点和显著的进步，具备创造性。但是，如果发明是相同功能的已知手段的等效替代，或者是为解决同一技术问题，用已知最新研制出的具有相同功能的材料替代公知产品中的相应材料，或者是用某一公知材料替代公知产品中的某材料，而这种公知材料的类似应用是已知的，且没有产生预料不到的技术效果，则该发明不具备创造性。

（3）要素省略的发明，是指省去已知产品或者方法中的某一项或多项要素的发明。如果发明与现有技术相比，发明省去一项或多项要素后，依然保持原有的全部功能，或者带来预料不到的技术效果，则具有突出的实质性特点和显著的进步，该发明具备创造性。但是，如果发明省去一项或多项要素后其功能也相应地消失，则该发明不具备创造性。

5.3.4.6 已知产品的新用途发明

已知产品的新用途发明，是指将已知产品用于新的目的的发明。

在进行已知产品新用途发明的创造性判断时通常需要考虑：新用途与现有用途技术领域的远近、新用途所带来的技术效果等。

如果新的用途仅仅是使用了已知材料的已知的性质，则该用途发明不具备创造性。

如果新的用途是利用了已知产品新发现的性质，并且产生了预料不到的技术效果，则这种用途发明具有突出的实质性特点和显著的进步，具备创造性。

5.3.5　审查创造性时应当注意的问题

（1）创立发明的途径

不管发明者在创立发明的过程中是历尽艰险，还是唾手可得，都不应当影响对该发明创造性的评价。绝大多数发明是发明者创造性劳动的结晶，是长期科学研究或者生产实践的总结。但是，也有一部分发明是偶然做出的。

（2）避免“事后诸葛亮”

审查发明的创造性时，由于审查员是在了解了发明内容之后才做出判断，因而容易对发明的创造性估计偏低。对发明的创造性评定应该是由发明所属技术领域的技术人员依据申请日以前的现有技术与发明进行比较而做出的，以减少和避免主观因素的影响。

（3）对预料不到的技术效果的考虑

在创造性的判断过程中，考虑发明的技术效果有利于正确评价发明的创造性。如果发明与最接近的现有技术相比具有预料不到的技术效果，则不必再怀疑其技术方案是否具有突出的实质性特点，可以确定发明具备创造性。

（4）对要求保护的发明进行审查

发明是否具备创造性是针对要求保护的发明而言的，因此，对发明创造性的评价应当针对权利要求限定的技术方案进行。发明对现有技术作出贡献的技术特征，比如使发明产生预料不到的效果的技术特征，或者体现发明克服技术偏见的技术特征，应当写入权利要求中；否则，即使说明书中有记载，评价发明的创造性时也不予考虑。此外，创造性的判断应当针对权利要求限定的技术方案整体进行评价，即评价技术方案是否具备创造性，而不是评价某一技术特征是否具备创造性。

5.4 实用性

5.4.1 实用性的概念

《专利法》第22条第4款给出了实用性的规定，实用性是指发明或者实用新型申请的主题必须能够在产业上制造或者使用，并且能够产生积极效果。

授予专利权的发明或者实用新型，必须是能够解决技术问题，并且能够应用的发明或者实用新型。换句话说，如果申请的是一种产品，那么该产品必须在产业中能够制造，并且能够解决技术问题；如果申请的是一种方法，那么这种方法必须在产业中能够使用，并且能够解决技术问题。只有满足上述条件的产品或者方法专利申请才可能被授予专利权。

所谓产业，包括工业、农业、林业、水产业、畜牧业、交通运输业以及文化体育、生活用品和医疗器械等行业。

在产业上能够制造或者使用的技术方案，是指符合自然法则、具有技术特征的任何可实施的技术方案。这些方案并不仅仅意味着使用机器设备，或者制造一种物品，而且还可以包括例如驱雾的方法，或者将能量由一种形式转换成另一种形式的方法。

能够产生积极效果，是指发明或者实用新型专利申请在提出申请之日，其产生的经济、技术和社会的效果是所属技术领域的技术人员可以预料到的。这些效果应当是积极的和有益的。

5.4.2 实用性的审查原则和基准

发明或者实用新型专利申请是否具备实用性，应当在新颖性和创造性审查之前首先进行判断，因此，申请专利的发明和实用新型具备实用性是授予专利权的必要条件之一。

5.4.2.1 审查原则

审查发明或者实用新型专利申请的实用性时，应当遵循下列原则：

（1）以申请日提交的说明书（包括附图）和权利要求书所公开的整体技术内容为依据，而不仅仅局限于权利要求书所记载的内容；

（2）实用性与所申请的发明或者实用新型是怎样创造出来的或者是否已经实施无关。

5.4.2.2 审查基准

《专利法》第22条第4款的规定，是确定发明或者实用新型专利申请是否具备实用性的根据。以下给出不具备实用性的几种主要情形。

（1）无再现性

具有实用性的发明或者实用新型专利申请主题，应当具有再现性。反之，无再现性的发明或者实用新型专利申请主题不具备实用性。

再现性，是指所属技术领域的技术人员，根据公开的技术内容，能够重复实施专利申请中为解决技术问题所采用的技术方案。这种重复实施不得依赖任何随机的因素，并且实施结果应该是相同的。

但是，需要注意的是，申请发明或者实用新型专利的产品的成品率低与不具有再现性是有本质区别的。前者是能够重复实施，只是由于实施过程中未能确保某些技术条件而导致成品率低；后者则是在确保发明或者实用新型专利申请所需全部技术条件下，所属技术领域的技术人员仍不可能重复实现该技术方案所要求达到的结果。

（2）违背自然规律

具有实用性的发明或者实用新型专利申请应当符合自然规律。违背自然规律的发明或者实用新型专利申请是不能实施的，因此，不具备实用性。

应当特别注意那些违背能量守恒定律的发明或者实用新型专利申请的主题，如永动机，必然是不具备实用性的。

（3）利用独一无二的自然条件的产品

具备实用性的发明或者实用新型专利申请不得是由自然条件限定的独一无二的产品。利用特定的自然条件建造的自始至终都是不可移动的唯一产品不具备实用性。应当注意的是，不能因为上述利用独一无二的自然条件的产品不具备实用性，而认为其构件本身也不具备实用性。

（4）人体或者动物的非治疗目的的外科手术方法

外科手术方法包括治疗目的或非治疗目的的手术方法。以治疗为目的的外科手术方法属于不授予专利权的客体；对于非治疗目的的外科手术方法，由于是以有生命的人或动物为实施对象，无法在产业上使用，因此不具备实用性。

（5）无积极效果

具备实用性的发明或者实用新型专利申请的技术方案应当能够产生预期的积极效果。明显无益、脱离社会需要、严重污染环境、严重浪费能源或者资源、损害人身体健康的发明或者实用新型专利申请的技术方案不具备实用性。

（6）测量人体在极限情况下的生理参数的方法

测量人体在极限情况下的生理参数需要将被测者置于极限环境中，这会对人的生命构成威胁，并且不同的人可以耐受的极限条件是不同的，需要有经验的测试人员根据被测者的情况来确定其耐受的极限条件，因此这类方法无法在产业上使用，不具备实用性。

5.5 单一性和分案申请

5.5.1 引言

专利申请应当符合《专利法》及其实施细则有关单一性的规定。《专利法实施细则》第42条、第43条对不符合单一性的专利申请的修改或分案作了规定。

专利的单一性和分案申请两部分有着密切的联系。单一性部分主要涉及单一性的基本概念和单一性审查的原则、方法，分案申请部分主要涉及分案的几种情况和分案应当满足的要求以及分案申请的审查。

本节的单一性规定主要涉及发明专利申请，其中基本概念和原则也适用于实用新型。

5.5.2 单一性

《专利法》第31条第1款及其实施细则第34条对发明或者实用新型专利申请的单一性作了规定。单一性，是指一件发明或者实用新型专利申请应当限于一项发明或者实用新型，属于一个总的发明构思的两项以上发明或者实用新型，可以作为一件申请提出。也就是说，当一件申请包括几项发明或者实用新型，则只有在所有这几项发明或者实用新型之间有一个总的发明构思相互关联的情况下才被允许。

专利申请应当符合单一性的要求的主要原因是：

（1）经济上的原因：为了防止申请人只支付一件专利的费用而获得几项不同发明或者实用新型专利的保护。

（2）技术上的原因：为了便于专利申请的分类、检索和审查。

缺乏单一性不影响专利的有效性，因此缺乏单一性不应当作为专利无效的理由。

《专利法实施细则》第34条规定，属于一个总的发明构思的两项以上的发明或者实用新型，应当在技术上相互关联，包含一个或者多个相同或者相应的特定技术特征，其中“特定技术特征”是指在发明或者实用新型对现有技术作出的贡献中起实质性作用的那些技术特征。

上述条款定义了一种判断一件申请中要求保护两项以上的发明是否属于一个总的发明构思的方法。也就是说，属于一个总的发明构思的两项以上的发明在技术上必须相互关联，这种相互关联是以相同或者相应的特定技术特征表示在它们的权利要求中的。

上述条款还对“特定技术特征”作了定义。“特定技术特征”是专门为评定专利申请单一性而提出的一个概念，应当把它理解为是体现发明对现有技术作出贡献的那些技术特征，也就是使发明相对于现有技术具有新颖性和创造性的那些技术特征，并且应当从每一项要求保护的发明的整体上考虑后加以确定。

因此，《专利法》第31条所称的“属于一个总的发明构思”是指具有相同或者相应的特定技术特征。

5.5.3　单一性的审查原则

审查员在审查发明专利申请的单一性时，应当遵循以下基本原则。

（1）根据《专利法》第31条第1款及其实施细则第34条所规定的内容，判断一件专利申请中要求保护的一组发明是否满足发明单一性的要求，就是要看权利要求书中记载的技术方案的实质性内容是否属于一个总的发明构思，即判断这些权利要求中是否包含使它们在技术上相互关联的一个或者多个相同或者相应的特定技术特征。这一判断是根据权利要求的内容来进行的，必要时可以参照说明书和附图的内容。

（2）属于一个总的发明构思的两项以上发明的权利要求可以按以下六种方式之一撰写：

① 不能包括在一项权利要求内的两项以上产品或者方法的同类独立权利要求；

② 产品和专用于制造该产品的方法的独立权利要求；

③ 产品和该产品的用途的独立权利要求；

④ 产品、专用于制造该产品的方法和该产品的用途的独立权利要求；

⑤ 产品、专用于制造该产品的方法和为实施该方法而专门设计的设备的独立权利要求；

⑥ 方法和为实施该方法而专门设计的设备的独立权利要求。

其中，第①种方式中所述的“同类”是指独立权利要求的类型相同，即一件专利申请中所要求保护的两项以上发明仅涉及产品发明，或者仅涉及方法发明。只要有一个或者多个相同或者相应的特定技术特征使多项产品类独立权利要求之间或者多项方法类独立权利要求之间在技术上相关联，则允许在一件专利申请中包含多项同类独立权利要求。

第②至第⑥种方式涉及的是两项以上不同类独立权利要求的组合。

对于产品与专用于生产该产品的方法独立权利要求的组合，该“专用”方法使用的结果就是获得该产品，两者之间在技术上相关联。但“专用”并不意味该产品不能用其他方法制造。

对于产品与该产品用途独立权利要求的组合，该用途必须是由该产品的特定性能决定的，它们在技术上相关联。

对于方法与为实施该方法而专门设计的设备独立权利要求的组合，除了该“专门设计”的设备能够实施该方法外，该设备对现有技术作出的贡献还必须与该方法对现有技术作出的贡献相对应。但是，“专门设计”的含义并不是指该设备不能用来实施其他方法，或者该方法不能用其他设备来实施。

不同类独立权利要求之间是否按引用关系撰写，只是形式上的不同，不影响它们的单一性。例如，“权利要求 1 的产品 A 的制造方法，……”，也可以写成“产品 A 的制造方法，……”。

（3）以上列举了六种可允许包括在一件申请中的两项以上同类或不同类独立权利要求的组合方式及适当的排列次序，但是，所列六种方式并非穷举，也就是说，在属于一个总的发明构思的前提下，除上述排列组合方式外，还允许有其他的方式；反之，凡是不属于一个总的发明构思的两项以上独立权利要求，即使按照所列举的六种方式中的某一方式撰写，也不能允许在一件申请中提出。

（4）评定两项以上发明是否属于一个总的发明构思，无须考虑这些发明是分别在各自的独立权利要求中要求保护，还是在同一项权利要求中作为并列选择的技术方案要求保护。对于上述两种情况，均应当按相同的标准判断其单一性。后一种情况经常出现在马库什权利要求中。

（5）一般情况下，审查员只需要考虑独立权利要求之间的单一性，从属权利要求与其所从属的独立权利要求之间不存在缺乏单一性的问题。但是，在遇有形式上为从属权利要求而实质上是独立权利要求的情况时，应当审查其是否符合单一性规定。

如果一项独立权利要求由于缺乏新颖性、创造性等理由而不能授予专利权，则需要考虑其从属权利要求之间是否符合单一性。

（6）某些申请的单一性可以在检索现有技术之前确定，而某些申请的单一性则只有在考虑了现有技术之后才能确定。当一件申请中不同的发明明显不具有一个总的发明构思时，则在检索之前即可判断其缺乏单一性。然而，由于特定技术特征是体现发明对现有技术作出贡献的技术特征，是相对于现有技术而言的，只有在考虑了现有技术之后才能确定，因此，不少申请案的单一性问题常常要在检索之后才能做出判断。

当申请与现有技术比较后，在否定了第一独立权利要求的新颖性或创造性的情形下，则与其并列的其余独立权利要求之间是否还属于一个总的发明构思，应当重新确定。

5.5.4 单一性审查的方法

分析一组发明是否具有单一性的方法通常包括下述三个步骤。

（1）将第一项发明的主题与相关的现有技术进行比较，确定在发明对现有技术做出的贡献中起实质性作用的“特定技术特征”。

（2）判断第二项发明中是否存在一个或者多个与第一项发明相同或者相应的特定技术特征，从而确定这两项发明是否在技术上相关联。

（3）如果在发明之间存在一个或者多个相同或者相应的特定技术特征，即存在技术上的关联，则可以得出它们属于一个总的发明构思的结论。相反，如果各项发明之间不存在技术上的关联，则可以做出它们不属于一个总的发明构思的结论，进而确定它们不具有单一性。

5.5.5 分案申请

5.5.5.1 分案的几种情况

一件申请有下列不符合单一性情况的，应当要求申请人对申请文件进行修改（包括分案处理），使其符合单一性要求。

（1）原权利要求书中包含不符合单一性规定的两项以上发明

原始提交的权利要求书中包含不属于一个总的发明构思的两项以上发明的，应当要求申请人将该申请限制至其中一项发明（一般情况是权利要求1所对应的发明）；对于其余的发明，申请人可以提交分案申请。

（2）在修改的申请文件中所增加或替换的独立权利要求与原权利要求书中的发明之间不符合单一性

在审查过程中，申请人在修改权利要求时，将原来仅在说明书中描述的发明作为独立权利要求增加到原权利要求书中或替换原独立权利要求，而该发明与原权利要求的发明之间缺乏单一性。在此情况下，审查员应当要求申请人将后增加的发明从权利要求书中删除。申请人可以对该删除的发明提交分案申请。

（3）独立权利要求之一缺乏新颖性或创造性，其余的权利要求之间缺

乏单一性

某一独立权利要求（通常是权利要求 1）缺乏新颖性或创造性，导致与其并列的其余独立权利要求之间甚至其从属权利要求之间失去相同的或者相应的特定技术特征，即缺乏单一性，因此需要对申请作分案处理。例如，一件包括产品、制造方法及用途的申请，经检索和审查发现，产品是已知的，其余的该产品制造方法独立权利要求与该产品用途独立权利要求之间显然不可能有相同或者相应的特定技术特征，因此它们需要分案申请。

上述情况的分案，可以是申请人主动要求分案，也可以是申请人按审查员要求而分案。应当指出，由于分案申请是申请人自愿的行为，所以审查员只需要求申请人将不符合单一性要求的两项以上发明改为一项发明，或者改为属于一个总的发明构思的两项以上发明，至于修改后其余的发明是否提交分案申请，完全由申请人自己决定。

另外，一件申请可以提出一件或者一件以上的分案申请，一件分案申请本身又可以再分出一件或者一件以上的分案申请。这主要取决于实际的需要和可能。

5.5.5.2 分案申请应当满足的要求

分案申请应当满足如下几项要求。

（1）分案申请的申请人

分案申请的申请人应当是原申请人或其受让人、继承人。分案申请中的发明人也应当是原申请中的发明人或者是其中的一部分成员。

（2）分案申请的时间

在国家知识产权局认为申请不符合单一性规定的情况下，申请人应当在审查意见通知书中指定的期限内，将原申请改为一项发明或者属于一个总的发明构思的几项发明。从原申请中分出来的一项或者几项发明是否提交分案申请，这是申请人的自愿行为。根据《专利法实施细则》第 42 条的规定，申请人可以在收到国家知识产权局对该申请案做出授予专利权通知之日起 2 个月办理登记手续的期限届满之前，向国家知识产权局提出分案申请；因此，申请人可以在收到国家知识产权局发出授予专利权的通知之前提出分案申请，也可以自收到授予专利权的通知之日起 2 个月内提出分案申请。

同样，申请人的主动分案，可以在收到国家知识产权局发出授予专利权的通知之前提出，也可以自收到国家知识产权局发出授予专利权的通知之日起 2 个月内提出。

需要注意的是，专利申请已经被驳回且已生效，或者已经被撤回，或者视为撤回但尚未恢复的，就不允许再提出分案申请。

（3）分案申请的类别

《专利法实施细则》第42条第3款规定，分案申请不得改变原申请的类别。即发明的分案申请仍然是发明；实用新型的分案申请仍然是实用新型。否则，该分案申请将作为新申请处理。

（4）分案申请的文本

分案申请应当在其说明书的开头，即发明所属技术领域之前，说明本申请是哪一件申请的分案申请，并写明原申请的申请日、申请号和发明创造名称。

在提交分案申请时，应当提交原申请文本的副本；要求优先权的，还应当提交原申请的优先权文件副本。

（5）分案申请的内容

按照《专利法实施细则》第53条第3项的规定，分案申请的内容不得超出原申请公开的范围。否则，应当以不符合《专利法实施细则》第43条第1款或者《专利法》第33条规定为理由驳回该分案申请。

（6）分案申请的说明书和权利要求书

分案以后的原申请与分案申请的权利要求书应当分别要求保护不同的发明；而它们的说明书可以允许有不同的情况。例如，分案前原申请有A、B两项发明；分案之后，原申请的权利要求书若要求保护A，其说明书可以仍然是A和B，也可以只保留A；分案申请的权利要求书若要求保护B，其说明书可以仍然是A和B，或者也可以只是B。

5.5.5.3　分案的审查

在一件申请需要分案的情况下，对分案的审查包括对分案申请的审查以及对分案以后的原申请的审查，应当依据《专利法实施细则》第42条和第43条进行。

（1）根据《专利法实施细则》第43条第1款的规定，分案申请的内容不得超出原申请公开的范围。否则，审查员应当要求申请人进行修改。如果申请人不修改，则审查员可以根据《专利法实施细则》第53条第3项的规定，以不符合《专利法实施细则》第43条第1款规定或修改不符合《专利法》第33条规定为理由驳回该分案申请。

（2）根据《专利法实施细则》第42条第2款的规定，一件申请不符合《专利法》第31条和《专利法实施细则》第34条的，应当通知申请人在指定期限内对其申请进行修改。也就是说，在该期限内将原申请改为一项发明或者属于一个总的发明构思的几项发明。同时应当提醒申请人注意：无正当理由期满未答复的，则该申请被视为撤回；无充分理由对原申请不改为具有单一性的申请的，审查员可以按申请不符合《专利法》第 31 条第 1 款的规定为理由驳回该申请。同样，对于原申请的分案申请不符合单一性规定的，也应当按上述方式处理。

(3) 除了依据《专利法实施细则》第 42 条和第 43 条进行审查之外，其他的审查同对一般申请的审查一样。

5.6 涉及计算机程序的发明专利申请审查

5.6.1 不授予专利权的涉及计算机程序的发明专利申请

凡是属于《专利法》第 25 条第 1 款第 2 项规定范围之内的涉及计算机程序的发明专利申请都不属于可给予专利保护的客体。

由于数学算法本身或者数学方法本身属于人类智力活动的规则和方法，不能授予专利权，而计算机程序通常与数学算法本身或者数学方法本身相关联，如果一件含有计算机程序的发明仅仅是程序本身或者存在于各种存储介质上的程序本身，都属于以人的抽象智力思维为特征的非技术性方案，是一种智力活动的规则或者方法，无法获得专利权。例如，把二进制的数据转化为十进制的数据的方法、用计算机求解圆周率的方法、财务软件、员工奖励管理系统、疾病诊断专家系统以及向计算机软件应用程序的用户引入新的、增强的功能的方法等，均属于不能授予专利权的计算机程序的发明专利申请。

未解决技术问题，或者未利用技术手段，或者未获得技术效果的涉及计算机程序的发明专利申请，不属于《专利法》第 2 条第 2 款规定的技术方案，因而不属于专利保护的客体。

5.6.2 可授予专利权的涉及计算机程序的发明专利申请

① 根据《专利法》第 2 条第 2 款的规定，专利法所称的发明是指对产品、方法或者其改进所提出的新的技术方案。涉及计算机程序的发明专利申请只有构成技术方案才是专利保护的客体。

② 如果涉及计算机程序的发明专利申请的解决方案执行计算机程序的目的是解决技术问题，在计算机上运行计算机程序从而对外部或内部对象进行控制或处理所反映的是遵循自然规律的技术手段，并且由此获得符合自然规律的技术效果，则这种解决方案属于《专利法》第 2 条第 2 款所说

的技术方案，属于专利保护的客体。

如果涉及计算机程序的发明专利申请的解决方案执行计算机程序的目的不是解决技术问题，或者在计算机上运行计算机程序从而对外部或内部对象进行控制或处理所反映的不是利用自然规律的技术手段，或者获得的不是受自然规律约束的效果，则这种解决方案不属于《专利法》第 2 条第 2 款所说的技术方案，不属于专利保护的客体。

例如，如果涉及计算机程序的发明专利申请的解决方案执行计算机程序的目的是为了实现一种工业过程、测量或测试过程控制，通过计算机执行一种工业过程控制程序，按照自然规律完成对该工业过程各阶段实施的一系列控制，从而获得符合自然规律的工业过程控制效果，则这种解决方案属于《专利法》第 2 条第 2 款所说的技术方案，属于专利保护的客体。

③ 如果涉及计算机程序的发明专利申请的解决方案执行计算机程序的目的是为了处理一种外部技术数据，通过计算机执行一种技术数据处理程序，按照自然规律完成对该技术数据实施的一系列技术处理，从而获得符合自然规律的技术数据处理效果，则这种解决方案属于《专利法》第 2 条第 2 款所说的技术方案，属于专利保护的客体。

④ 如果涉及计算机程序的发明专利申请的解决方案执行计算机程序的目的是为了改善计算机系统内部性能，通过计算机执行一种系统内部性能改进程序，按照自然规律完成对该计算机系统各组成部分实施的一系列设置或调整，从而获得符合自然规律的计算机系统内部性能改进效果，则这种解决方案属于《专利法》第 2 条第 2 款所说的技术方案，属于专利保护的客体。

5.6.3　涉及汉字编码方法及计算机汉字输入方法的发明专利申请

汉字编码方法本身属于一种信息表述方法，就信息表述方法本身或者汉字编码方法本身而言，同声音信号、语言信号、可视显示信号或者交通指示信号等各种信息表述方式一样，只取决于人的主观意念或者人为的规定，因此，汉字编码方法本身不是技术方案。实施该编码方法本身的结果仅仅是一个符号/字母数字串，不是技术效果，因此，发明专利申请主题仅仅涉及汉字编码方法的发明专利申请不属于可给予专利保护的客体。

但是，如果把汉字编码方法与该编码方法所使用的特定键盘相结合而作为计算机系统处理汉字的一种计算机汉字输入方法或者计算机汉字信息处理方法，使原来不能运行中文汉字的公知计算机系统能够以汉字信息为指令，产生出若干新的功能，以至能实现生产过程的自动化控制或者办公系统的自动化管理，那么这种计算机汉字输入方法或者计算机汉字信息处理方法属于可给予专利保护的客体。

对于这种由汉字编码方法与该编码方法所使用的特定键盘相结合而构成的计算机汉字输入方法的发明专利申请，在说明书及权利要求书中应当描述该汉字输入方法的技术特征，必要时，还应当描述该输入方法所使用键盘的技术特征，包括该键盘中对各键位的定义以及各键位在该键盘中的位置等。

本发明专利申请涉及将汉字编码方法与特定键盘相结合的计算机汉字输入方法。通过该输入方法，使原来不能运行中文汉字的公知计算机系统能够运行中文汉字，增加了公知计算机系统的处理功能。本发明专利申请要解决的是技术问题，并能够产生技术效果，因此本发明专利申请属于可给予专利保护的客体。

5.6.4 涉及计算机程序的发明专利申请的说明书及权利要求书的撰写

涉及计算机程序的发明专利申请的说明书及权利要求书的撰写要求与其他技术领域的发明专利申请的说明书及权利要求书的撰写要求原则上相同。

5.6.4.1 说明书的撰写

涉及计算机程序的发明专利申请的说明书除了应当从整体上描述该发明的技术方案之外，还必须清楚、完整地描述该计算机程序的设计构思及其技术特征以及达到其技术效果的实施方式。为了清楚、完整地描述该计算机程序的主要技术特征，说明书附图中应当给出该计算机程序的主要流程图。说明书中应当以所给出的计算机程序流程为基础，按照该流程的时间顺序，以自然语言对该计算机程序的各步骤进行描述。说明书对该计算机程序主要技术特征的公开程度应当以本专业技术领域内的普通技术人员能够根据说明书所公开的流程图及其说明自行编制出能够达到所述技术效果的计算机程序为准。为了清楚起见，如有必要，申请人可以用惯用的标记性程序语言简短摘录某些关键部分的计算机源程序以供参考，但不需要提交全部计算机源程序。

5.6.4.2 权利要求书的撰写

涉及计算机程序的发明专利申请的权利要求书的独立权利要求可以写成一种方法权利要求，也可以写成一种产品权利要求，即实现该方法的装置。无论写成哪种形式的权利要求，都必须得到说明书的支持，并且都必须从整体上反映该发明的技术方案，记载解决技术问题的必要技术特征，而不能只概括地描述该计算机程序所具有的功能和该功能所能够达到的效果。如果写成方法权利要求，应当按照方法流程的步骤详细描述该计算机程序所执行的各项功能以及如何完成这些功能；如果写成装置权利要求，应当具体描述该装置的各个组成部分及其各组成部分之间的关系，并详细描述该计算机程序的各项功能是由哪些组成部分完成以及如何完成这些功能。

5.7 化学领域发明专利申请的审查

5.7.1 概述

化学领域发明专利申请的审查存在着许多特殊性，主要体现在以下 5 个方面：

（1）对化学发明的基本类型和化学物质的保护的了解，特别是还要了解哪些发明不能授予专利权；

（2）如何按照《专利法》第 26 条第 3 款来审查化学发明专利的说明书充分公开问题；

（3）如何按照《专利法》第 26 条第 4 款及其实施细则的规定来审查化学发明专利的权利要求清楚完整等问题，理解化学发明的权利要求的基本类型、特点；

（4）正确审查化学领域特殊的单一性问题；

（5）正确掌握化学发明专利的创造性判断中的特殊问题。

5.7.2 不授予专利权的化学申请

（1）天然物质

人们从自然界找到以天然形态存在的物质，仅仅是一种发现，属于《专利法》第 25 条第 1 款第 1 项规定的“科学发现”，不能授予专利权。但是，如果是首次从自然界分离或提取出来的物质，其结构、形态或者其他物理化学参数是现有技术中不曾认识的，并能被确切地表征，且在产业上有利用价值，则该物质本身以及取得该物质的方法均可依法授予专利权。

（2）菜谱和烹调方法

菜谱属于智力活动的规则，属于《专利法》第 25 条第 1 款第 2 项规定的情形，因而不能授予专利权。

不能在工业上应用的烹调方法，不符合《专利法》第 22 条第 4 款的规定，不能授予专利权。

（3）医生处方

医生处方指医生根据具体病人的病情所开的药方。医生处方和医生对处方的调剂以及仅仅根据医生处方配药的过程，均没有工业实用性，不能授予专利权。

（4）物质的医药用途

物质的医药用途如果是疾病的诊断和治疗方法，则因属于《专利法》第25条第1款第3项规定的情形，不能授予专利权。但是如果它们用于制造药品，则可依法授予专利权。

5.7.3 化学发明的权利要求

5.7.3.1 化合物权利要求

化合物权利要求应当用化合物的名称或化合物的结构式或分子式来表征。化合物应当按通用的命名法来命名，不允许用商品名或代号；化合物的结构应当是明确的，不能用含糊不清的措词。

5.7.3.2 组合物权利要求

（1）开放式、封闭式及它们的使用要求

根据《专利法实施细则》第21条第2款的规定，发明的性质不适合将独立权利要求分为前序和特征两部分撰写的，独立权利要求可以用其他方式表达。组合物权利要求一般属于这种情况。

组合物权利要求应当用组合物的组分或者组分和含量等组成特征来表征。组合物权利要求有开放式、封闭式及半开放式三种表达方式。开放式表示组合物中并不排除权利要求中未指出的组分；封闭式则表示组合物中仅包括所指出的组分而排除所有其他的组分；半开放式介于两者之间。这三种表达方式的保护范围不同，常用措词如下：

① 开放式，例如“含有”、“包括”、“包含”、“基本含有”、“本质上含有”、“主要由……组成”、“主要组成为”、“基本上由……组成”、“基本组成为”等，这些都表示该组合物中还可以含有权利要求中所未指出的某些组分，即使其在含量上占较大的比例。

② 封闭式，例如“由……组成”、“组成为”、“余量为”等，这些都表示要求保护的组合物由所指出的组分组成，没有别的组分，但可以带有杂质，该杂质只允许以通常的含量存在。

上述这些开放式或封闭式在使用时，必须要得到说明书的支持。例如，权利要求的组合物A+B+C，如果说明书中实际上没有描述除此之外的组分，则不能使用开放式权利要求。

另外还应当指出的是，一项组合物独立权利要求 A + B + C，假如其下面一项权利要求中还有另一组分 D，则对于开放式的 A + B + C 权利要求而言，含 D 的这项为从属权利要求；对于封闭式的 A + B + C 权利要求而言，含 D 的这项为独立权利要求。

（2）组合物权利要求中组分和含量的限定

① 如果发明的实质或发明点只在于组分本身，发明的任务是要选择组分，而组分的含量是所属领域的普通技术人员能够确定的，则在独立权利要求中可以允许只限定组分；但如果发明点既在组分上，又与含量有关，发明的任务不仅要选择组分，而且要确定该组分的特定含量，则在独立权利要求中必须同时限定组分和含量。

在某些领域中，如在合金中，合金的必要成分及其含量都必须在独立权利要求中限定。

② 在限定组分的含量时，不允许有含糊不清的用词，如“大约”、“左右”、“近”等等，如果出现这样的词，一般应当删去。组分含量可以用“0 - X”、“ < X”或者“X 以下”等表示，以“0 - X”表示的，为选择组分，“ < X”、“X 以下”等的含义为包括 X = 0，不允许以“ > X”表示含量范围。

③ 一个组合物中各组分含量百分数之和应当等于 100%，几个组分的含量范围应当符合以下条件：

某一组分的上限值 + 其他组分的下限值≤100。

某一组分的下限值 + 其他组分的上限值≥100。

用文字或数值难以表示组合物各组分之间的特定关系的，可以允许用特性关系或用量关系式，或用图来定义权利要求。图的具体意义应当在说明书中加以说明。

用文字定性地表述来代替数字定量表示的方式，只要其意思是清楚的，且在所属技术领域是众所周知的，可以接受，例如“含量为足以使某物料湿润”、“催化量的”等等。

（3）组合物权利要求的其他限定

组合物权利要求一般有三种类型，即非限定型、性能限定型以及用途限定型。例如：

①“一种水凝胶组合物，含有分子式（Ⅰ）的聚乙烯醇、皂化剂和水”（分子式（Ⅰ）略）；

②“一种磁性合金，含有 10% ~60%（重量）的 A 和 90% ~40%

（重量）的B”；

③“一种丁烯脱氢催化剂，含有Fe_3O_4和K_2O……”。

以上①为非限定型，②为性能限定型，③为用途限定型。

当发明强调组合物本身，或者该组合物具有两种或多种使用性能和应用领域时，可以允许用非限定型权利要求。例如，上述①的水凝胶组合物，在说明书中叙述了它具有可成型性、吸湿性、成膜性、黏结性以及热容量大等性能，因而可用于食品添加剂、上胶剂、黏合剂、涂料、微生物培养介质以及绝热介质等多种领域。

如果发明强调应用，则应写成用途限定型，例如③。只指出性能（如②型）并不导致对用途的限制。在某些领域中，例如合金，必须写明发明合金所固有的性质或（和）用途。大多数药品权利要求须写成用途限定型。

5.7.3.3 仅用结构或组成特征不能清楚限定的化学产品

这里所称的化学产品包括化合物和组合物。

（1）允许用物理—化学参数来表征化学产品权利要求的情况是：仅用化学名称或结构式或组成不能清楚表征的结构不明的化学产品。参数必须是本技术领域常用的、清楚的。在某些情况下必须使用新的参数时，所用的新参数应能使采用该参数定义的产品与现有技术区别开。

（2）允许用制备方法来表征化学产品权利要求的情况是：用制备方法之外的其他特征不能充分定义权利要求的化学产品，并且制备方法给予了该化学产品新的特性，使其能用于特定的用途。

5.7.3.4 化学方法权利要求

化学领域中的方法发明，无论是制备物质的方法还是其他方法（如物质的使用方法、加工方法，处理方法等），其权利要求可以用涉及工艺、物质以及设备的方法特征来进行限定。

涉及工艺的方法特征包括工艺步骤（也可以是反应步骤）和工艺条件，如温度、压力、时间、各工艺步骤中所需的催化剂或其他助剂等等；

涉及物质的方法特征包括该方法中所采用的原料和产品的化学成分、化学结构式、理化特性参数等等；

涉及设备的方法特征包括该方法所专用的设备类型及其与方法发明相关的特性或者功能等等。

对于一项具体的方法权利要求来说，根据方法发明请求保护的主题不同、所解决的技术问题不同以及发明点不同，选用上述三种技术特征的重点也各不相同。

5.7.3.5 用途权利要求

（1）用途权利要求的类型

化学物质的用途发明是基于发现物质新的性能并利用此性能而做出的发明。无论是新物质还是已知物质，其性能是物质本身所固有的，用途发明的本质不在于物质本身，而在于物质性能的应用。因此，用途发明是一种方法发明，其权利要求属于方法类型。

如果利用一种物质A而发明了一种物质B，那么自然应当以物质B本身申请专利，其权利要求属于产品类型，不作为用途权利要求。

审查员应当注意从权利要求的撰写措词上区分用途权利要求和产品权利要求。例如，“用化合物X作为杀虫剂”或者“化合物X作为杀虫剂的应用”是用途权利要求，属于方法类型，而“用化合物X制成的杀虫剂”或者“含化合物X的杀虫剂”，则不是用途权利要求，而是产品权利要求。还应当明确的是“化合物X作为杀虫剂的应用”不应当把它理解为与“作杀虫剂用的化合物X”相等同。后者是限定用途的产品权利要求，不是用途权利要求。

（2）物质的医药用途权利要求

物质的医药用途如果以“用于治病”、“用于诊断病”、“作为药物的应用”等这样的权利要求申请专利，则属于《专利法》第25条第1款第3项“疾病的诊断和治疗方法”，因此不能被允许；但是由于药品及其制备方法均可依法授予专利，因此物质的医药用途发明以药品权利要求或者如“在制药中的应用”、“在制备治某病的药中的应用”等属于制药方法类型的用途权利要求申请专利，不属于《专利法》第25条第1款第3项规定的情形。

上述属于制药方法类型的用途权利要求可撰写成如“化合物X作为制备治Y病药的应用”或与此类似的形式。

5.7.4 化学发明的充分公开

5.7.4.1 化学产品发明的公开

这里所称的化学产品包括化合物和组合物。要求保护的发明为化学产品本身的，说明书中应当公开化学产品的确认、化学产品的制备以及化学产品的用途。

（1）化学产品的确认

对于化合物发明，说明书中应当说明该化合物的化学名称及结构式

（包括各种官能基团、分子立体构型等）或分子式，对化学结构的说明应当明确到使所属领域的技术人员能确认该化合物的程度；并应当公开与发明要解决的技术问题相关的化学、物理性能参数（包括各种定性或定量数据和谱图等），使申请的化合物与已知化合物之间的区别能被清楚地辨认。此外，对于高分子化合物，除了对其重复单元的名称、结构式或者分子式应当按照对上述化合物的相同要求进行公开之外，还应当对其分子量及分子量分布、重复单元排列状态（如均聚、共聚、嵌段、接枝等）等要素作适当的公开；如果这些结构要素未能完全确认该高分子化合物，则还应当公开其结晶度、密度、二次转变点等性能参数。对于组合物发明，说明书中除了应当公开组合物的组分外，还应当公开各组分的化学和/或物理状态、各组分可选择的范围、各组分的含量范围及其对组合物性能的影响等。

（2）化学产品的制备

对于化学产品发明，说明书中必须至少公开一种制备方法，并且该方法应当具体地说明原料物质、工艺步骤和条件、专用设备等，使所属领域的技术人员能够实施。对于化合物发明，还必须有制备实施例。

（3）化学产品的用途和使用效果的公开

化学产品的申请，应当充分公开该产品的用途和使用效果，即使是结构首创的化合物，也应当至少公开一种用途；如果一种新化合物与已知化合物相比，在结构上接近，则应当充分公开它的用途和效果。

新的药物化合物或药物组合物，应当公开其具体医药用途、药理功效、有效量及使用方法；应当提供对于本领域技术人员来说，足以证明发明的技术方案可以达到预期要解决的技术问题或效果的实验室试验（包括动物试验）或者临床试验的定性或定量数据。有效量和使用方法或制剂方法等应当公开至该领域的技术人员能实施的程度。

表示发明效果的性能数据，应当说明测定它的方法，并且应当是所属领域中通用的或标准的方法。若为特殊方法，应当加以说明，使所属领域的技术人员能实施该方法。

5.7.4.2 化学方法发明的公开

（1）化学方法发明，无论是物质的制备方法还是其他方法，均应当公开方法所用的原料物质、工艺步骤和工艺条件，必要时还应当公开方法对目的物质性能的影响，使所属领域的技术人员按照说明书中公开的方法去实施时能够解决该发明要解决的技术问题。

（2）方法所用的原料物质，除了化学成分、性能参数等应当公开至能被确认之外，还应当公开其来源。新的原料物质，不能从现有技术中得到的，应当公开其制备方法，否则不能认为该发明符合《专利法》第26条第3款的规定。原料物质为天然物质的，除了公开产地外，还应当说明其基本化学成分或能确认该物质的基本参数。

5.7.4.3 化学产品用途发明的充分公开

对于化学产品用途发明，在说明书中应当记载所使用的化学产品、使用方法及所取得的效果，使得本领域技术人员能够实施该用途发明。如果所使用的产品是新的化学产品，则说明书对于该产品的记载应当满足本章第5.7.4.1节的相关要求。如果本领域的技术人员无法根据现有技术预测该用途，则应当记载对于本领域的技术人员来说，足以证明该物质可以用于所述用途并能解决所要解决的技术问题或者达到所述效果的实验数据。

5.7.4.4 关于实施例

（1）说明书中实施例数目，取决于权利要求的技术特征的概括程度，例如，并列要素的概括程度和数据的取值范围；在化学发明中，根据发明的性质不同，具体技术领域不同，对实施例数目的要求也不完全相同。一般的原则是，应当能足以理解发明如何实施，并足以判断权利要求所限定范围的可行性。

（2）不能允许申请人将申请日之后补交的实施例写入说明书，尤其是其中与保护范围有关的内容，更不允许写进权利要求。后补交的实施例只能供审查员审查新颖性、创造性和实用性时参考。

5.7.5 化学发明的新颖性和创造性

5.7.5.1 化合物的新颖性

关于化合物的新颖性判断标准也适用于其他物质新颖性的判断标准。

（1）专利申请要求保护一种化合物的，如果在一篇现有技术文件里已经提到该化合物，所属领域的技术人员由该文件的指导能制造或者能分离出该化合物，则该化合物缺乏新颖性。这里所谓“提到”的含义是：明确定义或说明了该化合物的（i）化学名称；（ii）分子式（或结构式）；（iii）理化参数和/或（iv）一种制备方法（包括原料）。

（2）如果一篇现有技术文件只公开化合物的上述（i）~（iv）的部分内容，所属领域的技术人员不能从这篇文件中或公知的常识中理解到如何得到所要求的化合物，则这篇文件不能用来破坏该化合物的新颖性。

（3）在化合物的名称和分子式难以辨认的情况下，一篇现有技术文件所公开的理化参数、或鉴定化合物用的其他参数等，可以用来破坏发明化合物的新颖性，但必须是所属领域的技术人员根据这篇文件能制造或分离出该产品。

（4）通式不能破坏该通式中一个具体化合物的新颖性。一个具体化合物的公开使包括该具体化合物的通式权利要求丧失新颖性，但不影响该通式所包括的除该具体化合物以外的其他化合物的新颖性。一系列具体的化合物能破坏这系列中相应的化合物的新颖性。一个范围的化合物（例如 C_{1-4}）能破坏该范围内两端具体化合物（C_1 和 C_4）的新颖性，但若 C_4 化合物有几种异构体，则 C_{1-4} 化合物不能破坏每个单独异构体的新颖性。

（5）天然物质的存在本身并不能破坏该发明物质的新颖性，只有现有技术中已公知的与发明物质的结构和形态一致或直接等同的天然物质，才能破坏该发明物质的新颖性。

5.7.5.2 组合物权利要求的开放式和封闭式与新颖性的关系

假设一个在先申请或者现有技术中公开了组合物甲（A + B + C），另一个在后的发明专利申请为组合物乙（A + B），且两者所解决的技术问题相同，如果组合物乙的权利要求采用封闭式表述："由 A + B 组成"，则该权利要求有新颖性；如果采用开放式表述："含有 A + B"，则该权利要求无新颖性。若组合物乙的权利要求采取排除法表述，即指明不含 C，则该权利要求仍有新颖性。

5.7.5.3 用方法或用物理化学参数表征的化学产品的新颖性

对于用方法表征的化学产品权利要求，如果没有提供可与现有技术进行比较的参数证明该产品的新颖性，而仅仅是制备方法不同，也没有表明由于方法上的区别为产品带来任何功能、性质上的改变，则该方法表征的产品权利要求不具备《专利法》第 22 条第 2 款所述的新颖性。

对于用物理化学参数表征的化学产品权利要求，如果无法依据所提供的参数对由该参数定义的产品与现有技术的产品进行比较，从而不能确定采用该参数定义的产品与现有技术产品的区别，则用该参数表征的产品权利要求不具备《专利法》第 22 条第 2 款所述的新颖性。

5.7.5.4 已知物质用途发明的新颖性

一种已知物质不能因为提出了某一新的应用而被认为是一种新的物质。例如，物质 X 作为洗涤剂是已知的，那么一种用作增塑剂的物质 X 不具有新颖性。但是，如果一项已知物质的新用途本身是一项发明，则已知物质不能破坏该新用途的新颖性；这样的用途发明属于使用方法发明，因为发明人的贡献不在于物质本身，而在于如何去使用它。

例如，上述原先作为洗涤剂的物质 X，后来有人研究发现将它配以某种添加剂后能作为增塑剂用。那么如何配制、选择什么添加剂、配比多少等就是使用方法的技术特征。这时，审查员应当评价该使用方法本身是否具备新颖性和创造性，而不能凭物质 X 是已知的理由去驳回该用途发明。

5.7.5.5 化合物的创造性

（1）结构上与已知化合物不接近的、有新颖性的化合物，并有一定用途和效果，审查员可以认为它有创造性而不必要求其具有预料不到的用途和效果。

（2）结构上与已知化合物接近的化合物，必须要有预料不到的用途或效果，这是其具备创造性的充分条件。此预料不到的用途或效果可以是与该已知化合物的已知用途不同的用途；或者是对已知化合物的某一已知效果有实质性的改进或提高；或者是在一般常识中没有明确的或不能由常识推论得到的用途或效果。

（3）两种化合物结构上是否接近，与所在的领域有关，审查员应当对不同的领域采用不同的判断标准。

例 1：

现有技术：$H_2N-C_6H_4-SO_2NHR_1$（Ⅱa）

申请：$H_2N-C_6H_4-SO_2-NHCONHR_1$（Ⅱb）

（Ⅱa）磺胺是抗菌素，（Ⅱb）磺酰脲是抗糖尿药，结构接近，但药理作用不同，有创造性。

例 2：

现有技术：$H_2N-C_6H_4-SO_2NHCONHR_1$（Ⅲa）

申请：$H_3C-C_6H_4-SO_2NHCONHR_1$（Ⅲb）

（Ⅲa）氨基-磺酰脲与（Ⅲb）甲基-磺酰脲结构接近，只有 NH_2 与 CH_3 之区别，无意想不到的效果，无创造性。

（4）应当注意，不要简单地仅以结构接近为由否定一种化合物的创造性，还需要进一步说明它的用途或效果是可以预计的；或者说明所属领域的技术人员不需要有创造性的劳动就能制造或使用此化合物。

（5）若一项技术方案的效果是已知的必然趋势所导致的，则该技术方案没有创造性。例如，现有技术的一种杀虫剂 A-R，其中 R 为 C_{1-3} 的烷基，并且已经指出杀虫效果随着烷基 C 原子数的增加而提高。如果某一申请的杀虫剂是 $A-C_4H_9$，杀虫效果比现有技术的杀虫效果有明显提高。由于现有技术中指出了提高杀虫效果的必然趋势，因此该申请不具备创造性。

5.7.5.6 化学物质用途发明的创造性

（1）已知物质用途发明的创造性

对于已知物质的用途发明，满足创造性要求的前提条件是：

① 发现了该物质的新的性能；

② 由该性能决定的新用途可以提供良好的效果；

③ 该新性能不能从物质本身的结构、组成、分子量及物理化学性质显而易见地得出或预见到。

（2）新物质用途发明的创造性

对于新的化学物质，如果申请中提出的用途有良好的效果，且该用途不能从结构或组成相似的已知物质预见到，可认为这种新物质的用途发明有创造性。

5.7.5.7 关于对比试验

在评价发明效果时是否要求申请人提供对比试验，应当根据不同情况区别对待。

（1）对于一种新化合物，如果在现有技术文件中没有提到过结构与它接近的化合物的相应的性能或作用，或者只提到结构与它接近的化合物的截然不同的性能或作用（例如申请中的新化合物的作用是阻燃，现有技术中结构接近的化合物的作用是增塑），则不必要求申请人对该结构接近化合物提交对比试验。如果现有技术中提到有相同的性能或作用而使审查员对发明的创造性有怀疑时，必须要有对比试验来证明新的预料不到的效果的存在。例如，申请所限定的某一数值范围与现有技术接近时，必须有对比试验；用来对比的必须是最接近的现有技术。

（2）对于一种新化合物，如果在现有技术文件中提到了与其结构接近的化合物具有类似的作用（例如申请中的新化合物的作用是止痛，现有技术中结构接近的化合物的作用是麻醉），那么只有当所属领域的技术人员能预计到现有技术中结构接近的化合物也能具有与该新化合物相同的作用（如止痛）时，才必须有对比试验来证明发明的效果。

（3）应当注意，由于经济上和时间上的原因，申请人一般不容易做对比试验。因此若不是绝对必要，审查员应当尽量不要求申请人做对比试验，而允许申请人用其他证据来证明新的预料不到的效果。

5.7.6 化学发明的单一性

5.7.6.1 马库什权利要求的单一性

（1）基本原则

一项马库什权利要求中的可选择要素具有类似的性质的，该权利要求可被认为符合单一性的要求。这种可选择要素称为马库什要素。马库什要素可以是化学的或非化学的。马库什要素是化合物的，如果满足下列标准，应当认为它们具有类似性质，该马库什权利要求具有单一性：

① 所有可选择化合物具有共同的性能或作用；

② 所有可选择化合物具有共同的结构，该共同结构能够构成它与现有技术的区别特征，并对通式化合物的共同性能或作用是必不可少的；或者在不能有共同结构的情况下，所有的可选择要素应属于该发明所属领域中公认的同一化合物类别。

“公认的同一化合物类别”是指根据本领域的知识可以预期到该类的成员对于要求保护的发明来说其表现是相同的一类化合物。也就是说，每个成员都可以互相替代，而且可以预期所要达到的效果是相同的。

（2）举例说明

例1：

权利要求1：一种杀线虫剂组合物，含有作为活性成分的以下通式化合物：式中 $n=1$、2或3；$X=O$、S；$R_3=H$、C_{1-8}烷基；R_1 和 $R_2=H$、卤素、C_1-C_3 烷基；$Y=H$、卤素、铵；……

说明：该通式所有化合物，虽具有共同的杀线虫作用，但是由于它们的主要结构单元的结构不是确定的，分别为一个五元、六元或七元的环，并且是两类不同的杂环，因此该马库什权利要求无单一性。

例2：

权利要求1：烃类气相氧化催化剂，含有X或X+A。

其中，X使 RCH_3 氧化成 RCH_2OH，X+A使 RCH_3 氧化成 RCOOH。这两种催化剂具有共同的成分X和共同的作用，都是用于 RCH_3 的氧化，虽然X+A使 RCH_3 氧化得更完全，但作用是相同的，所以有单一性。

5.7.6.2 中间体与最终产物的单一性

（1）中间体与最终产物之间满足以下两个条件，则有单一性：

① 中间体与最终产物有相同的基本结构单元，或者它们的化学结构在技术上密切相关，中间体的基本结构单元进入最终产物；

② 最终产物是直接由中间体制备的，或者直接从中间体分离出来的。

（2）由不同中间体制备同一最终产物的几种方法，如果这些不同的中间体具有相同的基本结构单元，允许在同一件申请中要求保护。

（3）用于同一最终产物的不同结构部分的不同中间体，不能在同一申请中要求保护。

5.7.7 涉及生物技术的发明的特殊问题

5.7.7.1 生物材料本身是否可授予专利权

“生物材料”是指任何带有遗传信息并能够自我复制或者能够在生物系统中被复制的材料，包括基因、质粒、微生物、动植物细胞系等。生物材料本身是否属于可给予专利保护的客体，要区分不同的情况。

（1）微生物

微生物包括细菌、放线菌、真菌、病毒、原生动物、藻类等。《专利法》第25条第1款第4项规定动物和植物品种不授予专利权。由于微生物既不属于动物，也不属于植物的范畴，因而它不属于《专利法》第25条第1款第4项所列的情况。但是由于未经人类的任何技术处理而存在于自然界的微生物属于科学发现，且不具有工业实用性，所以不能授予专利权。只有当微生物经过分离成为纯培养物，并且具有特定的工业用途时，微生物本身才属于可给予专利保护的客体。

（2）基因

基因是具有特定生理功能的DNA序列。无论是基因或是DNA片段，从本质上讲，它是一种化学物质。这里所述的基因或DNA片段包括从微生物、植物、动物或人体分离获得的，以及通过其他手段制备得到的。

人们从自然界找到以天然形态存在的基因或其DNA片段，仅仅是一种属于《专利法》第25条第1款第1项规定的“科学发现”，不能授予专利权。但是，如果是首次从自然界分离或提取出来的基因或DNA片段，其碱基的序列是现有技术中不曾记载的，并能被确切地表征，且在产业上有利用价值，则该基因或DNA片段本身及其得到方法均属于可给予专利保护的客体。

（3）转基因动物和植物

转基因动植物是通过基因工程的重组DNA技术等生物学方法得到的动物或植物，其本身仍然属于“动物品种”或“植物品种”的范畴，根据《专利法》第25条第1款第4项规定，不能被授予专利权。

（4）动物和植物个体及其组成部分

动物的胚胎干细胞、动物个体及其各个形成和发育阶段例如生殖细胞、受精卵、胚胎等，属于“动物品种”的范畴，根据《专利法》第25条第1

款第4项规定，不能被授予专利权。

动物的体细胞以及动物组织和器官（除胚胎以外）不符合“动物”的定义，因此不属于《专利法》第25条第1款第4项规定的范畴。

可以借助光合作用，以水、二氧化碳和无机盐等无机物合成碳水化合物、蛋白质来维系生存的植物的单个植株及其繁殖材料（如种子等），属于“植物品种”的范畴，根据《专利法》第25条第1款第4项规定，不能被授予专利权。

植物的细胞、组织和器官如果不具有上述特性，则其不能被认为是“植物品种”，因此不属于《专利法》第25条第1款第4项规定的范畴。

（5）不授予专利权的涉及生物技术的发明

对于涉及生物技术的发明，如果其商业开发有悖于社会公德或者妨害公共利益，那么这样的发明将被认为是属于《专利法》第5条所规定的不授予专利权的发明，包括：

① 人类胚胎干细胞

人类胚胎干细胞及其制备方法，均属于《专利法》第5条第1款规定的不能被授予专利权的发明。

② 处于各形成和发育阶段的人体

处于各个形成和发育阶段的人体，包括人的生殖细胞、受精卵、胚胎及个体，均属于《专利法》第5条和第1款规定的不能被授予专利权的发明。

③ 违法获取或利用遗传资源完成的发明创造

违反法律、行政法规的规定获取或者利用遗传资源，并依赖该遗传资源完成的发明创造，属于《专利法》第5条第2款规定的不能被授予专利权的发明创造。

5.7.7.2　涉及生物材料的发明的再现性

在生物材料中的微生物领域中，有些发明由于不能重现而不具有工业实用性，因此不能授予专利权。

（1）由自然界筛选特定微生物的方法

这种类型的方法由于受到客观条件的限制，且具有很大随机性，因此在大多数情况下都是不能重现的。例如，从某省某县某地的土壤中分离筛选出一种特定的微生物，由于其地理位置的不确定和自然、人为环境的不断变化，再加上同一块土壤中特定的微生物存在的偶然性，致使不可能在专利有效期20年内能重现地筛选出同种同属、生化遗传性能完全相同的微生物体。因此，由自然界筛选特定微生物的方法，一般不具有工业实用性，除非申请人能够给出充足的证据证明这种方法可以重复实施。

（2）通过物理、化学方法进行人工诱变生产新微生物的方法

这种类型的方法主要依赖于微生物在诱变条件下所产生的随机突变。这种突变实际上是DNA复制过程中的一个或几个碱基的变化，然后从中筛选出具有某种特征的菌株。由于碱基变化是随机的，因此即使清楚记载了诱变条件，也很难通过重复诱变条件而得到完全相同的结果。这种方法在绝大多数情况下不符合《专利法》第22条第4款的规定，除非申请人能够给出足够的证据证明在一定的诱变条件下经过诱变必然得到具有所需特性的微生物。

5.7.7.3 生物材料的保藏

（1）《专利法》第26条第3款规定，说明书应当对发明或者实用新型做出清楚、完整的说明，以所属技术领域的技术人员能够实现为准。这就是说，说明书应当通过文字记载充分公开申请专利保护的发明。在生物技术这一特定的领域中，由于文字记载有时很难描述生命实体的具体特征，即使有了这些描述也得不到生物材料本身，所属技术领域的技术人员仍然不能实施该发明。在这种情况下，为了满足《专利法》第26条第3款的要求，应按规定保藏所使用的生物材料。

如果申请涉及的完成发明必须使用的生物材料是公众不能得到的，而申请人却没有按《专利法实施细则》第24条的规定进行保藏，或者虽然按规定进行了保藏，但是未在申请时或者最迟自申请日起4个月内提交保藏单位出具的保藏证明和存活证明的，审查员应当以申请不符合《专利法》第26条第3款的规定驳回该申请。

对于涉及公众不能得到的生物材料的专利申请，应当在请求书和说明书中均写明生物材料的分类命名、保藏该生物材料样品的单位名称、地址、保藏日期和保藏编号。在说明书中第一次提及该发明所使用的生物材料时，如果该生物材料已按《专利法实施细则》第24条的规定在国家知识产权局认可的保藏单位保藏的，应当写明其保藏日期、保藏单位名称及简称和保藏编号；此外，还应当将所保藏生物材料的保藏日期、保藏单位名称及简称和保藏编号作为说明书的一个部分集中写在相当于附图说明的位置。

（2）《专利法实施细则》第24条中所说的“公众不能得到的”是指：个人或单位拥有的、由不是用于专利程序的保藏机构保藏并对公众不公开发放的生物材料；或者在申请日（优先权日）前公众不能得到的生物材

料，例如，通过不能再现的筛选、突变等手段新创制的微生物菌种。这样的生物材料均要求保藏。

以下情况被认为是公众可以得到、可不要求保藏的：在国内外商业上公众能买到的生物材料；各国专利局或国际专利组织承认的用于专利程序的保藏机构保藏的，并且在向我国提交的专利申请享有的优先权日或申请日前已在专利公报中公布或已授权的生物材料；专利申请中必须使用的生物材料在申请日前已在非专利文献中公开，在说明书中注明了文献的出处，说明了公众获得该生物材料的途径，并由生物材料持有者提供了保证从申请日起20年内向公众发放生物材料的证明。

（3）在国家知识产权局认可的机构内保藏的生物材料，应当由该单位确认生物材料的生存状况。如果确认生物材料已经死亡、污染、失活或变异的，申请人必须将与原来保藏的样品相同的生物材料和原始样品同时保藏，并将此事呈报国家知识产权局，即可认为后来的保藏是原来保藏的继续。

（4）国家知识产权局认可的保藏单位是指《布达佩斯条约》承认的生物材料样品国际保藏单位，其中包括位于北京的中国微生物菌种保藏管理委员会普通微生物中心（CGMCC）和位于武汉的中国典型培养物保藏中心（CCTCC）。

5.7.7.4 权利要求书的撰写

（1）微生物的表述

① 权利要求中所涉及的微生物应按微生物学分类命名法进行表述，有确定的中文名称的，应当用中文名称表述，并在第一次出现时用括号注明该微生物的拉丁文学名。如果微生物已在国家知识产权局认可的保藏单位保藏，还应当以该微生物的保藏单位的简称和保藏编号表述该微生物。

② 如果说明书中既没有提及具体的突变株，也没有提供相应的具体实施方式，而权利要求中却要求了某微生物的突变株及其衍生物，那么这是不允许的。

（2）涉及遗传工程的发明

对于涉及基因、载体、重组载体、转化体、多肽或蛋白质、融合细胞和单克隆抗体等的发明，其权利要求可按下面所述进行描述。

① 基因

1）直接限定其碱基序列。

2）对于结构基因，可限定由所述基因编码的多肽或蛋白质的氨基酸序列。

3）当该基因的碱基序列或其编码的多肽或蛋白质的氨基酸序列记载在序列表或说明书附图中时，可以采用直接参见序列表或附图的方式进行描述。

② 载体

1）限定其 DNA 的碱基序列。

2）利用 DNA 的裂解图谱、分子量、碱基对数量、载体来源、生产该载体的方法、该载体的功能或特征等进行描述。

③ 重组载体

重组载体可通过限定至少一个基因和载体来描述。

④ 转化体

转化体可通过限定其宿主和导入的基因（或重组载体）来描述。

⑤ 多肽或蛋白质

1）限定氨基酸序列或编码所述氨基酸序列的结构基因的碱基序列。

2）当其氨基酸序列记载在序列表或说明书附图中时，可以采用直接参见序列表或附图的方式进行描述。

⑥ 融合细胞

融合细胞可通过限定亲本细胞，融合细胞的功能和特征，或产生该融合细胞的方法等进行描述。

⑦ 单克隆抗体

针对单克隆抗体的权利要求可以用产生它的杂交瘤来限定。

5.7.7.5 说明书的撰写

（1）微生物的记载

① 经保藏的微生物应以分类鉴定的微生物株名、种名、属名进行表述。如未鉴定到种名的应当给出属名。在说明书中，第一次提及该发明所使用的微生物时，应用括号注明其拉丁文学名。如果该微生物已按《专利法实施细则》第 24 条的规定在国家知识产权局认可的保藏单位保藏，应当在说明书中按规定写明其保藏日期、保藏单位名称及简称和保藏编号。

在说明书的其他位置可以用该保藏单位的简称以及该微生物的保藏编号代表所保藏的微生物，如以金黄色葡萄球菌 CCTCC8605 进行描述。

② 当使用的微生物属于新种时，要详细记载其分类学性质，要写明鉴定为新种的理由，并给出作为判断基准的有关文献。

（2）基因工程载体和 DNA 的记载

说明书中应当对所使用的载体和 DNA 做出清楚、完整的说明，对已知的载体和 DNA 应当给出有关文献，对新的载体和 DNA 应当通过具体结构、顺序、制备方法或者性质进行描述。

（3）涉及 DNA 片段、基因以及肽和蛋白质的发明的充分公开

与化学领域的一般原则相适应，涉及 DNA 片段、基因以及肽和蛋白质的发明应当充分公开。

如果涉及 DNA 片段、基因以及肽和蛋白质的发明提出了具体的技术方案，但未提供实验证据，而该方案又必须依赖实验结果加以证实才能成立，那么这样的技术方案将被认为是无法实现的。

对于有关 DNA 片段、基因以及肽和蛋白质的发明，如果发明的技术方案是以疾病的诊断和治疗为目的的，应当提供对于本领域技术人员来说，足以证明发明的技术方案可以达到预期目的或效果的实验室试验（包括动物试验）或者临床试验的定性或定量数据；有效量和使用方法或者制剂方法等应当公开到该领域技术人员能够实施的程度。否则，该技术方案被认为是无法实现的。

对于有关基因或 DNA 片段的发明，只有在该基因或 DNA 片段本身或者其所表达的肽或者蛋白质满足上述的公开要求的情况下，该发明的技术方案才被认为是可以实现的。

5.7.7.6　微生物发明的创造性审查

（1）微生物本身

与已知种的分类学特征明显不同的微生物（即新的种）具有创造性。如果发明的微生物的分类学特征与已知种的分类学特征没有实质区别，但是该微生物产生了所属领域技术人员不能预见的技术效果，那么该微生物的发明具有创造性。

（2）有关微生物应用的发明

对于微生物应用的发明，如果发明中使用的微生物是已知的种，并且该微生物与已知的、用于同样用途的另一微生物属于同一个属，那么该微生物应用的发明不具有创造性。但是，如果与应用已知的、属于同一个属中的另一微生物相比，该微生物的应用产生了预料不到的技术效果，那么该微生物应用的发明具有创造性。

如果发明中所用的微生物与已知种的微生物具有明显不同的分类学特征（即发明所用的微生物是新的种），那么即使用途相同，该微生物应用的发明也具有创造性。

5.7.7.7 遗传工程的新颖性和创造性审查

(1) 新颖性审查

① 基因

如果某蛋白质本身具有新颖性，则编码该蛋白质的基因的发明也具有新颖性。

② 重组蛋白

如果以单一物质形式被分离和纯化的蛋白质是已知的，那么由不同的制备方法定义的、具有同样氨基酸序列的重组蛋白的发明不具有新颖性。

③ 单克隆抗体

如果抗原A是新的，那么抗原A的单克隆抗体也是新的。但是，如果某已知抗原A′的单克隆抗体是已知的，而发明涉及的抗原A具有与已知抗原A′相同的表位，则已知抗原A′的单克隆抗体就与发明涉及的抗原A结合。在这种情况下，抗原A的单克隆抗体的发明不具有新颖性。

(2) 创造性审查

① 基因

如果在申请的发明中，某蛋白质已知而其氨基酸序列是未知的，那么只要所属领域技术人员在该申请提交时可以容易地确定其氨基酸序列，编码该蛋白质的基因发明就不具有创造性。但是，如果该基因具有特定的碱基序列，而且与其他编码所述蛋白质的、具有不同碱基序列的基因相比，具有所属领域技术人员不能预见的优越效果，则该基因的发明具有创造性。

如果某蛋白质的氨基酸序列是已知的，则编码该蛋白质的基因的发明不具有创造性。但是，如果该基因具有特定的碱基序列，而且与其他编码所述蛋白质的、具有不同碱基序列的基因相比，所属领域技术人员不能预见到其具有优越的效果，则该基因的发明具有创造性。

如果一项发明要求保护的结构基因是一个已知结构基因的可自然获得的突变的结构基因，且该要求保护的结构基因与该已知结构基因源于同一物种，也具有相同的性质和功能，则该发明不具备创造性。

② 重组载体

如果载体与插入的基因都是已知的，通常由它们的结合所得到的重组载体的发明不具有创造性。但是，如果由它们的特定结合形成的重组载体的发明与现有技术相比具有预料不到的效果，则该重组载体的发明具有创造性。

③ 转化体

如果宿主与插入的基因都是已知的，通常由它们的结合所得到的转化体的发明不具有创造性。但是，如果由它们的特定结合形成的转化体的发明与现有技术相比具有预料不到的效果，则该转化体的发明具有创造性。

④ 融合细胞

如果亲代细胞是已知的，通常由这些亲代细胞融合所得到的融合细胞的发明不具有创造性。但是，如果该融合细胞与现有技术相比具有预料不到的效果，则该融合细胞的发明具有创造性。

⑤ 单克隆抗体

如果抗原是已知的，并且很清楚该抗原具有免疫原性（例如由该抗原的多克隆抗体是已知的或者该抗原是大分子多肽就能得知该抗原明显具有免疫原性），那么该抗原的单克隆抗体的发明不具有创造性。但是，如果该发明进一步由其他特征等限定，并因此使其产生了预料不到的效果，则该单克隆抗体的发明具有创造性。

5.7.7.8 有关核苷酸或氨基酸序列表可机读副本的提交要求

申请人应当提交记载有核苷酸或氨基酸序列表的计算机可读形式的光盘或软盘。

如果申请人提交的计算机可读形式的光盘或软盘中所记载的核苷酸或氨基酸序列表与说明书和权利要求书中书面记载的序列表不一致，则以书面提交的序列表为准。

5.7.7.9 遗传资源来源的披露

（1）术语的解释

《专利法》所称遗传资源的直接来源，是指获取遗传资源的直接渠道。申请人说明遗传资源的直接来源，应当提供获取该遗传资源的时间、地点、方式、提供者等信息。

《专利法》所称遗传资源的原始来源，是指遗传资源所属的生物体在原生环境中的采集地。遗传资源所属的生物体为自然生长的生物体的，原生环境是指该生物体的自然生长环境；遗传资源所属的生物体为培植或者驯化的生物体的，原生环境是指该生物体形成其特定性状或者特征的环境。申请人说明遗传资源的原始来源，应当提供采集该遗传资源所属的生物体的时间、地点、采集者等信息。

（2）对披露内容的具体要求

就依赖遗传资源完成的发明创造申请专利，申请人应当在请求书中予以说明，并且在专利局制定的遗传资源来源披露登记表（以下简称“登记表”）中填写有关遗传资源直接来源和原始来源的具体信息。

申请人对直接来源和原始来源的披露应符合登记表的填写要求，清楚、完整地披露相关信息。

如果遗传资源的直接来源为从某个机构获得，例如保藏机构、种子库（种质库）、基因文库等，该机构知晓并能够提供原始来源的，申请人应当提供该遗传资源的原始来源信息。申请人声称无法说明原始来源的，应当陈述理由，必要时提供有关证据。例如指明“该种子库未记载该遗传资源的原始来源”、“该种子库不能提供该遗传资源的原始来源”，并提供该种子库出具的相关书面证明。

（3）遗传资源来源披露的审查

在依据《专利法》第26条第5款和《专利法实施细则》第26条第2款进行审查时，审查员应当首先仔细阅读说明书和权利要求书，准确理解发明，在此基础上确定发明创造的完成是否依赖于遗传资源以及所依赖的是何种遗传资源。

对于依赖于遗传资源完成的发明创造，审查员应当审查申请人是否提交了登记表。

如果申请人未提交登记表，审查员应当在审查意见通知书中告知申请人补交登记表，通知书中还应当具体指明哪些遗传资源需要披露来源并说明理由。

如果申请人提交的登记表中仅披露了部分遗传资源的来源，审查员应当在审查意见通知书中告知申请人补全登记表，通知书中还应当具体指明需要补充披露来源的遗传资源并说明理由。

如果申请人提交了登记表，审查员应当审查该登记表中是否说明了该遗传资源的直接来源和原始来源；对于未说明原始来源的，是否说明了理由。如果申请人填写的登记表不符合规定，审查员应当在审查意见通知书中指出登记表中存在的缺陷。经申请人陈述意见或者进行修改后仍不符合《专利法》第26条第5款规定的，审查员应当驳回其专利申请。

需要注意的是，登记表中的内容不属于原说明书和权利要求书记载的内容，因此不能作为判断说明书是否充分公开的依据，也不得作为修改说明书和权利要求书的基础。

本章思考与练习

1. 实质审查的法律依据是什么？

2. 实质审查的基本原则是什么？

3. 实质审查的内容有哪些？

4. 何为新颖性？判断的标准是什么？

5. 何为创造性？发明专利与实用新型专利的创造性标准上的区别是什么？

6. 何为单一性？为什么要进行单一性审查？

7. 能够得到专利保护的计算机程序应当具备什么条件？

8. 什么是抵触申请？

9. 什么是同样的发明或者实用新型？

10. 什么是实用性？

11. 属于一个总的发明构思的两项以上发明权利要求有几种形式？

12. 分案申请应满足哪几项要求？

13. 不授予专利权的化学申请包括哪几项？

14. 什么是开放式组合物权利要求？其主要措词有哪些？

15. 什么是封闭式组合物权利要求？其主要措词有哪些？

16. 权利要求权项中几个组分的含量范围应该满足什么条件？

17. 已知物质用途发明满足创造性要求的前提条件有哪些？

18. 什么是生物材料？什么情况下生物材料的申请需要保藏？

第6章　PCT申请进入中国国家阶段的审查

本章学习要点

1. 国际申请进入中国国家阶段的期限及其应提交的文件
2. 国际阶段的修改在进入中国国家阶段时的处理
3. 国际检索报告和国际初步审查意见在国家阶段审查中的应用及其应注意的事项
4. 中国国家阶段审查的原则及审查的内容

6.1　PCT申请进入国家阶段的初步审查和事务处理

6.1.1　概述

按照PCT提出的国际申请，在完成国际阶段的程序后，若申请人希望获得中国的发明专利或者实用新型专利的保护，则需要在一定的期限内依据中国《专利法实施细则》第103条和第104条的规定，向中国国务院专利行政部门（即中国国家知识产权局专利局）办理进入中国国家阶段（以下简称“国家阶段”）的手续并选定保护类型，从而启动国家阶段的程序。

对于按照PCT提出的国际申请，如果申请人没有利用PCT第二章，则在完成国际检索和国际公布之后，国际申请就可以办理进入指定国的国家阶段手续；如果申请人按照PCT第二章提出了国际初步审查要求，则在完成国际公布之后还将进行国际初步审查。对于进入国家阶段的时间、应履行的手续，PCT第22条和第39条作出了原则性的普遍使用的规定，主要包括：缴纳国家费用；提交国际申请的译文；在特定情况下，提交国际申请的副本；以及必须在适用的进入国家阶段期限届满前完成进入国家阶段手续等。但是，国家阶段是各个国家根据自己本国法的规定做出的独立自主的审查，必然会造成各个国家的要求间的巨大差异。一般称各个国家在普遍要求之外的其他要求为特殊的国家要求。虽然特殊的国家要求具有强烈的国家色彩，但是 PCT 第 27 条对国家要求进行了原则上的限定，即各国提出的国家要求必须在 PCT 允许的范围之内。

我国作为 PCT 的成员国也不例外，我国国家阶段的特殊规定也是在 PCT 允许的上述限度内做出的，具体体现在《专利法实施细则》第 10 章“关于国际申请的特别规定”。具体包括 PCT 申请的初步审查、国家公布、参考国际检索和国际初步审查结果进行实质审查、授权或驳回，以及可能发生的其他后续程序。

另外需要申请人特别注意的是，根据 PCT 的规定进入国家阶段是依申请人的请求而启动，如果申请人不请求进入国家阶段，则该国际申请逾期后将自动失去国家效力。尤其是申请人依据 PCT 第二章的规定请求了国际初步检索时，正常情况下申请人自该申请优先权日起 28 个月内会得到国际初步审查报告，但是某些特殊的情况下例如审查员的延误，使得申请人在进入需要进入的国家期间届满之前不能得到国际初审报告，虽然国际初步审查报告只能作为国家阶段审查的参考，但在这种情况下申请人仍然需要按时办理进入国际阶段的手续，申请人不得以国际初审报告的延误作为没有及时办理进入国际阶段的正当理由，进入国家阶段的期限必须遵守，否则将丧失对该国的效力。

本章将介绍国际申请进入中国国家阶段的条件、对中国的效力、期限、费用、文件等的初步审查和对国际申请进入国家阶段的事务处理等内容。但是，本章仅对上述内容中的特殊问题做出说明；凡与国家申请相同的问题，本章不再作说明，请参考本书第 4 章的相关内容。

6.1.2 国际申请效力的审查

根据 PCT 第 11 条的规定，一项符合要求并给予国际申请日的 PCT 申请，在每个指定国内自国际申请日起具有正规的国家申请的效力，国际申请日应认为是在每个指定国的实际申请日。但是往往因为存在费用、申请人的撤回等因素造成某件国际申请在某个指定国的效力终止，因此每个指定国的国内法均规定首先需要对进入其国家阶段的国际申请在其本国的效力进行审查，这是国家阶段审查的基础，若对某一指定国不再具有效力则也就不存在后续的审查了。我国也不例外，《专利法实施细则》第 104 条对此做出了规定。

6.1.2.1　依据《专利法实施细则》第 102 条的审查

凡是确定了国际申请日的国际申请均已由受理局对其是否符合 PCT 第 11 条进行了审查，并做出了肯定的结论，所以只要国际申请指定了中国，根据《专利法实施细则》第 102 条的规定，我国就承认该申请具有正规的国家申请的效力，由受理局确定的国际申请日就是在中国的实际申请日。因此，我国审查员将依据《专利法实施细则》第 102 条的规定，不必要也不应当根据《专利法》及其实施细则中有关受理条件的规定对国际申请重新进行审查。

但并不是全部声称进入中国国家阶段的国际申请在中国都具有正规国家申请的效力，国务院专利行政部门还将依据《专利法实施细则》第 105 条第 1 款第 1 项的规定，审查该国际申请在国际阶段是否存在撤回或视为撤回的情形［PCT24（1）（ⅰ）（ⅱ）的规定］。对于一件声称进入中国国家阶段的国际申请，在国际阶段中，若国际局曾经向作为指定局的专利局传送了“撤回国际申请”（PCT/IB/307）或“国际申请被认为撤回”（PCT/IB/325）的通知的，或者传送了该国际申请对中国“撤回指定”（PCT/IB/307），根据《专利法实施细则》第 105 条第 1 款第 1 项和 PCT24（1）（ⅰ）（ⅱ）的规定，该国际申请的效力或者在中国的效力已经终止，应当通知申请人，由于效力终止国际申请进入国家阶段的手续不予接受。

6.1.2.2　依据《专利法实施细则》第 104 条的审查

根据 PCT 第 22 条的规定，申请人应当在一定的期限内（不少于自优先权日起 30 个月）向指定局提供副本、译本和缴纳费用，否则将根据 PCT（24）（ⅲ）的规定视为从该指定国撤回，即丧失该指定国的国家效力。

我国为履行 PCT 自优先权日起 30 个月的最低要求，《专利法实施细则》第 103 条规定：国际申请的申请人应当在 PCT 第 2 条所称的优先权日起 30 个月内，向国务院专利行政部门办理国际申请进入中国国家阶段的手续。同时为了给予申请人逾期未办理的救济，《专利法实施细则》第 103 条规定了宽限期，即申请人在缴纳宽限费后，可以在自优先权日起 32 个月的相应期限届满前办理。

[实例1] 国家申请号通知书样页

中华人民共和国国家知识产权局

100088 XQ13114448911 北京市海淀区知春路6号锦秋国际大厦A座1008 北京金之桥知识产权代理有限公司 耿慕白	发文日： 2010年05月17日

国际申请号或专利号：PCT/EP2008/062**7　　发文序号：2010051200407580

国际申请日：20080915

申请人或专利权人：　*** (共同)股份公司

发明创造名称：　具有高杀虫活性的聚烯基环丙羧酸酯

国际申请进入中国国家阶段通知书

上述国际申请，申请人办理的进入中国国家阶段手续，经审查，符合专利法实施细则第103条和第104条的规定，该国际申请已进入中国国家阶段。现将给予的国家申请号和确定的进入中国国家阶段的日期通知如下：

国家申请号：200880****11.X

进入中国国家阶段日期：2010年03月30日

经核实，国家知识产权局确认收到文件如下：
国际申请进入中国国家阶段声明（发明）1份，每份3页；说明书摘要1份，每份1页
摘要附图1份，每份1页；权利要求书1份，每份3页
说明书1份，每份19页；说明书附图1份，每份2页
按照条约第34条修改的声明或说明1份，每份1页；按照条约第34条修改的权利要求书1份，每份3页

自收到本通知书之日起，申请人向国家知识产权局办理各种手续时，均应使用上述国家申请号。

审查员：***　　　　审查部门：专利局初审及流程管理部

联系电话：***-********

中华人民共和国国家知识产权局
专利审查业务章

250302
2010.2

纸件申请，回函请寄：100088 北京市海淀区蓟门桥西土城路6号 国家知识产权局专利局受理处收
电子申请，应当通过电子专利申请系统以电子文件形式提交相关文件。除另有规定外，以纸件等其他形式提交的文件视为未提交。

但是，如果国际申请的申请人在《专利法实施细则》第 103 条规定的期限届满时没有办理进入国家阶段手续（以下简称“进入手续”）的，或者虽然办理了进入手续，但是存在《专利法实施细则》第 105 条第 1 款所述缺陷的，或者虽然在《专利法实施细则》第 103 条规定的期限内完成进入手续，但是在期限届满时仍没有按照规定缴纳宽限费的，该国际申请在中国的效力终止。审查员将通知申请人，由于效力终止其进入国家阶段的手续将不予接受。

若申请人在《专利法实施细则》第 103 条规定的期限届满之前办理了部分进入手续的，或者在 30 个月的期限届满后、32 个月的期限届满前完成了进入手续，但是没有缴纳宽限费，并且在审查员审查时上述期限尚未届满的，审查员将通知申请人进入国家阶段的手续存在缺陷而不予接受，但是国际申请在中国的效力不终止。申请人在规定期限届满之前再次办理进入手续，并且克服了缺陷的，则该国际申请在中国仍然有效。

由于耽误了《专利法实施细则》第 103 条规定的 32 个月的期限造成国际申请的效力终止，申请人按《专利法实施细则》第 6 条第 2 款提出恢复请求的，则该请求不予接受。因为《专利法实施细则》第 105 条第 2 款的规定就是根据 PCT 第 48 条（2）关于缔约国应当依据本国法对期限的延误给予宽恕的原则以及《专利法实施细则》第 6 条第 2 款关于恢复程序而制定的，我国已经给予申请人延误进行弥补和恢复，则根据同一救济不能连续使用两次的原则，则延误宽限期依据《专利法实施细则》第 6 条第 2 款提出恢复请求的应不予准许。当然，如果申请人提出耽误宽限期是由于不可抗拒的事由造成的，并提供相应的充足证据，则审查员将根据《专利法实施细则》第 6 条第 1 款规定来处理。

6.1.2.3　国家申请号通知书

凡是经审查在中国具有效力，并且按规定办理了进入手续的国际申请，专利局将继续其申请审批流程。在初审合格后专利局给予国家申请号，并发出国家申请号通知书。在随后的审批程序中，申请人办理各种手续、审查员发出的各种通知均应当使用国家申请号予以标明该专利申请。

[实例 2] 501 表样表

国际申请进入中国国家阶段声明（发明）

请按照“注意事项”正确填写本表各栏		此框内容由国家知识产权局填写	
⑤ 专利代理机构案卷号		① 国家申请号	
⑥ 国际申请号 ⑦ 国际申请日 ⑧ 优先权日 ⑨ 国际公布号 ⑩ 国际公布日 ⑪ 国际公布语言		② 递交日 ③ 费减审批 ④ 挂号号码	
⑫ 发明名称			
⑬ 发明人			
⑭ 第一发明人国籍		居民身份证件号码	
⑮ 申请人	申请人（1）	姓名或名称	电话
		居民身份证件号码或组织机构代码	电子邮箱
		国籍或注册国家（地区）	经常居所地或营业所所在地
		邮政编码	详细地址
	申请人（2）	姓名或名称	电话
		居民身份证件号码或组织机构代码	
		国籍或注册国家（地区）	经常居所地或营业所所在地
		邮政编码	详细地址
⑯ 联系人	姓　名	电话	电子邮箱
	邮政编码	详细地址	
⑰ 代表人为非第一署名申请人时声明		特声明第____署名申请人为代表人	
⑱ 专利代理机构	名称		机构代码
	代理人（1） 姓　名		代理人（2） 姓　名
	代理人（1） 执业证号		代理人（2） 执业证号
	代理人（1） 电　话		代理人（2） 电　话

⑲ 提前处理

☒自优先权日起 30 个月的期限尚未届满，请求国家知识产权局根据专利法实施细则第 111 条提前处理和审查本国际申请。

☐本国际申请尚未国际公布，请求国家知识产权局作为指定局要求国际局传送国际申请文件副本。

***自优先权日起 30 个月的期限尚未届满，申请人不要求提前处理本国际申请，请取消上述默认选项。**

150101
2010.4

国际申请进入中国国家阶段声明（发明）

⑳ □提前公布　根据专利法第 34 条的规定，请求早日公布该专利申请。

㉑ 审查基础文本声明

□以原始国际申请文件的中文译文为审查基础

□以下列申请文件为审查基础

□说明书　第________页，按原始国际申请文件的中文译文
第________页，按专利性国际初步报告（PCT 第二章）附件的中文译文
第________页，按专利合作条约第 28/41 条提出的修改

□权利要求　第________项，按原始国际申请文件的中文译文
第________项，按专利合作条约第 19 条修改的中文译文
第________项，按专利性国际初步报告（PCT 第二章）附件的中文译文
第________项，按专利合作条约第 28/41 条提出的修改

□附图　第________页，按原始国际申请文件的中文译文
第________页，按专利性国际初步报告（PCT 第二章）附件的中文译文
第________页，按专利合作条约第 28/41 条提出的修改

□核苷酸和/或氨基酸序列表　第________页，按原始国际申请文件
第________页，按专利性国际初步报告（PCT 第二章）附件
第________页，按专利合作条约第 28/41 条提出的修改

㉒ 要求优先权声明

原受理机构名称	在先申请日	在先申请号

㉓ 关于遗传资源的说明
□本国际申请涉及的发明创造是依赖于遗传资源完成的

㉔ 援引加入声明

□本国际申请在国际阶段含有援引加入项目或部分，提交的中文译文中未包含援引加入项目或部分。

□本国际申请在国际阶段含有援引加入项目或部分，提交的中文译文中包含下列援引加入项目或部分，请求修改相对于中国的申请日：

□说明书　第________页，国际阶段提交援引加入的时间为________；
□权利要求　第________项，国际阶段提交援引加入的时间为________；
□际图　第________页，国际阶段提交援引加入的时间为________。

㉕ 生物材料样品保藏

□本国际申请涉及的生物材料样品的保藏已在专利合作条约实施细则第 13 条之 2.4 规定的期限内以下列形式作出记载：

保藏编号	保藏日期	保藏单位	说明书中文译文第__页__行或 PCT/RO/134 表

国际申请进入中国国家阶段声明（发明）

㉖ 不丧失新颖性宽限期声明

□已在中国政府主办或承认的国际展览会上首次展出，并在提出国际申请时作出过声明。

□已在规定的学术会议或技术会议上首次发表，并在提出国际申请时作出过声明。

㉗ 复查请求

□申请人于____年__月__日收到下列通知：

□受理局拒绝给予国际申请日　　□国际局按专利合作条约第 12 条（3）作出认定

□受理局宣布申请被认为撤回

□根据专利合作条约第 25 条特此向国家知识产权局提出复查请求，并且

□已请求国际局将档案中有关文件传送国家知识产权局；

□已依照专利法实施细则第 103 条的规定办理进入中国国家阶段的手续。

㉘ 申请文件清单			㉙ 附加文件清单		
1. 进入声明	份	页	□按专利合作条约第 19 条修改的中文译文	份	页
2. 说明书摘要	份	页	□专利性国际初步报告（PCT 第二章）附件的中文译文	份	页
3. 摘要附图	份	页	□按专利合作条约第 28/41 条提出的修改	份	页
4. 权利要求书	份	页	□专利代理委托书 总委托书（编号________）	份	页
5. 说明书	份	页	□实质审查请求书	份	页
6. 说明书附图	份	页	□申请权转让证明	份	页
7. PCT/RO/134 表	份	页	□优先权转让证明	份	页
8. 核苷酸和/或氨基酸序列表	份	页	□著录项目变更申报书	份	页
			□生物材料样品保藏证明	份	页
9. 计算机可读形式序列表		份	□生物材料样品存活证明	份	页
			□遗传资源来源披露登记表	份	页
权利要求的项数		项	□经确认的国际申请副本	份	页
			□已备案的证明文件 （证明文件备案编号________）	份	页
			□		

㉚ 全体申请人或专利代理机构签字或者盖章	㉛ 国家知识产权局审核意见
年　月　日	年　月　日

国际申请的国家申请号结构为 13 位数字组成，依次包括表示申请日所在年份的四位数字、表示国际申请及要求的保护类型的一位数字以及表示进入国家阶段先后顺序的七位数字，最后是计算机校验用的一位数字，用小数点将其与前面的数字隔开。国际申请指定中国的发明专利的，国家申请号的第五位数字为“8”，指定中国实用新型的，则第五位数字为“9”。例如：ZL200580006984. 8。该国家申请号的结构用于 2004 年及 2004 年以后提出的国际申请。

1994 年至 1997 年的国家申请号的组成依此是表示申请日所在年份的两位数字，表示保护类型的一位数字（“1”代表发明，“2”代表实用新型），表示国际申请的一位数字（“9”或者“8”），以及表示进入国家阶段先后顺序的四位数字。最后一位是计算机校验用的数字，用小数点将其与前面数字隔开，例如：97191234. X。

1998 年至 2003 年的国际申请的国家申请号结构也为九位数字组成，但与 1994 年至 1997 年的略有不同，其依次包括表示申请日所在年份的两位数字、表示国际申请及要求的保护类型的一位数字以及表示进入国家阶段先后顺序的五位数字，最后是计算机校验用的一位数字，用小数点将其与前面的数字隔开。国际申请指定中国的发明专利的，国家申请号的第三位数字为“8”，指定中国实用新型的，则第三位数字为“9”。例如：98801234. X。

6. 1. 3 审查进入国家阶段时提交的文件

根据 PCT 的规定，申请人在办理进入国家阶段手续之时应当向该国提交书面的声明，以及完成进入手续的最低要求：缴纳国家费用；提交国际申请的译文；在特定情况下，提交国际申请的副本。为此，《专利法实施细则》第 104 条作了相应的规定，同时第 104 条第 3 款对于办理进入手续存在的哪些缺陷给予补正做出了明确规定。

6. 1. 3. 1 进入国家阶段的声明

进入我国国家阶段的声明，是国务院专利行政部门提供编号为 PCT/CN/501 的表格（简称 501 表）。

（1）国际申请号、申请日

国际申请号、申请日是在国际阶段由受理局确定的，但是在国际阶段国际申请日由于某种原因往往被更改，应以更改后的日期为准。进入声明中填写的国际申请日应当与国际局的公开文本（即小册子）扉页上的记载相同。若出现两者不一致的情况，则审查员可以依据小册子上的记载依职权加以改正，并将改正告知申请人。

国际申请日就是该申请在中国的实际申请日。

（2）发明名称

发明名称应当来自于原始国际申请请求书中的记载，个别修改经国际检索单位审查员确认或者国际检索单位依职权修改的除外。请求书使用中文以外文字的，发明名称的译文除准确表达原意外，应当尽可能使译文简短。在译文没有多余的不必要的词汇的情况下，不应当以《专利审查指南》第一部分第一章中关于发明名称的字数来加以限制。

小册子扉页上记载的发明名称不是原始国际申请请求书中的发明名称，而是由国际检索单位审查员确定的，进入声明中（即上述501表中）的名称应当是国际检索单位审查员确定的发明名称的译文。

进入国家阶段时请求修改发明名称的，应当以修改申请文件的形式提出，不应当将修改后的发明名称直接填写在进入声明中，国家公布时不公布修改后的发明名称。

（3）保护类型

501表第1栏要求申请人选择请求保护的类型，因为《专利法》第9条第1款规定“同样的发明创造只能被授予一项专利”。国际申请指定中国时，必须指明要求获得的是“发明专利”还是“实用新型专利”，两者择其一，不允许使用“发明和实用新型”的方式（注：这在某些国家是允许的）。

（4）对中国的申请人

① 申请人信息的确定

除在国际阶段由国际局记录过变更的情况外，进入国家阶段时的申请人，应当是国际申请请求书中写明的申请人。国际申请指定一个以上国家，并且有多个申请人的，PCT规定，对不同的指定国可以写明不同的申请人。进入声明中要求填写的是对中国的申请人。国际公布使用外文的，应当准确地将申请人的姓名或名称、地址译成中文，法人名称的译文要尽可能规范。审查员会将进入声明中写明的内容与小册子扉页上的记载认真核对，如果不一致，将会通知申请人改正或办理必要手续。

在申请的国际阶段曾经由国际局向作为指定局的专利局传送过“记录变更通知书”（PCT/IB/306）通报申请人变更或者申请人的姓名或名称、地址变更的，则认为已向该指定局申报，在进入声明中只需直接填写变更以后的信息即可。审查员将认真阅读国际局的通知，将进入声明中写明的有关内容与小册子及通知书中记载的变化过程认真核对，如果不一致，将通知申请人改正或办理必要手续。

经国际局登记已经死亡的申请人，进入国家阶段时，不再写入进入声明中。

PCT 规定，申请人的国籍、居所是否如其所声称，应当由受理局根据其本国法审查并决定。经过受理局审查过的信息记载在国际局出版的小册子扉页上，对此作为指定局的专利局的审查员一般不会再提出疑问。

② 申请人的资格

根据《专利审查指南》的规定，申请人是外国人（自然人或法人）的，应当依据《专利法》第 18 条审查申请人是否有资格提出申请。国际申请至少是由一个申请人提出的（修改后的《PCT 实施细则》规定国际申请提出时可以不列明全部申请人），该申请人通常是 PCT 缔约国的国民或居民，至少是《巴黎公约》缔约国的国民或居民，所以不必再审查其是否符合《专利法》第 18 条的规定。国际申请中有两个或两个以上申请人的，PCT 规定只要其中至少有一人是 PCT 缔约国的国民或居民即可，因此，国际申请提出时对中国的申请人就有可能是非 PCT 缔约国的国民或居民。另外，PCT 只对提出国际申请的人的所属国加以限定，而当申请人发生变更时，对于受让人的所属国没有任何规定，故进入中国国家阶段时申请人或部分申请人所属国有可能是非 PCT 缔约国。在这种情况下，国务院专利行政部门将按照《专利审查指南》第一部分第一章第 4.1.3.2 节的有关内容进行审查。若确定所有申请人都不符合《专利法》第 18 条规定后，将驳回申请。部分申请人不符合《专利法》第 18 条规定的，将通知申请人办理著录项目变更手续，删除没有资格的申请人。如果申请人拒绝变更，将驳回申请。对此，申请人在办理进入手续时也应当予以注意。

③ 申请人的译名

在国际阶段中，根据规定申请人为自然人时，姓名的写法是姓在前、名在后，在进入声明中填写申请人译名时，则姓和名的先后顺序应当按照其所属国的习惯写法。

申请人认为进入声明中提供的译名不准确的，在国家公布准备工作完成之前可以用主动补正的形式提出。审查员经审查确认改正后的译名与原文相符的，将接受补正，并在国家公布中使用新译名。申请人在国家公布之后要求改正译名的，应当以改正译文错误的方式提出，并缴纳相应的手续费。经审查确认改正的译名与原文相符的，将在随后的通知及授权公告中使用新的译名。

（5）对中国的发明人

① 发明人信息的确定

除在国际阶段由国际局记录过变更的情况外，进入国家阶段时的发明人应当是国际申请请求书中写明的发明人。国际申请指定一个以上国家，并且有多个发明人的，根据 PCT 规定，必要时可以针对不同的指定国有不同的发明人。在这种情况下，进入声明中就要求填写针对中国的发明人。国际公布使用中文以外文字的，应当准确地将发明人的姓名译成中文。审查员会将进入声明中写明的发明人姓名与小册子扉页上的记载认真核对，如果不一致，将通知申请人改正或办理必要手续。进入声明中没有写明发明人译名的，将通知申请人在指定期限内及时提交写明发明人译名的进入声明的替换页。

在申请的国际阶段曾经由国际局传送过“记录变更通知书”（PCT/IB/306）以通报发明人或者发明人姓名变更的，应当认为已经向作为指定局的专利局申报，在进入声明中直接填写变更以后的信息，审查员应当阅读国际局的通知，并将进入声明中写明的有关内容与小册子及通知书中记载的变化过程认真核对，如果不一致，将通知申请人改正或办理必要手续。而对于发明是否符合不作审查。

针对中国的发明人经国际局登记已经死亡的，在进入国家阶段时，仍应作为发明人填写在进入声明中。

② 国际申请没有发明人事项的

根据 PCT 规定，如果国际申请中指明的所有指定国的法律都不要求在提出国家申请时必须提供发明人的姓名，该国际申请的请求书中可以不提供发明人事项。又按照《专利法实施细则》的规定，请求书中缺少发明人姓名的不作为申请不予受理的条件，而是可以随后补正的缺陷。因此，对于在小册子中没有记载发明人姓名的国际申请，在进入国家阶段时应当在进入声明中补充写明发明人。审查员若发现该声明中仍然缺少发明人姓名的，将通知申请人在指定期限内提交补入发明人的进入声明的替换页。对所提供的发明人的资格也作审查。

③ 发明人的译名

在国际阶段中，根据规定发明人姓名的写法应当姓在前、名在后，在进入声明中填写发明人译名时，姓和名的先后顺序应当按照其所属国的习惯写法。

申请人认为进入声明中提供的发明人译名不准确的，在国家公布准备工作完成之前可以用主动补正的方式提出。审查员经审查确认改正后的译名与原文相符，将接受补正，并在国家公布中使用新的译名。在国家公布准备工作完成之后要求改正发明人译名，应当以改正译文错误的方式提出，并缴纳相应的手续费。经审查确认改正后的译名与原文相符的，将在授权公告中使用新译名。

（6）审查基础

在申请的国际阶段，申请人在收到国际检索报告之后，可以按照PCT第19条规定对权利要求书做出修改，修改应当在规定的期限内向国际局提出。在国际初步审查过程中，申请人还可以按照PCT第34条规定对说明书、附图和权利要求书做出修改，修改应当向国际初步审查单位提出。上述程序称为国际阶段的修改。《专利法实施细则》第112条又规定申请人可以在办理进入手续之后在规定的期限内提出对说明书、附图和权利要求书的修改，后者称为国家阶段的修改。由此可见，进入国家阶段的国际申请，除原始申请文件外，可能还要提出一份或几份修改文本，所以申请人必须指明，专利局的审查员在实质审查中应该依据的文本，即对审查基础做出声明。在国际阶段及进入国家阶段后均没有对申请做出修改的，审查基础则是原始申请。国际阶段或者进入国家阶段做出过修改并在审查基础声明中加以指明的，审查使用的则是以修改文件替换原始申请相应部分之后的文本。国际阶段做出过修改但在审查基础声明中没有指明的，则认为该修改已经放弃，审查中将不再考虑。审查基础声明包括进入国家阶段时在书面进入声明规定栏目中的指明和进入国家阶段之后单独提交国际阶段修改的译文或国家阶段修改时在规定表格（PCT/CN/521）中的指明。后者是对前者的补充和修正。

审查基础声明中提及的国际阶段按照PCT第19条的修改，应当在小册子中有相应内容，按照PCT第34条的修改，应当在国际初步审查报告之后附有相应内容。审查基础声明中提及的国际阶段的修改实际不存在的，审查员将通知申请人改正进入声明中审查基础一栏中有关内容。

审查基础声明中提及国际申请文件的修改的，应当同时提交该修改文件或修改文件的译文。没有提交相应文件的，审查员将通知申请人在指定期限内补交，期限届满时仍未提交的，声明提及的修改将不予考虑。

因此，在进入国家阶段时申请人必须将其在国际阶段的修改全部提供给代理人，因为代理人无法从公开渠道获得申请人依据 PCT 第 34 条所作修改的文本，并明确告诉代理人审查的基础是哪个文本，否则代理人无法处理。此时，因为时间的关系又不损害申请人的利益，代理人往往以原始公开的文本作为指定的审查基础。

（7）书面声明中其他内容的审查

501 表中还包括：请求提前处理和审查、要求有权的声明、关于生物材料样品保藏的说明、关于不丧失新颖性的声明、请求复查以及进入国家阶段的文件、费用等。

6.1.3.2 原始申请的译文、附图

根据《专利法实施细则》第 104 条第 1 款第 3 项的规定，国际申请是以中文以外的文字提出的，在进入中国国家阶段时，需提交原始国际申请的说明书、权利要求书以及附图中的文字和摘要的中文译文。

根据《专利法实施细则》第 104 条第 1 款第 5 项的规定，国际申请中有附图的，进入中国国家阶段时还应当提交附图的副本。

（1）说明书的译文

说明书的中文译文应当与国际局传送的小册子中说明书的内容相符。译文应当完全，并忠实于原文。申请人不得将任何修改的内容加入到原始申请的译文中。

小册子中标明是替换页、更正页的内容应当认为是原始申请的内容。在国际申请提出时作为说明书的一部分的内容，经过受理局审查后宣布“不予考虑”，并且在小册子中加以标注的，在译文中应当用中文做出同样的标注，例如在没有提供附图的情况下说明书中提及附图的内容。

说明书（包括附图）中包含有违反道德或公共秩序的内容，或者其他贬低性的陈述，经国际局认定，并在国际公布时删除的内容，不应当再加入到原始申请的译文中。如果上述内容又出现在译文中，应当通知申请人改正译文中的错误。国际公布时对上述内容没有删除，并出现在译文中的，将按照《专利审查指南》第一部分第一章第 7 节处理。

在国际阶段，国际申请说明书中包含有核苷酸或氨基酸序列表部分，并且是作为说明书单独部分提交的，在提交译文时，也应当将其作为单独部分，并且单独编页。序列表部分的自由文字内容已写入说明书的主要部分的，则序列表部分的任何文字不需要翻译。

说明书中引用的计算机程序语言不需要翻译，引用的参考资料中的编者姓名、文献标题的翻译只要与满足国家公布所需的程度适度统一即可。

（2）权利要求书的译文

权利要求书的译文应当与小册子中登载的原始申请的权利要求书的内容相符。审查员发现译文与原文明显不符，例如权利要求的增加或遗漏，将通知申请人改正译文中的错误。

（3）附图

根据《专利法实施细则》第104条第1款第5项的规定，国际申请中有附图的，不管附图中是否有文字，都应当提交附图的副本。这条规定是针对以外文提出的国际申请做出的。

附图中有文字内容，并且国际公布是使用外文的，应当将其译成中文，并且重新绘制附图，将译文代替原文标注在适当的位置上。即使附图中的文字内容不符合《专利法实施细则》第18条的规定，也应当按照原始申请译出。重新绘制的附图应当与小册子中的附图相同，同时要满足《专利审查指南》对附图的格式要求。

附图中的"Fig"字样无需译成中文。附图中出现的计算机程序语言、作为屏幕显示图像的某些文字内容不必译成中文。

没有提交附图中文字的译文，或者提交的译文不完全的，专利局将通知申请人办理改正译文错误手续。

没有提交附图副本的，将通知申请人在指定期限内补交。

（4）摘要译文、摘要附图

摘要译文应当与小册子扉页登载的摘要内容一致。国际检索单位的审查员对申请人提交的摘要做出修改的，应当提交修改后的摘要的译文。国际检索报告不包含在首次公布的小册子A2中，而在再次公布的小册子A3中，并且小册子A3与小册子A2扉页登载的摘要内容不相同的，应当以小册子A3中的摘要内容为依据译出。

译文应当在不改变原文内容的基础上尽可能简短，在没有多余词句的情况下，审查员不得以不符合《专利法实施细则》第23条第2款关于摘要字数的规定为理由要求申请人删节或自行删改。

进入国家阶段时没有提交摘要译文的，审查员将通知申请人补交。

摘要附图应当与国际公布时选用的摘要附图一致。首次公布不包括检索报告，并且首次公布的小册子 A2 与再次公布的小册子 A3 使用的摘要附图不一致的，应当以再次公布时的摘要附图为准，因为后者是按照国际检索单位审查员的意见确定的。进入国家阶段时没有提供摘要附图或提供的摘要附图与小册子中的不一致的，审查员将通知申请人补正。

6.1.3.3 使用中文完成国际公布的国际申请

使用中文完成国际公布的国际申请在进入国家阶段时只需要提交书面进入声明、原始申请中的摘要的副本及摘要附图（有摘要附图时）的副本，不需要提交说明书、权利要求书及附图的副本。

6.1.3.4 期限届满前进入国家阶段

PCT 第 23 条（1）规定："在按照第 22 条适用的期限届满以前，任何指定局不应处理或审查国际申请"，同时在第 23 条（2）又规定："尽管有（1）的规定，指定局根据申请人的明确的请求，可以在任何时候处理或审查国际申请"，PCT 第 40 条也作了相应的规定。据此，申请人可以请求 PCT 缔约国的国家局对其进入国家的申请进行提前处理。

（1）提前处理

根据《专利法实施细则》第 111 条规定：在优先权日起 30 个月期满前，申请人要求国务院专利行政部门提前处理和审查国际申请的，申请人除应当办理《专利法实施细则》第 103 条和第 104 条规定的进入中国国家阶段手续外，还应当依照 PCT 第 23 条第 2 款的规定提出请求。国际局尚未向国务院专利行政部门传送国际申请的，申请人应当提交经确认的国际申请副本。申请人也可以要求国际局按照《PCT 实施细则》47.4 的规定向专利局传送国际申请副本，或者向专利局提出请求，由专利局要求国际局传送国际申请副本。

对于满足上述要求的国际申请，审查员将立即进行处理和审查。

（2）暂时不作处理

对于在优先权日起 30 个月届满前办理了进入国家阶段手续，但是没有按照办理《专利法实施细则》第 111 条所述提出请求的国际申请，即 501 表第 5 栏的内容未作选择并未提供国际申请的副本的，按 PCT 的规定可暂时不作处理，审查员只按文件清单对文件进行核对，并将"暂时不作处理"的意见通知申请人。

6.1.3.5 进入国家阶段日期

进入国家阶段的日期是指向专利局办理《专利法实施细则》第 103 条和第 104 条规定的全部进入手续的日期。全部手续是在同一日完成的，该日即为进入国家阶段的日期。手续是在不同日完成的，以最后完成进入手续之日为进入国家阶段的日期。这一点申请人必须特别注意，因为有很多申请人往往受国内申请的影响，认为只要将国际申请进入国家的声明（即 501 表）和国际申请的译文即副本提交给专利局就是完成了进入国家阶段、费用可以后补，这是完全错误的，必须同时完成《专利法实施细则》第 103 条和第 104 条的规定才是完成了进入国家阶段的手续。如果先缴纳费用，应不晚于 3 日递交 501 表及国际申请译文，否则费用会被导致未缴费，错过进入国家阶段期限。

以传真的方式送交文件及缴费单，并且指明使用从账户中扣除的方式缴费，传真送达的日期即为完成进入国家阶段手续的日期。

以邮寄的方式送交文件及缴费单并且指明使用从账户中扣除的方式缴费，邮件到达日为进入国家阶段的日期，如果出现《专利法实施细则》第 4 条所述的邮递延误的情况，经证明后，以期限届满日为完成进入国家阶段手续的日期。

6.1.4　国际阶段修改文件译文的审查

根据《专利法实施细则》第 106 条的规定，国际申请在国际阶段作过修改，申请人要求以经修改的申请文件为基础进行审查的，申请人应当在国务院专利行政部门作好国家公布的准备工作前提交修改的中文译文。在该期间内未提交中文译文的，对申请人在国际阶段提出的修改，国务院专利行政部门不予考虑。

6.1.4.1　按照 PCT 第 19 条修改的权利要求书的译文

申请人声明以按照 PCT 第 19 条做出修改的权利要求书作为审查基础，并且该修改的国际公布使用外文的，申请人应当在办理进入国家阶段手续时，最迟在国家公布的技术准备工作完成之前提交其译文。根据《专利法实施细则》第 106 条的规定，在该期间之后提交译文的修改部分将不予考虑。审查员将发出修改不予考虑通知书。国际申请中包含有按照 PCT 第 19 条（1）提出的修改声明，并且申请人要求审查员考虑该声明的，应当在提交修改的权利要求书译文的同时提交该声明的译文。

修改的权利要求书（包括修改、增加、删除权利要求）的译文应当与小册子中登载的相应部分内容一致。在国际阶段虽然提出过，但是由于不符合《PCT 实施细则》第 46 条规定而未被国际局接受的修改，在进入国家阶段时不再作为按照 PCT 第 19 条的修改提出。

修改的译文应当作成与原始申请译文中对应部分所在的纸页能够互相

替换的修改页。修改的权利要求书译文的第一页上方应标明“权利要求书（按条约第19条的修改）”字样。在进入国家阶段之后提交的该修改文件的译文，要附有PCT/CN/521表。在该表中应当表明将修改后的内容作为审查基础的意愿。

按照PCT第19条修改的权利要求书的译文与原始申请的权利要求书的译文一起公布，该译文应当满足《专利审查指南》关于公布的格式要求。

修改文件的译文不符合上述形式要求的，审查员将通知申请人改正。期满未改正的，审查员发出修改不予考虑通知书。

按照PCT第19条修改的权利要求书又作为国际初步审查的基础，并且申请人在进入国家阶段时将其作为国际初步审查报告的附件的译文提交的，在国家公布时不再出版该译文。

6.1.4.2 按照PCT第34条做出的修改的译文

申请人声明以按照PCT第34条做出的修改作为审查基础，并且该修改是以外文做出的，应当在进入国家阶段时，最迟应当自进入日起2个月内提交译文。在该期间之后提交译文的修改部分将不予考虑，审查员将发出修改不予考虑通知书。

修改部分的译文的内容应当与国际局传送的国际初步审查报告所附的修改页的内容相符。在国际阶段申请人声称按照PCT第34条做出修改，但未被审查员采纳，因而没有作为国际初步审查报告附件传送的，在进入国家阶段时申请人不应当再将该内容作为按照PCT第34条的修改向专利局提出。

修改部分的译文应当作成与原始申请译文中对应部分所在纸页能够互相替换的修改页。如果由于修改使该页内容增加，可以在该页之后补入一页或几页。其页码为“X_a”、“X_b”或“X－1”、“X－2”。由于修改使某页完全删除的，应当在修改说明中指出。权利要求书中某项被删除时，可以保留原编号，注明“删除”字样，也可以将修改后的权利要求书中的权利要求重新连续编号，并加以说明。修改的译文前应附有一页简短的修改说明，该说明上方应标有“国际初步审查报告附件译文”字样。修改说明只需指明修改所涉及的部位。

在进入国家阶段之后提交国际初步审查报告附件译文的，要附有PCT/CN/521表，并在该表中表明以该修改为审查基础的意愿。

修改文件的译文不符合上述形式要求的，审查员将通知申请人改正。

期满未改正的，审查员将发出修改不予考虑通知书。

6.1.5 其他文件的审查

6.1.5.1 委托和委托书

(1) 委托

根据《专利法》第 19 条第 1 款的规定，凡是在内地没有经常居所或者营业所的外国申请人，其国际申请在进入国家阶段时，应当委托专利代理机构办理有关事务。如果申请人没有委托专利代理机构，审查员将按照《专利审查指南》第一部分第一章第 6.1.1 节中的有关规定处理。

凡在内地有经常居所或者营业所的申请人，可以不委托专利代理人。

(2) 委托书

除《专利审查指南》第一部分第一章第 6.1.2 节对委托书的要求外，国际申请进入国家阶段时提交的委托书在委托权限一项应当含有在指定国或选定国办理有关事务的字句。委托书要写明国际申请号，要同时写明申请人（即委托人）的原文姓名或名称以及中文译名。申请人的原文姓名或名称，除有变更的情况外，应当与小册子扉页的记载使用相同的语言并且内容完全一致；国际阶段作过变更的，应当与 PCT/IB/306 表上记载的变更后的内容完全一致。译名应当与进入声明（PCT/CN/501）中的记载完全一致。

在进入国家阶段的同时办理变更申请人手续的，可以只提交变更后申请人签署的委托书。

国际申请在进入国家阶段时没有提交委托书，或者提交的委托书存在缺陷的，审查员将通知申请人补正，期限届满时仍未补正的，申请将被视为撤回。

6.1.5.2 要求优先权

(1) 要求优先权声明

《专利法实施细则》第 110 条第 1 款规定：申请人在国际阶段要求了一项或者多项优先权，而且在进入中国国家阶段时该优先权要求继续有效的，应当视为已经按照《专利法》第 30 条的规定提出了书面声明。

对于有效的优先权要求，申请人应当在进入声明中准确地写明其在先申请的申请日、申请号及受理国的名称或政府间组织的名称。除下段所述情况外，写明的内容应当与小册子扉页中的记载一致。审查员发现不一致时，以小册子为依据，依职权改正进入声明中的不符之处，并且及时通知申请人。

国际局向作为指定局或选定局的专利局传送的“撤回优先权要求”通知书（PCT/IB/317）、“优先权要求被认为未提出”通知书（PCT/IB/318）中所涉及的优先权要求应认为已经失去效力，不再填写在进入声明中。对于上述通知提及的优先权事项仍写在进入声明中的，审查员应当针对该项优先权要求发出视为未要求优先权通知书。

在国际阶段受理局对于优先权要求的有效性，即作为优先权基础的在先申请是否在《巴黎公约》缔约国或WTO成员中提出、申请人是否《巴黎公约》缔约国的国民或居民、在先申请的申请日是否在国际申请日前12个月之内等已经做出审查，并且对不符合上述条件的优先权要求宣布视为未提出的，作为指定局或选定局的专利局不再提出疑问。对此审查员也不进行审查。

申请人在国际阶段没有提供在先申请申请号的，应当在进入声明中写明，进入时仍未写明的，进行补正。不符合规定的，审查员将发出办理手续补正通知书，期满未答复或者补正后仍不符合规定的，审查员将针对该项优先权要求发出视为未要求优先权通知书。

在国际阶段提出的优先权书面声明中某一事项有书写错误，可以在办理进入手续时或进入2个月内提出改正请求，并且缴纳改正优先权要求请求费。改正请求应以书面形式提出，并在进入声明中写明改正后的优先权事项。在提出改正请求的同时应当附上在先申请的副本作为改正的依据。申请人如果使用传真方式传送在先申请的副本的，应当在规定的期限内提交原件。审查员将在先申请副本与优先权声明的事项认真核对后，确认优先权要求中的错误是由于书写中的疏忽造成的，决定是否可以允许申请人改正。在进入国家阶段之后提出的改正请求不予考虑。

进入国家阶段不允许提出新的优先权要求。

（2）优先权文件的提供

根据《PCT实施细则》第17条的规定，如果申请人履行了关于向受理局提交、或请求受理局制作优先权文件的要求，作为指定局的专利局不得要求申请人本人再提供优先权文件副本。该优先权文件的副本应当由专利局请求国际局提供。专利局的审查员将检查国际申请的小册子中的国际检索报告，在相关文件一栏中列有标明“PX”、“PY”类文献的，审查员将向国际局发出PCT/CN/512通知书，请求国际局传送该申请的优先权文件副本。国际检索单位审查员没有检索到，但是专利局负责实质审查的审查员在补充检索中检索到“PX”、“PY”类文献的，也应当通过初审审查员向国际局提出上述请求。

国际局通知专利局，申请人在国际阶段没有按规定提交优先权文件的，审查员将通知申请人在指定的期限内补交；期满仍未提交的，相应的优先权要求被视为未提出。

（3）优先权文件的审查

由国际局提供了优先权文件副本或者由申请人补交了优先权文件的，审查员将对优先权文件进行审查。

① 与优先权声明不一致

审查员将以优先权文件为依据，检查优先权声明中的各项内容，如果与优先权文件记载不一致，审查员将发出办理手续补正通知书，期满未答复或者补正后仍不符合规定的，审查员将发出视为未要求优先权通知书。

② 提供享有优先权的证明

审查员将检查在后的国际申请的申请人在申请日时是否有权要求申请中指明的在先申请的优先权。对于不是向专利局提出的在先申请，符合下列情况之一的，应当认为申请人有权要求优先权：

a. 在后申请的申请人与在先申请的申请人为同一人；

b. 在后申请的申请人是在先申请的申请人之一；

c. 在后申请的申请人由于在先申请的申请人的转让、赠与、共同签署的协议或者其他方式形成的权利转移而享有优先权。

对于 c 的情况，除申请人在国际阶段已经做出符合要求的享有优先权的声明以外，申请人必须提供相应的证明文件。证明文件应当由转让人签字。证明文件的签署日期应在国际申请日之前，或者证明文件中特别指明的转让的生效日期应在国际申请日之前。

证明文件应当是原件，或者是经过公证的复印件。

经审查发现国际申请的申请人不符合上述 a、b 两种情况的，应当检查小册子中是否记载有申请人做出的有权要求该在先申请优先权的声明，如果有，并且审查员认为声明是真实可信的，则不再要求申请人提供证明文件。在没有声明或声明不符合要求的情况下，审查员将发出通知，要求申请人提供 c 所述情况的证明文件。期限届满仍未提供的，申请人无权享有优先权。

国际申请的申请人无权享有优先权的，审查员将发出优先权视为未要求通知书。

（4）优先权要求的恢复

国际申请在国际阶段发生过《PCT 实施细则》第 26 条之 2.2 的情况，即由国际局或者受理局宣布过优先权要求视为未提出的，申请人在办理进入国家阶段手续的同时可以提出恢复优先权要求的请求，并且缴纳恢复费，其条件是被视为未提出的优先权要求的有关信息连同国际申请一起公布过。

进入国家阶段之后提出的恢复请求不予考虑。

（5）在先申请是在中国提出

国际申请要求优先权的在先申请是在中国提出的国家申请或指定中国的国际申请。

在先申请是在中国提出的，要求优先权的在后申请的申请人与在先申请的申请人必须完全一致，或者由在先申请的全体申请人将优先权转让给在后申请的申请人。未满足上述条件的，视为未要求优先权。

在先申请是在中国提出的，要求优先权的国际申请进入中国国家阶段，应当看做是要求本国优先权。对于在提出国际申请时，其要求优先权的在先申请的主题有《专利法实施细则》第 32 条第 2 款第 1 项、第 2 项和第 3 项所列情形之一的，审查员应当发出视为未要求优先权的通知书。由于国际申请的特殊程序，初审审查员不按《专利法实施细则》第 32 条第 3 款规定对被要求优先权的在先申请做出处理；同样，对于在国际申请提出之后在先申请被授予专利权的情况，初审审查员也不处理其有可能造成在先与在后申请重复授权的问题。前述问题均放在实质审查程序中解决。

6.1.5.3 援引加入

根据《PCT 实施细则》的规定，申请人在递交国际申请时遗漏了某些项目或部分，可以通过援引在先申请中相应部分的方式加入遗漏项目或部分，而保留原国际申请日。其中的“项目”是指全部说明书或者全部权利要求，“部分”是指部分说明书、部分权利要求或者全部或部分附图。

因中国对《PCT 实施细则》的上述规定作出保留，《专利审查指南》第三部分第一章进入国家阶段的国际申请的初步审查和事务处理国际申请在进入国家阶段时，对于通过援引在先申请的方式加入遗漏项目或部分而保留原国际申请日的，专利局将不予认可。

对于申请文件中含有援引加入项目或部分的，如果申请人在办理进入国家阶段手续时在进入声明中予以指明并请求修改相对于中国的申请日，则允许申请文件中保留援引加入项目或部分。审查员应当以国际局传送的“确认援引项目或部分决定的通知书”（PCT/RO/114 表）中的记载为依据，重新确定该国际申请在中国的申请日，并发出重新确定申请日通知书。因重新确定申请日而导致申请日超出优先权日起 12 个月的，审查员还应当针对该项优先权要求发出视为未要求优先权通知书。对于申请文件中含有援引加入项目或部分的，如果申请人在办理进入国家阶段手续时未予以指明或者未请求修改相对于中国的申请日，则不允许申请文件中保留援引加入项目或部分。审查员应当发出补正通知书，通知申请人删除援引加入项目或部分，期满未补正的，审查员应当发出视为撤回通知书。申请人在后续程序中不能再通过请求修改相对于中国的申请日的方式保留援引加入项目或部分。

6.1.5.4　不丧失新颖性的公开

根据《专利法实施细则》第 107 条的规定，国际申请涉及的发明创造有《专利法》第 24 条第 1 项或者第 2 项所述情形之一，并且在提出国际申请时做出过声明的，应当在进入声明中予以说明，并自办理进入手续之日起 2 个月内提交《专利法实施细则》第 30 条第 3 款规定的有关证明文件。

申请人在进入声明中指明在国际申请提出时要求过不丧失新颖性宽限期的，审查员将核对小册子扉页中是否有相应的记载。记载的内容应当包括所提及的不丧失新颖性的公开发生的日期、地点、公开类型以及展览会或会议的名称。审查员还将检查声明中提及的展览会是否属于《专利法实施细则》第 30 条第 1 款规定的情形，所提及的学术会议或技术会议是否属于《专利法实施细则》第 30 条第 2 款规定的情形。申请人在进入声明中指明但是在小册子中找不到相应记载的，以及提出要求的情形不符合《专利法》及其实施细则有关规定的，均视为未要求不丧失新颖性宽限期，审查员将及时通知申请人。在小册子中有记载而在进入声明中没有指明的，申请人可以在进入国家阶段之日起 2 个月内补正。

由于国际申请的特殊程序，提交证明材料的期限是自办理进入手续之日起 2 个月。

6.1.5.5　生物材料样品保藏的说明和证明

（1）进入声明中的指明

根据《专利法实施细则》第 108 条第 1 款的规定，申请人按照 PCT 规定对生物材料样品的保藏做出过说明的，应当在进入声明中予以指明。该指明应当包括指出记载保藏事项的文件种类，以及必要时指出有关内容在文件中的记载位置。

保藏事项是以非表格形式记载在说明书中的，应当在进入声明规定栏目指明记载的内容出现在说明书译文中的页次和行数。审查员将对译文的相应内容进行检查。保藏事项记载在表格 PCT/RO/134 中或其他单独的纸页中的，该表或该纸页应当包含在小册子中。审查员经核对发现在进入声明中指明的译文的相应位置没有关于保藏事项的记载，或者在进入声明中指明的 PCT/RO/134 表或其他另页说明并不包含在小册子中，应当认为该生物材料样品的保藏说明没有做出。

申请人在国际阶段已经按照 PCT 的规定对生物材料样品的保藏做出过说明，但是没有在进入声明中予以指明或指明不准确，可以在自办理进入手续之日起 4 个月内主动补正。期满未补正的，认为该生物材料样品的保藏说明没有做出，审查员将通知申请人该生物材料样品视为未提交保藏。

（2）生物材料样品保藏说明

根据《专利法实施细则》第 108 条的规定，申请人按照 PCT 的规定对生物材料样品的保藏做出过说明的，应当视为符合《专利法实施细则》第 24 条第 3 项的规定。根据《PCT 实施细则》的规定，对保藏的生物材料的说明应包括的事项有：保藏单位的名称和地址、保藏日期、保藏单位给予的保藏编号；只要该说明在国际局完成国际公布的技术准备工作之前到达国际局，作为指定局的专利局应认为该说明已及时提交。因此，申请人在进入声明中所指明的生物材料样品的保藏说明作为说明书的一部分或者以单独的纸页包含在小册子中，其内容包括上述规定事项，审查员将认为是符合要求的说明。在国际阶段申请人没有做出生物材料样品保藏说明，而在进入声明中声称该申请涉及生物材料样品保藏的，审查员将通知申请人该生物材料样品视为未保藏。

如果申请人在申请日时提交了生物材料样品的保藏证明，并且国际局将其作为国际申请的一部分包含在小册子中，申请人请求对生物材料样品保藏说明中遗漏事项做出补充的，审查员可以以小册子中的保藏证明为依据，同意其补充或改正。

审查员发现生物材料样品保藏说明与保藏证明中记载的保藏事项的内容不一致，并且可以确定不一致是由于保藏说明中的书写错误造成的，将通知申请人在指定期限内改正，申请人应当提交改正后的说明书替换页。期满未改正，该生物材料样品视为未保藏。

生物材料样品保藏的说明是以 PCT/RO/134 表的形式或者以说明书以外的其他单独纸页形式提交的，作为国际申请的一部分，进入国家阶段时应当译成中文。没有译成中文的，审查员将通知申请人补正。期满未补正，视为没有做出生物材料样品保藏说明，并将通知申请人该生物材料样品视为未保藏。

（3）生物材料样品保藏证明

由于国际申请的特殊程序，提交生物材料样品保藏证明和存活证明的期限是自办理进入手续之日起 4 个月。对保藏证明和存活证明内容的审查与《专利审查指南》第一部分第一章第 5.2.1 节相同。

6.1.5.6　进入国家阶段后对申请文件的修改

根据《专利法实施细则》第 112 条的规定，要求获得实用新型专利权的国际申请，申请人自办理进入手续之日起 2 个月内可以提出对说明书、附图和权利要求书的修改。要求获得发明专利的国际申请可以按照《专利法实施细则》第 51 条第 1 款规定对申请文件提出主动修改。

当国际申请进入国家阶段时，申请人明确要求以按 PCT 第 28 条或第 41 条做出的修改为审查基础的，可以在提交原始申请译文的同时提交修改文件。

提交修改时要有详细的修改说明。修改说明可以是修改前后内容的对照表，也可以是在原文件复制件上的修改标注。修改是在进入国家阶段时提出的，在修改说明上方应当注明“按条约第 28 条（或条约第 41 条）做出修改”的字样，修改是在进入国家阶段之后提出的，除修改说明外还应当附有 PCT/CN/521 表，声明以该修改内容作为审查基础。

修改的内容应当以替换页的形式提交，替换页与被替换页的内容应当相互对应，与被替换页的前、后页内容相互连接。

就同一部分内容提出多次修改的，后次修改说明及修改替换页应当在前次修改的基础上做出。

6.1.5.7　改正译文错误

根据 PCT 的规定，国际申请在每个指定国内自国际申请日起具有正规的国家申请的效力。因此，由国际局传送给作为指定局的专利局的国际申请是具有法律效力的文本。以该文本为依据发现进入国家阶段时提交的译文存在错误的，在满足《专利法实施细则》第 113 条规定的条件下，允许改正译文中的错误。

译文错误是指译文文本与国际局传送的原文文本相比不完全或不忠实于原文的情况。引起译文错误的原因是多种的，可以是译者的错误、书写的错误或者是文本认定的错误。

申请人在国家公布的准备工作完成之前办理改正译文错误手续的，专利局应当公布改正后的文件。

申请人改正译文错误，除提交改正页外还应当提交书面改正译文错误请求（即提交 PCT/CN/529 表），并且缴纳规定的译文改正费。

译文改正页与原提交的译文的相应页要能够相互替换，即替换后的前、后页内容能够连接。

初步审查程序中，审查员发现译文与原文明显不符，例如权利要求书中权利要求的项数不符，附图中的文字没有译出等，将通知申请人改正。如果不符之处是非文字部分，如数学式、化学式等，不作为译文错误处理，仅要求申请人做出补正。

6.1.5.8 实质审查请求

进入国家阶段的国际申请，如果指定了中国的发明专利，自优先权日起 3 年内应当提出实质审查请求，并缴纳实质审查费。审查员将按照《专利审查指南》第一部分第一章第 6.4 节进行审查。这一点请求申请人务必注意，有很多申请人因为忽视了这一点造成专利申请被视为未提出。

6.1.5.9 著录项目变更

（1）经国际局记录的变更

① 国际局通知的效力

在国际阶段国际局应申请人或受理局的要求，对请求书中的申请人或其姓名（名称）、居所、国籍或地址的变更，或者对请求书中的发明人或其姓名的变更进行记录，并书面通知指定局（PCT/IB/306 表）。专利局收到国际局的书面通知的变更，应当认为申请人已向专利局提出了著录项目变更申报，即不需要就该项变更再提交著录项目变更申报书及缴纳变更手续费。国际申请进入国家阶段时，应当直接使用变更后的著录项目。

② 补交证明材料

国际局传送的记录变更通知书（PCT/IB/306）中指明变更的项目是申请人的（指实体），在进入国家阶段时申请人应当按照《专利法实施细则》第 104 条第 1 款第 6 项规定，提供申请权转让或赠与合同、由工商行政管理部门出具的公司合并的证明文件或者其他权利转移的证明文件。证明文件可以是正本或者是由公证机关公证的复制件。审查员将审查证明文件的有效性。没有提供证明文件的，审查员将通知申请人补交，期满未补交的，申请将被视为撤回，而不是视为未要求优先权。

国际局传送的记录变更通知书（PCT/IB/306）中记载的变更事项是由中国的单位或个人将申请权转让给外国人的，除要求申请人提供必要的转让合同外，应当出具国务院商务主管部门颁发的《技术出口许可证》或者

《自由出口技术合同登记证书》，或者地方商务主管部门颁发的《自由出口技术合同登记证书》。

国际局传送的记录变更通知书中指明变更的项目是申请人的姓名或名称、地址以及发明人姓名的，不需要提供任何证明材料，则认为变更已经生效。

（2）国家阶段的著录项目变更

进入国家阶段时或之后申报著录项目变更应当按照《专利审查指南》第一部分第一章第 6.7.1 节办理。

除上述《专利审查指南》第一部分第一章第 6.7.1 节所述的几种著录项目变更证明材料外，在以下两种情况下可以使用经过公证的当事人（申请人或发明人）本人做出的声明作为申报变更的证明文件：

① 申请人声称在国际申请提出时填写了错误的申请人姓名或名称或者错误的发明人的姓名，进入国家阶段后为了改正错误申报变更。

② 申请人声称国际申请的申请人或发明人在不同的国家使用不同的名称或姓名（不仅仅是语种的不同），在中国希望使用不同于国际公布时记载的另一名称或姓名，为此申报变更。例如美籍华人在美国使用的姓名是 ×××·汤姆，并使用该姓名提出国际申请，而在进入中国时请求使用 ×××为其姓名。

6.1.5.10　请求复查

（1）提出复查请求

根据 PCT 的规定，允许申请人向作为指定局的专利局提出复查请求的情况是：

① 受理局拒绝给予国际申请日，或者宣布国际申请已被认为撤回；

② 国际局由于在规定期限内没有收到国际申请的登记本而宣布该申请被认为撤回。

复查请求应当在自收到上述处理决定的通知之日起 2 个月内向专利局提出，请求中应当陈述要求复查的理由，同时附上要求进行复查的处理决定的副本。国际局应申请人请求传送的有关档案文件的副本也将随后到达专利局。

（2）其他手续

在按上述（1）所述提出复查请求的同时，申请人应当向专利局办理《专利法实施细则》第 103 条和第 104 条规定的进入手续。并且在进入声明中标明已经提出复查请求。

（3）复查及复查后的处理

审查员认为复查请求是按照 PCT 及其实施细则规定提出，并且按照规定办理了进入手续的，将对受理局或国际局做出的决定是否正确进行复查。

审查员认为上述国际单位的决定是正确的，该国际申请在中国的效力终止。

审查员认为上述国际单位的决定是不正确的，应当认定该国际申请在中国是有效的，并应继续进入国家阶段的处理和审查。对于受理局尚未确定国际申请日的申请，审查员将通知申请人，该申请被认为是在应当确定为国际申请日的那一日向专利局提出的。

由于国际阶段程序的中断而没有完成国际公布的申请，审查员进行本章规定的审查时，将以国际局送交的档案文件中的登记本副本代替国际局的小册子。

6.1.5.11 国际单位错误的改正

（1）改正国际单位错误的声明

由于受理局、国际初步审查单位、国际局在事务处理上的疏忽而造成发出错误的通知书、在小册子上出现错误的记载，或者造成漏发通知书、遗漏记载，由此导致进入国家阶段后审查员做出“国际申请效力终止”、“改正形式缺陷”、“优先权视为未要求”等处理的，申请人可以自审查员发出相应的通知书之日起半年之内要求改正国际单位错误，该要求可以以“意见陈述书”的形式提出。

（2）附件

提交要求改正国际单位错误的意见陈述书的同时，应当提供国际局已经改正或者已经接受改正的相应的文件的复制件作为附件。例如：小册子的改正本，记录变更通知书（PCT/IB/306）的改正页等。没有附件的改正要求不予接受。

（3）改正后的处理

经审查或者经与国际局联系，证明确实是国际单位的错误并且已经由国际局做出改正，应当承认改正后的结论。由于错误而做出“国际申请效力终止”处理的，专利局应当重新接受退回的译文和费用，并以第一次完成进入手续的日期为进入国家阶段的日期，该日期的确定以专利局在退回的文件及缴费单上做出的标记为准。在等待国际单位改正错误期间，办理某种手续的期限已经届满，由于错误尚未改正而无法按期办理的（例如提出实质审查请求，提交生物材料样品保藏及存活证明，提交不丧失新颖性公开证明等），申请人应当在重新提交译文及缴纳申请费的同时，完成各种耽误的手续。审查员则认为是在规定期限内完成的。

由于错误而做出的其他导致申请人权利丧失的结论，经国际局通知改正错误后，应当恢复其相应的权利。

6.1.6 国家公布

国家公布仅适用于进入中国的发明专利的国际申请。

根据《专利法实施细则》第 114 条第 1 款的规定，对于要求获得发明专利权的国际申请，专利局经初步审查认为符合《专利法》及其实施细则有关规定的，应当在专利公报上予以公布。国际申请是以外文提出的，还应当公布申请文件的中文译文。

尽管国际申请在进入国家阶段之前多数已由国际局在优先权日起 18 个月届满前完成国际公布，但是 PCT 规定，如果国际公布使用的语言和在指定国按本国法公布所使用的语言不同，指定国可以规定，就权利的保护而言，公布的效力仅从使用后一种语言的译文按照本国法的规定予以公布后才产生。《专利法实施细则》第 114 条第 2 款对此做了明确规定，对于以中文以外文字提出的国际申请，《专利法》第 13 条规定的要求临时保护的权利是在完成国家公布之后才产生。

国家公布的另一目的是将该申请进入中国国家阶段的信息告之公众。

6.1.6.1 何时公布

除前述的情况外，多数国际申请在自优先权日起 18 个月届满之后才进入国家阶段，所以不适用《专利法》第 34 条的规定。专利局在对进入国家阶段的国际申请进行初步审查认为合格之后，将及时进行国家公布的准备工作。专利局完成国家公布准备工作的时间一般不早于自该国际申请进入国家阶段之日起 2 个月。

6.1.6.2 公布形式

（1）国际公布是使用中文以外文字的申请

国家公布以在发明专利公报中的登载和发明专利申请公布说明书的出版两种形式完成。

（2）国际公布是使用中文的申请

国家公布以在发明专利公报中的登载完成。

6.1.6.3 公布内容

（1）发明专利公报中国家公布的内容

国际申请的国家公布在专利公报中是与国家申请的公布分开的，作为单独的一部分。国际申请的国家公布由著录项目、摘要和摘要附图（必要时）几部分组成。著录项目包括：国际专利分类号、申请号、公布号、申请日、国际申请号、国际公布号、国际公布日、优先权事项、专利代理事项、申请人事项、发明人事项和发明名称等。

发明专利公报中的索引部分是将公布的国际申请与国家申请合并按照规定序列编辑的。

（2）国际申请的公布说明书的内容

国际申请的公布说明书的内容应当包括扉页、原始提出的说明书和权利要求书的译文、摘要的译文，还可以包括附图及附图中文字的译文。必要时，包括核苷酸或氨基酸的序列表部分、记载有生物材料样品保藏事项的 PCT/RO/134 表的译文、按照 PCT 第 19 条修改后的权利要求书的译文以及有关修改的声明的译文。修改后的权利要求书的译文应当排在原始提出的权利要求书译文的后面。扉页的内容应当与同时出版的发明专利公报中对同一申请公布的内容完全一致。

6.1.7 文件提交地点、提交方式及提交日的确定

6.1.7.1 进入国家阶段时文件的提交

（1）提交地点

《专利法实施细则》第 103 条和第 104 条规定的译文或文件及随之提出的其他文件应当向专利局国际申请处（PCT 处）提交或传送。邮寄时必须写明“国家知识产权局专利局 PCT 处”字样。提交、传送或邮寄到国家知识产权局或专利局其他部门的文件以转送到专利局 PCT 处的日期为到达日。

（2）提交方式

上述译文及其他文件可以面交、邮寄或者使用传真机传送。传真机传送的文件有字迹无法辨认或缺页等情况的，该文件或部分文件作为没有收到处理。用传真机传送的文件的原件应当在自传真日起 14 日内提交或寄到专利局 PCT 处。

（3）递交日的确定

《专利法实施细则》第 103 条和第 104 条规定的译文和文件，不论以面交、邮寄或者传真的方式送达，均以到达专利局 PCT 处的日期为文件递交日。

用邮寄方式传送文件，出现邮递延误的，只要当事人出具证据，证明在期限届满前 5 天已经付邮，尽管文件是在期限届满后到达，延误应予以宽恕，审查员应当以期限届满日作为文件的递交日。邮递延误的情况，如果寄出地的邮戳清晰可辨，可以以此作为证据。

6.1.7.2　进入国家阶段之后文件的提交

(1) 提交地点

在进入国家阶段之后，收到国际申请的初步审查合格通知书之前的期间内，各种文件应当向专利局 PCT 处提交。在收到国际申请初步审查合格通知书之后的各种文件应当向专利局受理处提交。

(2) 提交方式

可以面交或邮寄，不得使用传真机传送。

(3) 递交日的确定

适用于《专利法实施细则》第 4 条的规定，即以邮寄方式提交文件的，以寄出的邮戳日为递交日。

6.1.8　缴费的特殊规定

6.1.8.1　申请费、公布印刷费、申请附加费及宽限费

申请费、公布印刷费及宽限费必须在《专利法实施细则》第 103 条规定的期限内缴纳，缴费日以费用到达专利局收费处之日为准。使用账户扣除的方式的，以缴费单到达专利局之日为缴费日。

申请人在办理进入国家阶段手续时未缴纳或未缴足申请附加费的，审查员应当通知申请人在指定的期限内缴纳，期满未缴纳或未补足的，该申请被视为撤回。

6.1.8.2　费用减免

(1) 申请费的免缴

由专利局受理的国际申请在进入国家阶段时免缴申请费及申请附加费。

(2) 实质审查费的减免

由专利局做出国际检索报告及国际初步审查报告的国际申请，在进入国家阶段并提出实质审查请求时，免缴实质审查费。

由欧洲专利局、日本专利局、瑞典专利局三个国际检索单位做出国际检索报告的国际申请，在进入国家阶段并提出实质审查请求时，只需要缴纳 80% 的实质审查费。

(3) 复审费及年费的减缓

国际申请的申请人缴纳复审费及年费确有困难的，可按照专利局费用减缓办法的规定提出减缓请求。

6.1.8.3　其他特殊费用

除《专利审查指南》第五部分第二章第 1 节提到的几种费用以及本章第 7.1 节提到的宽限费外，国际申请国家阶段流程中还有以下三种特殊

费用：

（1）改正译文错误手续费，应当在提出改正译文错误请求的同时缴纳；

（2）单一性恢复费，应当在审查员发出的缴纳单一性恢复费通知规定的期限内缴纳；

（3）说明书中包含纸页在400页以上的核苷酸和/或氨基酸序列表，且进入国家阶段时仅提交了计算机可读形式序列表的，该序列表的说明书附加费按照400页收取。

6.2 PCT 申请进入国家阶段的实质审查

6.2.1 概述

本节所说的进入国家阶段的国际申请的实质审查，是指对符合《专利法实施细则》的规定进入国家阶段要求获得发明专利保护的国际申请的实质审查。进入国家阶段的国际申请，可以是依据PCT第22条未经国际初步审查的国际申请，也可以是依据PCT第39条经过国际初步审查的国际申请。

本节将确定进入国家阶段国际申请实质审查的原则，明确授予专利权的实质条件的有关条款，说明实质审查依据文本的确定，并针对进入国家阶段的国际申请实质审查所涉及特殊问题的规定做出介绍，对于与本书第5章所述实质审查相同的部分将不再重复。

6.2.2 实质审查原则

根据PCT第27条第1款的规定，任何缔约国的本国法不得对国际申请的形式或内容提出与PCT及其实施细则的规定不同的或其他额外的要求。第5款又同时规定，PCT及其实施细则中，没有一项规定的意图可以解释为限制任何缔约国按其意志规定授予专利实质条件的自由。尤其是，PCT及其实施细则关于现有技术的定义的任何规定是专门为国际程序使用的，因而各缔约国在确定国际申请中请求保护的发明是否具有新颖性和创造性时，可以自由适用其本国法关于现有技术的标准，以及不属于申请的形式和内容要求的其他可授予专利权的条件。

基于PCT的上述规定，对于进入国家阶段的国际申请，应当依据以下原则进行审查：

（1）申请的形式或内容，原则上按《专利法》及其实施细则的有关规定进行审查，只有当《专利法》及其实施细则的有关规定与PCT及其实施细则的规定冲突时，以 PCT 及其实施细则的规定为准。

（2）授予专利权的实质条件，应当按照《专利法》及其实施细则和《专利审查指南》的有关规定进行审查。

所谓“申请的形式和内容”，一般来说，就是与申请的格式和形式有关的要求；所谓“授予专利权的实质条件”，一般包括依照本国法所确定的是否属于《专利法》保护的客体以及与专利授权及授权范围有关的条款。

6.2.3　与授予专利权的实质条件有关的条款

与授予专利权的实质性条件有关的条款包括：

《专利法》第 2 条第 2 款：发明的定义；

《专利法》第 5 条：违反法律、社会公德或者妨害公共利益的发明创造，以及违反法律、行政法规的规定获取或者利用遗传资源并依赖该遗传资源完成的发明创造；

《专利法》第 9 条第 1 款及《专利法实施细则》第 41 条：避免重复授权；

《专利法》第 9 条第 2 款：先申请原则；

《专利法》第 20 条：保密审查；

《专利法》第 22 条：新颖性、创造性和实用性；

《专利法》第 25 条第 1 款第 1 项至第 5 项：不授予专利权的客体；

《专利法》第 26 条第 3 款：发明的充分公开；

《专利法》第 26 条第 4 款：权利要求书以说明书为依据，清楚、简要地限定要求专利保护的范围；

《专利法》第 26 条第 5 款及《专利法实施细则》第 26 条和第 109 条：遗传资源来源的披露；

《专利法》第 29 条：优先权；

《专利法》第 31 条及《专利法实施细则》第 34 条和第 42 条：单一性；

《专利法》第 33 条及《专利法实施细则》第 43 条第 1 款：修改及分案申请不得超出原说明书和权利要求书记载的范围；

《专利法实施细则》第 20 条第 2 款：独立权利要求应当包括发明的全部必要技术特征。

6.2.4　实质审查依据文本的确认

6.2.4.1　申请人的请求

在进入国家阶段时，国际申请的申请人需要在书面进入声明中确认其希望专利局依据的审查文本。

国际申请国家阶段的实质审查，应当按申请人的请求，依据其在书面声明中确认的文本以及随后提交的符合有关规定的文本进行。

6.2.4.2 审查依据的文本

可作为实质审查基础的文本包括：

（1）对于以中文作国际公布的国际申请，原始提交的国际申请；对于使用外文公布的国际申请，为原始提交的国际申请的中文译文；

（2）对于以中文作国际公布的国际申请，按照 PCT 第 19 条提交的修改的权利要求书；对于使用外文公布的国际申请，按照 PCT 第 19 条提交的修改的权利要求书的中文译文；

（3）对于以中文作国际公布的国际申请，按照 PCT 第 34 条提交的修改的权利要求书、说明书和附图；对于使用外文公布的国际申请，按照 PCT 第 34 条提交的修改的权利要求书、说明书和附图的中文译文；

（4）根据《专利法实施细则》第 44 条和/或第 104 条提交的补正文本。

（5）根据《专利法实施细则》第 112 条第 2 款或第 51 条第 1 款提交的修改文本。

根据 PCT 第 28 条或第 41 条提交的修改的权利要求书、说明书和附图视为根据《专利法实施细则》第 112 条第 2 款或第 51 条第 1 款提交的修改文本。

作为审查基础的文本以审查基础声明中指明的为准。审查基础声明包括：进入国家阶段时在进入国家阶段的书面声明规定栏目中的指明，以及进入国家阶段之后在规定期限内以补充声明的形式对审查基础的补充指明。后者是对前者的补充和修正。

如果申请人在进入声明中指明申请文件中含有援引加入的项目或部分，并且在初步审查阶段已经重新确定了该国际申请相对于中国的申请日，则援引加入的项目或部分应当是原始提交的申请文件的一部分。实质审查过程中，不允许申请人通过修改相对于中国的申请日而保留援引加入的项目或部分。

修改文件进入国家阶段未指明作为审查基础的国际阶段的修改，或者未按规定提交中文译文的，不作为实质审查的基础。

此外，国际申请在进入国家阶段后提出实质审查请求时或者在收到专利局发出的发明专利申请进入实质审查阶段通知书之日起 3 个月内，可以依据《专利法实施细则》第 51 条第 1 款的规定对申请文件进行修改。

有关审查依据文本的确认原则与普通的国家申请相同，参见本书的实质审查部分，这里不再赘述。

6.2.4.3　原始提交的国际申请文件的法律效力

对于以外文公布的国际申请，针对其中文译文进行实质审查，一般不须核对原文；但是原始提交的国际申请文件仍具有法律效力，可作为申请文件修改的法律依据。

对于国际申请，《专利法》第 33 条所说的原说明书和权利要求书是指原始提交的国际申请的说明书、权利要求书和附图。依据《专利法》及其实施细则，附图为说明书的一部分，但是根据 PCT，国际申请中说明书和附图是两种不同的文件，附图不作为说明书的一部分，而是独立的，所以在判断是否符合《专利法》第 33 条时对于国际申请是指其说明书、权利要求书和附图。

6.2.4.4　修改文本的审查

国际申请的申请人按照 PCT 的规定提交的修改文件，以及国际申请在进入国家阶段后提出实质审查请求时或者在收到专利局发出的发明专利申请进入实质审查阶段通知书之日起 3 个月内提交的修改文件，均应符合《专利法》第 33 条的规定。

只有上述要求作为审查基础的修改文件符合《专利法》第 33 条的规定，才可以作为国家阶段实质审查的基础。

在实质审查过程中，申请人按照规定提交了新的经修改的申请文件的，前次提交的文本不再予以考虑。

6.2.5　实质审查中的检索

由于国际申请在国际阶段的初步检索是强制性的，因此在其进入国家阶段之后，本身已经附带国际检索报告。因此，本节涉及国际申请实质审查中如何有效地利用国际检索报告，以及审查员应独立做出检索报告的情况。

6.2.5.1　一般原则

对于国际申请进入国家阶段的实质审查，一般应当作全面的检索。

6.2.5.2　节约原则

从节约原则上考虑，审查员应当尽可能利用国际检索报告提供的信息。但是需要注意，申请人要求作为审查所依据的文本是否对做出国际检索报告所依据的文本进行了修改。

申请人要求作为审查所依据的文本，其要求保护的主题已经在做出国际检索报告所依据的文本基础上进行了修改，审查中则不能简单地使用国际检索报告，而需要对检索结果重新判断，并根据需要做出补充检索。

国际检索报告中所列出的对比文件足以否认专利申请的新颖性和创造性的，则无需对该专利申请做进一步的检索。

需要注意的是，国际检索报告中所列出的 P 类和 E 类对比文件与中国国家阶段实质审查的检索报告中所列出的 P 类和 E 类对比文件的含义不同。在国际检索报告中，“P”表示公布日先于国际申请日但迟于所要求的优先权日的文件，“E”表示在国际申请日的当天或之后公布的在先申请或专利。而在中国的检索报告中，“P”表示中间文件，“E”表示抵触申请。

6.2.6 实质审查所涉及的内容和审查要求

国际申请在国际阶段的初步审查是非强制性的，因此在其进入国家阶段之后，有的附带了国际初审报告，有的没有进行过国际初审。因此，本节重点说明国际申请进入国家阶段的实质审查与非国际申请实质审查的区别之处，对于相同之处则仅仅简单列举不再赘述，以及说明如何有效利用国际初审报告。

6.2.6.1 对国际初步审查报告的使用

国际申请的国际初步审查是依据 PCT 第 33 条第 1 款的规定对请求保护的发明看起来是否有新颖性、是否有创造性（非显而易见性）和是否有工业实用性提出初步的无约束力的意见。PCT 第 33 条第 2 ~ 4 款对于新颖性、创造性和实用性的判断标准提出了具体要求，同时 PCT 第 33 条第 5 款说明，该条第 2 ~ 4 款所述标准只供国际初步审查使用。任何缔约国为了决定请求保护的发明在该国是否可以获得专利，可以采用附加的或不同的标准。

基于 PCT 的上述原则，对进入国家阶段的国际申请的实质审查应当依据我国《专利法》及其实施细则独立进行。

但对附有国际初步审查报告的国际申请，从节约原则上考虑，审查员应当参考国际初步审查报告中所提供的意见。但是需要注意，申请人要求作为审查所依据的文本是否对做出国际初步审查报告所依据的文本进行了修改；如果在申请人要求作为审查依据的文本中所要求保护的主题已经在做出国际初步审查报告所依据的文本基础上进行了修改，则通常可以不考虑国际初步审查报告中对发明是否具有新颖性、创造性、实用性和其他授权条件所做出的判断。

需要强调的是，不能简单地将国际初步审查报告中所给出的指导性意见作为国家阶段实质审查的结论性意见，因为这些意见可能与《专利法》及其实施细则是不一致的。例如，审查员还必须注意在国际初步审查报告中是否还引用了未列入国际检索报告中的其他现有技术，因为这些其他现有技术可能涉及抵触申请，但是这些其他现有技术国际初审报告不作任何评述。

对于进入国家阶段的国际申请的实质审查，审查员必须对该专利申请是否符合《专利法》及其实施细则的实质要求做出独立的判断。

6.2.6.2 审查申请的主题是否属于可授予专利权的客体

对进入国家阶段的国际申请进行实质审查时，首先应该对该申请的主题是否属于《专利法》第 5 条和第 25 条所规定的情况进行审查。即使该国际申请的申请主题（例如赌博工具、原子核变换方法），不属于《PCT 实施细则》第 39 条规定所排除的内容，但是它们分别属于《专利法》第 5 条和《专利法》第 25 条规定的不给予专利保护的客体，因此不能授予专利权。

6.2.6.3 对优先权的审查

国际检索报告中列出了 PX、PY 类对比文件的，审查员将对该国际申请的优先权进行核实。该国际申请的优先权不能成立的，则通知申请人。在这种情况下，这些标有 PX、PY 的对比文件在对该国际申请进行新颖性、创造性审查时可作为评价其新颖性、创造性的现有技术。该国际申请的优先权成立的，则须对其中标有 PX 的对比文件进行核查，标有 PX 的对比文件是中国的专利申请（或专利）或者是指定中国的国际申请的，且其申请日早于优先权日，在对该国际申请进行新颖性审查时，须确认该对比文件是否构成抵触申请。

国际检索报告中列出了 EX 类对比文件，且该对比文件是中国的专利申请（或专利），或者是指定中国的国际申请，并且其申请日介于该国际申请的优先权日和申请日之间的，则也须核实该国际申请的优先权。该国际申请的优先权不能成立的，在对该国际申请进行新颖性审查时，须确认该对比文件是否构成抵触申请。

在进入国家阶段的实质审查中经检索找到了在该国际申请的申请日和优先权日之间公开，并影响其新颖性、创造性的对比文件的，或者找到了在该国际申请的申请日和优先权日之间由他人向专利局提出申请并已公开的、影响其新颖性的在先申请或在先专利的，审查员将要求国际局提供优先权文本，对该国际申请的优先权进行核实。

6.2.6.4 对新颖性和创造性的审查

对于在国际初步审查报告中列出、但没有被国际初步审查意见考虑的某些已公布的文件和非书面公开，在进入国家阶段的实质审查中对发明的新颖性和创造性进行判断时应予考虑。

国际初步审查报告中列出的非书面公开是指：在国际申请的申请日或者有效的优先权日之前，通过口头公开、使用、展览或者其他非书面方式向公众公开，而且这种非书面公开的日期记载在与国际申请的申请日或者有效的优先权日同日或者在其之后公众可以得到的书面公开之中。这种非书面公开在国际初步审查阶段不构成现有技术，但是在国际初步审查报告中已经引导指定国注意这种非书面公开。

国际初步审查报告中列出的某些已公布的文件是指：在国际申请的申请日或者有效的优先权日之前提出申请、并且是在该日期之后或与该日期同日公布的专利申请文件或专利文件，或者要求享有一项在该日期之前提出的在先申请优先权的专利申请公布文件。这类已公布的申请或者专利在国际初步审查阶段不构成现有技术，但是在国际初步审查报告中已经引导指定国注意这类申请或者专利。

6.2.6.5 对单一性的审查

审查员也将审查，在申请人提出的作为审查基础的申请文件中，是否存在缺乏单一性的多项发明。

对于缺乏单一性的多项发明，需要核实以下内容：

（1）该缺乏单一性的多项发明中是否包含了由于申请人没有应审查员要求缴纳因缺乏单一性所需的附加检索费或附加审查费，而导致未做国际检索或国际初步审查的发明。

（2）该缺乏单一性的多项发明是否由于进入国家阶段后的译文中又包括了申请人在国际阶段未缴纳附加检索费或附加审查费而表示放弃的内容（例如申请人在国际阶段选择对某些权利要求加以限制而舍弃的内容）造成的。

（3）对于存在（1）或（2）中的情形，国际局做出的发明缺乏单一性的结论是否正确。

经审查认定国际局所做出的结论是正确的，审查员将通知申请人在2个月内缴纳单一性恢复费，以便将上述内容作为该国际申请中的有效部分。当申请人按规定缴纳单一性恢复费后，应认为未经检索或审查的部分是有效的国际申请内容。如果申请人未在2个月的期限之内缴纳单一性恢复费，应当通知申请人，国际申请中上述未经国际检索或者未经国际初步审查的部分被视为撤回，这部分内容将不再作为审查的基础。

经审查认定申请人提出的作为审查基础的申请文件中要求保护的主题不存在缺乏单一性的问题，但是与国际局所做出的结论不一致的，则将对所有要求保护的主题进行审查。

6.2.6.6 避免重复授权的审查

指定中国的国际申请要求在中国提出的在先申请的优先权或者要求已经指定并进入中国国家阶段的在先国际申请的优先权的，则可能出现同一发明的两件专利申请进入实质审查程序，为防止由此导致的重复授权，应当对此两件专利申请进行审查，审查员将按照《专利审查指南》第二部分第三章第 6 节处理。

6.2.7 改正译文错误

申请人自己发现提交的说明书、权利要求书或附图中的文字的中文译文存在错误，可以在下述期限内提出改正请求：

（1）专利局做好国家公布的准备工作之前；

（2）在收到专利局发出的发明专利申请进入实质审查阶段通知书之日起 3 个月内。

申请人改正译文错误，应当提出书面请求，提交译文的改正页。对于这种情形，审查员将判断是否属于译文错误。如果不属于译文错误，则将拒绝改正译文错误的请求；如果属于译文错误，则核实改正的译文是否正确。在确认修改符合《专利法》第 33 条规定的情况下，则依据此修改的文本为基础做进一步审查；如果改正的译文仍与原文不符，则将通知申请人，并对改正的文本是否符合《专利法》第 33 条的规定进行审查。

实质审查过程中审查员发现由于译文错误而造成的某些缺陷在原始提交的国际申请文本或者国际阶段做出修改的原文中不存在，而在译文中存在，将在审查意见通知书中指明。申请人应当在对审查意见通知书进行答复的同时提出改正译文错误的书面请求和译文的改正页。此时，则仅需核实改正的译文是否正确以及修改是否符合《专利法》第 33 条的规定。

本章思考与练习

1. 国际申请是自行进入国家阶段吗?

2. 国际申请进入国家阶段的期限是多长?什么叫宽限期?延误宽限期后能否要求恢复,为什么?

3. 当进入国家阶段时,在遗忘了国际修改文件的情况下,能否补救?如能补救,则补救的途径及其程序是什么?

4. 进入国家阶段时能否选择专利类型?能否对申请文件进行修改?

5. 我国对于国际申请进入国家阶段申请的审查原则是什么?审查的内容和法律依据是什么?

6. 国际检索和国际初步审查报告对于国家阶段的审查是否具有约束力?我国国家阶段的审查能否直接使用国际检索和国际初步审查报告?

7. 国际申请进入中国国家阶段申请号由几位数字构成?各位数字的含义是什么?

第7章　复审和无效

本章学习要点

1. 专利复审委员会的设立
2. 专利复审程序的原则
3. 无效宣告请求制度
4. 复审和无效中的口头审理

7.1　概述

7.1.1　专利复审委员会的设立

国家知识产权局专利复审委员会（简称“专利复审委员会”）是根据《专利法》第41条第1款的规定而设立的。

专利复审委员会由国务院专利行政部门指定的技术专家和法律专家组成，设有主任委员、副主任委员、复审委员、兼职复审委员、复审员和兼职复审员。

7.1.2　专利复审委员会的任务

在复审程序中的任务。在专利申请过程中，专利局可能做出发明、实用新型、外观设计专利的初审驳回决定，发明的实质审查后驳回决定，申请人在收到驳回决定后不服的，可以向专利复审委员会提出复审请求，启动专利复审程序，专利复审委员会依据《专利法》第41条的规定，对复审请求进行审查后做出复审决定。专利申请人如果对专利复审委员会做出的复审决定不服，可以在法定时间内向北京市第一中级人民法院提出行政诉讼，专利复审委员会作为被告，应该出庭应诉。

在无效宣告程序中的任务。一项专利申请一旦获得授权，任何单位或者个人都可以向专利复审委员会提出无效宣告请求，由专利复审委员会依据《专利法》第45条和第46条的规定，对无效请求进行审查做出无效决定。专利权人或请求人对无效决定不服的，可以在法定时间内向北京市第一中级人民法院提出行政诉讼，专利复审委员会作为被告，应该出庭应诉。

对于企业来说，当企业自己申请的专利被驳回时，应该对该驳回决定进行评估，然后决定是否提出复审请求，能否争取到专利申请得以继续审查直至获得授权；当企业被控侵犯专利权或认为自己将推出的产品或使用的方法会侵犯某项专利权时，可以提出无效宣告请求，扫除障碍。

7.1.3　审查原则

在复审和无效程序中，在审查时一般要适用的原则有：合法原则、公正执法原则、请求原则、依职权调查原则、听证原则和公开原则。

（1）合法原则

是指专利复审委员会的程序及实体审查工作需要符合有关法律的规定。这里所指的“法”，是广义上的法律，包括法律、法规、规章等有关规定。

（2）公正执法原则

是指专利复审委员会应该以客观、公正、准确、及时为原则，坚持以事实为根据，以法律为准绳，独立地履行审查职责，全面、客观、科学地分析判断，做出公正的决定。

（3）请求原则

指复审和无效程序依当事人的请求而启动；在专利复审委员会做出的审查决定已宣布或书面决定发出之前，复审和无效程序可以依当事人的撤回请求而终止，比如在无效程序过程中，请求人与专利权人和解，或者由于其他原因，撤回专利宣告请求，只要专利复审委员会在宣布无效审查决定或书面决定发出之前收到该撤回请求，则专利无效程序终止；除非专利复审委员会认为根据已进行的审查工作能够作出宣告专利权无效或部分无效的决定。另外，该原则还体现在专利复审委员会一般是依据当事人的请求的范围进行审查，比如，请求人以《专利法》第22条第3款对某实用新型专利提出无效请求，专利复审委员会一般只审查该涉案专利是否符合《专利法》第22条第3款的规定，而不会审查是否符合《专利法》或《专利法实施细则》的其他规定，即不承担全面审查专利有效性的义务。

（4）依职权调查原则

在复审无效程序中，必要时，合议组可以引入技术词典、技术手册、教科书等所属技术领域中的公知常识性的证据，对于本案中的关键事实或证据，专利复审委员会也可以自行或委托地方知识产权局或者其他有关部门进行调查或核实。比如在专利复审委员会受理的W61855和W62346两案，即莱雅公司宣告方某某的99335338.X、99335339.8号外观设计专利无效一案中，莱雅公司和方某某作为双方当事人，所举证据证明了相反的事实，在此情况下，专利复审委员会依职权主动向墨西哥知识产权局调查了相关事实，与当事人所举证据相印证，做出无效审查决定。

（5）听证原则

专利复审委员会对其做出的审查决定中所采用的证据、理由和认定的事实，应该明确告知该案所涉的当事人，尤其是审查决定可能对其不利的当事人，并告知当事人有陈述意见的机会和权利。

在作出审查决定之前，在已经根据人民法院或者地方知识产权管理部门作出的生效的判决或者调解决定变更专利申请人或者专利权人的情况下，应当给予变更后的当事人陈述意见的机会。

（6）公开原则

是指专利复审委员会的口头审理一般应该公开进行，但根据法律、法规等规定需要保密的案件除外。审查决定应当公开出版发行。

7.1.4　合议审查

7.1.4.1　审查的方式

专利复审委员会审查案件，有两种方式，一种是独任审查，即只有1人来审理案件，负责全案始末；第二种方式是合议审查，即由3人或5人组成合议组形式来审查，其中，合议组组长1人，主审员1人，参审员1人或3人；合议组组长负责主持复审或无效宣告程序的全面审查，主持口头审理等程序性问题，主审员负责案件的全面及详细审查和案卷的保管，起草审查通知书和审查决定等实体性问题，参审员参与审查并协助组长和主审员工作；在做出审查决定时，合议组成员遵循少数服从多数的原则。

7.1.4.2　审查方式的影响因素

采取不同的审查方式，主要是依据案件的复杂程度。对于简单的案件，可以是独任审查，但这种情况很少；一般案件都是合议审查，而合议审查中，由3人合议组的情况占案件多数；5人合议组的情况比较少，只有出现下列情况，并由主任委员或副主任委员审批后，才会组成5人合议组：（1）在国内或者国外有重大影响的案件；（2）涉及重要疑难法律问题的案件；（3）涉及重大经济利益的案件。

7.1.5　回避制度

复审和无效宣告程序中，独任审查员或合议组成员与本案有一定的关系，而这种关系有可能影响案件的审理结果，或者当事人认为具有这种关系的审查员可能影响案件的审理结果的，审查员可以主动要求回避或当事人请求该审查员回避。

7.1.6 审查决定

7.1.6.1 审查决定的构成

复审和无效程序中的审查决定，由审查决定的著录项目、法律依据、决定要点、案由、决定的理由、结论组成，如果专利复审委员会认为必要，可以在结论部分之后，增加附图。

其中，著录项目部分包括审查决定号、决定日、涉案专利号、合议组成员等，其中需要注意的是，行政起诉的起算点与著录项目中的决定日没有必然关系，专利复审委员会在向当事人送达审查决定时，同时送达有一扉页，该扉页的右上角加盖有专用的发文日期章，依《专利审查指南》的规定，如果没有相反证据证明当事人实际收到审查决定的日期，则该发文日加 15 天就推定为当事人收到的日期，是提出行政诉讼的法定期间的起算点。

案由部分，是对整个复审、无效程序的客观记载，能体现专利复审委员会在程序上是否合法。

决定要点部分，是专利复审委员会根据法律规定，结合当事人提交的证据及争议焦点，对涉案事实进行认定，并说明认定的法律和事实依据。

结论部分，是对复审请求人或无效宣告请求人的请求是否成立，做出明确的结论。

附图，在当事人请求宣告外观设计专利无效的案件中，专利复审委员会在做出结论后，可以根据需要使用外观设计的图片或者照片作为审查决定的附图，以便于结合附图比对专利复审委员会对涉案外观设计专利和对比文件的特征认定。

7.1.6.2 审查决定的审批

合议组在做出审查决定后，除特殊情况外，不需要审批程序。

在下列情形下，须经主任委员或者副主任委员审核批准：

(1) 组成 5 人合议组审查的案件；

(2) 合议组的表决意见不一致的案件；

(3) 专利复审委员会的审查决定被法院的生效判决撤销后，重新做出决定的案件。

7.1.6.3 审查决定的出版

审查决定中，除了针对未公开的专利申请做出的复审决定外，应当全部公开出版。对于应当公开出版的审查决定，当事人对审查决定不服向法院起诉并受理的，在法院判决发生法律效力后，审查决定与法院判决书一起公开。

7.1.7 更正及驳回请求

7.1.7.1 更正的情况

在专利复审和无效宣告请求过程中，对于是否应予受理、通知书中错误、审查决定中的明显文字错误、视为撤回的不当认定以及其他处理决定，一经发现有需要更正的，经主任委员或副主任委员批准后进行更正，并通知当事人。

7.1.7.2 驳回请求

对于已经受理的复审或无效宣告请求案件，经审查认定不符合受理条件的，比如请求无效的专利还没有获得授权或者已被宣告专利权无效，复审请求超过了可以提出复审请求的期限，经主任委员或者副主任委员批准后，做出驳回复审请求或者驳回无效宣告请求的决定。

7.1.8 证据、证据认定和举证责任

证据的形式有书证、物证、视听资料、证人证言、当事人的陈述、鉴定结论和勘验笔录等，证据必须具有真实性、关联性、合法性。真实性是指证据本身是真实的，关联性是指与要证明的事实相关，合法性是指证据的取得过程和证据本身都要符合法律规定。

证据在提交后，必须经过质证属实后才能采信为定案依据。所谓质证，是对证据的真实性、合法性、关联性进行认定的过程。在只有一方当事人的程序中，由审查人员对证据进行客观认定，在有双方当事人的程序中，对于一方当事人提交的用来证明自己的主张或反驳对方的主张的证据，另外一方当事人对其发表认可或反驳意见，审查人员进行客观综合评价后决定是否予以采信。

当事人对于自己的主张，应该提供相应的证据予以证明，即“谁主张，谁举证”的原则。一方当事人所提供的证据能初步证明其主张的事实时，发生举证责任转移，另一方当事人应提供证据进行反驳。对于自己的主张，不能提供充分的证据证明的，应承担自己的主张不被支持的不利法律后果。

7.1.9 专利复审委员会的相关程序及证据问题的规定

7.1.9.1 关于审查决定被法院生效判决撤销后的审查程序规定

（1）复审请求审查决定被人民法院的生效判决撤销后，该判决未写明

专利权是否有效的，专利复审委员会应当重新做出审查决定。

（2）因主要证据不足或者适用法律、法规错误导致审查决定被撤销的，不得以相同的理由和证据做出与原决定相同的决定。

（3）因违反法定程序导致审查决定被撤销的，根据人民法院的判决，在纠正程序错误的基础上，重新做出审查决定。

7.1.9.2 关于外文证据的规定

当事人提交外文证据的，应当提交中文译文，未在举证期限内提交中文译文的，该外文证据视为未提交。

当事人应当以书面方式提交中文译文，未以书面方式提交中文译文的，该中文译文视为未提交。

当事人可以仅提交外文证据的部分中文译文。该外文证据中没有提交中文译文的部分，不作为证据使用。但当事人应专利复审委员会的要求补充提交该外文证据其他部分的中文译文的除外。

对方当事人对中文译文内容有异议的，应当在指定的期限内对有异议的部分提交中文译文。没有提交中文译文的，视为无异议。

作为另一方当事人，应该对对方提交的翻译文本进行认真核对，如果发现有与原文意思不符的地方，可以提出异议，并提交对异议部分的翻译文本。在专利复审委员会受理的 W61855 和 W62346 两案中，请求人提交墨西哥文的一份对比文件，并同时提交了中文翻译，但在代理人核对过程中，发现请求人将其中的“申请日”错误翻译为“公开日”，因此依法向专利复审委员会提交正确译文，使得专利权得于维持。

对中文译文出现异议时，双方当事人就异议部分达成一致意见的，以双方最终认可的中文译文为准。双方当事人未能就异议部分达成一致意见的，必要时，专利复审委员会可以委托翻译。双方当事人就委托翻译达成协议的，专利复审委员会可以委托双方当事人认可的翻译单位进行全文、所使用部分或者有异议部分的翻译。双方当事人就委托翻译达不成协议的，专利复审委员会可以自行委托专业翻译单位进行翻译。委托翻译所需翻译费用由双方当事人各承担50%；拒绝支付翻译费用的，视为其承认对方当事人提交的中文译文正确。

域外证据是指在中华人民共和国领域外形成的证据，该证据应当经所在国公证机关予以证明，并经中华人民共和国驻该国使领馆予以认证，或者履行中华人民共和国与该所在国订立的有关条约中规定的证明手续。

当事人向专利复审委员会提供的证据是在我国香港、澳门、台湾地区形成的，应当履行相关的证明手续。

但是在以下三种情况下，对上述两类证据，当事人可以在无效宣告程序中不办理相关的证明手续：

（1）该证据是能够从除我国香港、澳门、台湾地区外的国内公共渠道获得的，如从专利局获得的国外专利文件，或者从公共图书馆获得的国外文献资料。

（2）有其他证据足以证明该证据真实性的。

（3）对方当事人认可该证据的真实性的。

7.1.9.3 专利复审委员会对证据的调查收集

专利复审委员会一般不主动调查收集审查案件需要的证据。对当事人及其代理人确因客观原因不能自行收集的证据，应当事人在举证期限内提出的申请，专利复审委员会认为确有必要时，可以调查收集。

专利复审委员会可以实地调查收集有关证据，也可以委托地方知识产权管理部门或者其他有关职能部门调查收集有关证据。

应当事人的申请对证据进行调查收集的，所需费用由提出申请的当事人或者专利复审委员会承担。专利复审委员会自行决定调查收集证据的，所需费用由专利复审委员会承担。

7.1.9.4 物证的提交及处理

当事人应当在规定的举证期限内向专利复审委员会提交物证。当事人提交物证的，应当在举证期限内提交足以反映该物证客观情况的照片和文字说明，具体说明依据该物证所要证明的事实。

当事人确有正当理由不能在举证期限内提交物证的，应当在举证期限内书面请求延期提交，但仍应当在上述期限内提交足以反映该物证客观情况的照片和文字说明，具体说明依据该物证所要证明的事实。当事人最迟在口头审理辩论终结前提交该物证。

对于经公证机关公证封存的物证，当事人在举证期限内可以仅提交公证文书而不提交该物证，但最迟在口头审理辩论终结前提交该物证。

在无效宣告程序中，当事人在提交样品等不作为证据的物品时，有权以书面方式请求在其案件审结后取走该物品。

对于当事人提出的取走物品的请求，合议组应当根据案件审查以及后续程序的需要决定何时允许取走。允许当事人取走物品时，专利复审委员会应当通知提交该物品的当事人，当事人应当在收到该通知之日起3个月内取走该物品。期满未取走的，或者在提交物品时未提出取走请求的，专利复审委员会有权处置该物品。

7.1.9.5 证人证言

证人应当陈述其亲历的具体事实。证人根据其经历所作的判断、推测或者评论，不能作为认定案件事实的依据。

专利复审委员会认定证人证言，可以通过对证人与案件的利害关系以及证人的智力状况、品德、知识、经验、法律意识和专业技能等的综合分析作出判断。

证人应当出席口头审理作证，接受质询。未能出席口头审理作证的证人所出具的书面证言不能单独作为认定案件事实的依据，但证人确有困难不能出席口头审理作证的除外。证人确有困难不能出席口头审理作证的，专利复审委员会根据前述规定对其书面证言进行认定。

7.1.9.6 公证文书

一方当事人将公证文书作为证据提交时，有效公证文书所证明的事实，应当作为认定事实的依据，但有相反证据足以推翻公证证明的除外。

如果公证文书在形式上存在严重缺陷，例如缺少公证人员签章，则该公证文书不能作为认定案件事实的证据。

如果公证文书的结论明显缺乏依据或者公证文书的内容存在自相矛盾之处，则相应部分的内容不能作为认定案件事实的依据。例如，公证文书仅根据证人的陈述而得出证人陈述内容具有真实性的结论，则该公证文书的结论不能作为认定案件事实的证据。

7.1.9.7 公知常识

主张某技术手段是本领域公知常识的当事人，对其主张承担举证责任。该当事人未能举证证明或者未能充分说明该技术手段是本领域公知常识，并且对方当事人不予认可的，合议组对该技术手段是本领域公知常识的主张不予支持。

当事人可以通过教科书或者技术词典、技术手册等工具书记载的技术内容来证明某项技术手段是本领域的公知常识。

7.1.9.8 互联网证据

公众能够浏览互联网信息的最早时间为该互联网信息的公开时间，一般以互联网信息的发布时间为准。

7.1.9.9 咨询、鉴定

专利复审委员会可以根据需要邀请有关单位或者专家对案件中涉及的技术内容和问题提供咨询性意见，必要时可以委托有关单位进行鉴定，所需的费用根据案件的具体情况由专利复审委员会或者当事人承担。

7.2　复审请求的审查

7.2.1　审查原则

在复审过程中，除适用复审和无效的一般审查原则外，也遵循复审程序中特有的原则：

（1）避免审级损失原则

在先审级未处理的事项通常不能由在后审级超前处理，以避免对当事人的审级损失。

（2）程序经济原则

复审程序是因申请人对驳回决定不服而启动的救济程序，同时也是专利审批程序的延续。因此，一方面，专利复审委员会一般仅针对驳回决定所依据的理由和证据进行审查，不承担对专利申请全面审查的义务；另一方面，为了提高专利授权的质量，避免不合理地延长审批程序，专利复审委员会可以依职权对驳回决定未提及的明显实质性缺陷进行审查。

7.2.2　复审请求的形式审查

专利复审委员会在收到复审请求后，首先对复审请求进行形式审查，根据审查结果的不同，分别做出“复审请求不予受理通知书”、“复审请求视为未提出通知书”、“补正通知书”、“复审请求予以受理通知书”并发给当事人。

（1）审查复审客体是否正确

复审针对的是专利局做出的驳回申请的决定。如果是针对专利局做出的驳回申请的决定不服而提出的复审请求，予以受理；如果是对专利局做出的其他决定或者通知不服而提出的复审请求，不予受理。

（2）审查复审主体是否适格

复审请求人必须为驳回申请决定所针对的专利的申请人，如果申请属于共同申请的，则复审请求人必须是所有的申请人。如果复审请求人不是驳回申请的专利申请人，则不予受理；如果是共同申请中的部分申请人的，要求在指定期限内进行补正，未补正的，复审请求视为未提出。

（3）复审期限是否届满

提出复审的期限是自收到驳回申请决定之日起 3 个月。

如果复审请求超过该期限的，不予受理。在不予受理通知书做出之后，请求人提出恢复权利请求的，如果符合《专利法实施细则》第6条和第99条第1款的规定，允许恢复，复审请求予以审理；不符合恢复权利的规定的，不予恢复。

提出复审请求的期限届满但在专利复审委员会做出不予受理的决定之前，请求人提出恢复请求的，可对该两请求合并处理，允许恢复权利的，复审请求予以受理；不允许恢复权利的，复审请求不予审理。

（4）复审费用是否按期缴纳

提出复审请求的，请求人在收到驳回申请决定之日起3个月内，缴纳复审请求费。

复审请求人未缴费、未缴足的，复审请求视为未提出，但可以依《专利法实施细则》第6条和第99条第1款有关规定，请求恢复权利。在收到驳回决定之日起3个月后才缴足复审费、且在作出视为未提出决定前提出恢复权利请求的，可对上述两请求合并处理；该恢复权利请求符合《专利法实施细则》第6条和第99条第1款有关恢复权利的规定的，复审请求应当予以受理；不符合该有关规定的，复审请求视为未提出。

（5）复审请求是否符合标准格式

复审请求书必须使用专利局规定的标准格式。如果格式不符合要求的，专利复审委员会通知请求人在指定的期限内补正，期满未补正或者在指定期限内补正但经过两次补正仍存在同样缺陷的，该复审请求视为未提出。

（6）审查委托事项

① 复审请求人委托专利代理机构请求复审或者解除、辞去委托的，应按规定在专利局办理手续。但是，复审请求人在复审程序中委托专利代理机构，且委托书中写明其委托权限仅限于办理复审程序有关事务的，其委托手续或者解除、辞去委托的手续应在专利复审委员会办理，无需办理著录项目变更手续。

复审请求人在专利复审委员会办理委托手续，但提交的委托书中未写明委托权限仅限于办理复审程序有关事务的，应当在指定期限内补正；期满未补正的，视为未委托。

② 复审请求人与多个专利代理机构同时存在委托关系的，应当以书面方式指定其中一个专利代理机构作为收件人；未指定的，专利复审委员会将在复审程序中最先委托的专利代理机构视为收件人；最先委托的专利代理机构有多个的，专利复审委员会将署名在先的视为收件人；署名无先后（同日分别委托）的，专利复审委员会应当通知复审请求人在指定期限内

指定；未在指定期限内指定的，视为未委托。

③ 对于根据《专利法》第19条第1款规定应当委托专利代理机构的复审请求人，未按规定委托的，其复审请求不予受理。

7.2.3 前置审查

专利复审委员会将受理的复审请求书，包括请求人可能提供的证明文件和修改后的申请文件，连同原申请案卷全部转交给作出驳回决定的专利局原审查部门进行审查，该程序称为“前置审查”。原审查部门在收到案卷之日起，除特殊情况外，应当于1个月内做出“前置审查意见书”。

“前置审查意见书”有三种类型：

（1）基于复审请求证据充分、理由成立，同意撤销原驳回申请的决定；

（2）基于复审请求人提交了修改后的申请文件，克服了原申请文件的缺陷，同意在修改文本的基础上撤销原驳回申请的决定；

（3）基于复审请求不成立，坚持原驳回申请的决定。

原审查部门在前置审查意见中不得补充驳回理由和证据，但下列情形除外：

（1）对驳回决定和前置审查意见中主张的公知常识补充相应的技术词典、技术手册、教科书等所属技术领域中的公知常识性证据；

（2）认为审查文本中存在驳回决定未指出，但足以用已告知过申请人的事实、理由和证据予以驳回的缺陷的，应当在前置审查意见中指出该缺陷；

（3）认为驳回决定指出的缺陷仍然存在的，如果发现审查文本中还存在其他明显实质性缺陷或者与驳回决定所指出缺陷性质相同的缺陷，可以一并指出。

7.2.4 复审请求的合议审查

7.2.4.1 理由和证据的审查

对复审请求的审查，一般是针对驳回决定所依据的理由和证据进行的。必要时，可以对作出该驳回决定之前应当审过的理由和证据进行审查。

除驳回决定所依据的理由和证据外，合议组发现审查文本中存在下列缺陷的，可以对与之相关的理由及其证据进行审查，并且经审查认定后，应当依据该理由及其证据作出维持驳回决定的审查决定：

（1）足以用在驳回决定作出前已告知过申请人的其他理由及其证据予以驳回的缺陷。

（2）驳回决定未指出的明显实质性缺陷或者与驳回决定所指出缺陷性质相同的缺陷。

必要时，审查人员可以引入技术词典、技术手册、教科书等所属技术领域中的公知的常识性证据。

7.2.4.2 修改文本的审查

在提出复审请求、答复复审通知书（包括复审请求口头审理通知书）或者参加口头审理时，复审请求人可以对申请文件进行修改。但是，所作修改应当符合《专利法》第33条和《专利法实施细则》第61条第1款的规定。

根据《专利法实施细则》第61条第1款的规定，复审请求人对申请文件的修改应当仅限于消除驳回决定或者合议组指出的缺陷。下列情形通常不符合上述规定：

（1）修改后的权利要求相对于驳回决定针对的权利要求扩大了保护范围。

（2）将与驳回决定针对的权利要求所限定的技术方案缺乏单一性的技术方案作为修改后的权利要求。

（3）改变权利要求的类型或者增加权利要求。

（4）针对驳回决定指出的缺陷未涉及的权利要求或者说明书进行修改。但修改明显文字错误，或者修改与驳回决定所指出缺陷性质相同的缺陷的情形除外。

在复审程序中，复审请求人提交的申请文件不符合《专利法实施细则》第61条第1款规定的，合议组一般不予接受，并应当在复审通知书中说明该修改文本不能被接受的理由，同时对之前可接受的文本进行审查。如果修改文本中的部分内容符合《专利法实施细则》第61条第1款的规定，合议组可以对该部分内容提出审查意见，并告知复审请求人应当对该文本中不符合《专利法实施细则》第61条第1款规定的部分进行修改，并提交符合规定的文本，否则合议组将以之前可接受的文本为基础进行审查。

7.2.4.3 审查方式

针对一项复审请求，合议组可以采取书面审理、口头审理或者书面审理与口头审理相结合的方式进行审查。

根据《专利法实施细则》第63条第1款的规定，有下列情形之一的，合议组应当发出复审通知书（包括复审请求口头审理通知书）或者进行口头审理：

（1）复审决定将维持驳回决定。

（2）需要复审请求人依照专利法及其实施细则和《专利审查指南》有关规定修改申请文件，才有可能撤销驳回决定。

（3）需要复审请求人进一步提供证据或者对有关问题予以说明。

（4）需要引入驳回决定未提出的理由或者证据。

针对合议组发出的复审通知书，复审请求人应当在收到该通知书之日起1个月内针对通知书指出的缺陷进行书面答复；期满未进行书面答复的，其复审请求视为撤回。复审请求人提交无具体答复内容的意见陈述书的，视为对复审通知书中的审查意见无反对意见。

针对合议组发出的复审请求口头审理通知书，复审请求人应当参加口头审理或者在收到该通知书之日起1个月内针对通知书指出的缺陷进行书面答复；如果该通知书已指出申请不符合专利法及其实施细则和《专利审查指南》有关规定的事实、理由和证据，复审请求人未参加口头审理且期满未进行书面答复的，其复审请求视为撤回。

7.2.5 复审决定的类型

复审决定有三种类型：

（1）复审请求的理由不成立，驳回复审请求，维持原驳回决定；

（2）复审请求的理由成立，撤销原驳回决定；

（3）专利申请文件经复审请求人的修改，克服了原驳回申请的决定所指出的缺陷，在新的申请文本基础上撤销原驳回决定。

7.2.6 复审决定对原审查部门的约束力

复审决定撤销原审查部门做出的驳回申请的决定的，原审查部门应当执行专利复审委员会的决定，不得以同样的理由和证据做出与该复审决定意见相反的决定。

7.2.7 复审程序的终止与审批程序的继续

复审程序终止的情形有：

（1）复审请求因期满未答复而视为撤回的；

（2）在做出复审决定前，复审请求人主动撤回其复审请求的；

（3）复审决定做出并向请求人送达后，请求人在收到之日起3个月内没有提出行政诉讼、复审决定生效的或人民法院作出的生效判决维持复审决定的；

（4）复审决定撤销原驳回申请的决定的，包括复审请求的理由成立而撤销驳回决定的情形，以及在请求人修改后的申请文件的基础上撤销原驳回决定的情形。

对于原驳回决定所针对的专利申请，属于上述第4项的复审终止情形的，专利复审委员会应当将有关的申请案卷送回原审查部门，原审查部门根据复审决定继续审批程序。

7.3 无效宣告请求的审查

7.3.1 概述

无效宣告请求中的审查主要是涉及无效宣告请求的程序中的法律依据、审查原则、请求内容的审查和处理、无效决定的做出及送达等相关事项。

《专利法》第45条赋予“任何单位和个人”提出无效宣告请求的权利，第46条规定了专利复审委员会对无效请求的进行处理的义务和无效宣告中的当事人可以提出行政诉讼的权利，第47条对专利被宣告无效的法律后果进行了规定，《专利法实施细则》第65条规定了无效宣告的理由，第66条至第72条对无效宣告请求中其他问题作了规定。

7.3.2 审查原则

无效宣告程序中，合议组遵循的特殊原则有：

（1）一事不再理原则

对于已审查过的无效宣告案件涉及的专利权，以同样的事实和理由再次提出无效宣告请求的，不予受理。如果在后的无效宣告请求，比在先的无效宣告请求补充了新的证据和理由的，则不属于上述不予受理的情形。

（2）当事人处置原则

在专利复审委员会做出无效决定之前，请求人对于是否放弃无效宣告请求中的全部或部分理由或证据，当事人是否与对方和解，专利权人对于专利保护范围是否缩小或放弃部分权利要求，有完全的处置权。

（3）合案审查原则

对一项专利权提出了多个无效宣告请求的，应当尽可能合案审查，其中所有的请求人均为当事人。

（4）保密原则

在审查决定做出之前，合议组的成员不得私自将自己、其他合议组成员、负责审批的主任委员或者副主任委员对该案件的观点明示或者暗示给任何一方当事人。

7.3.3　无效宣告请求的形式审查

根据《专利法》第 45 条的规定，任何人都可以对已授权的专利提出无效宣告请求。在专利侵权案件中，被告一般会在收到起诉状之日起 15 天内提出无效宣告请求。此时，除了必要的无效宣告的证据和理由外，必须提供其所收到的法院送达的应诉通知文件，以便专利复审委员会尽快受理。

专利复审委员会收到无效宣告的请求后，首先对其进行形式审查，审查内容及处理结果如下：

（1）客体的审查

审查请求无效的专利应该是获得公告授权，且该专利没有被生效的裁决宣告全部专利权无效；否则，不予受理。

如果专利权在提出无效时处于已被终止状态，仍可以提出无效请求；如果专利权被宣告部分无效的，可以就其仍然有效的专利权部分提出无效宣告请求。

（2）主体的审查

审查请求人是否是专利权人，如果是专利权人，则其只能宣告专利部分无效，且提交的证据必须是公开出版物；如果专利权是共有的，则提出无效宣告请求的请求人必须是所有专利权人；否则，不予受理；如果不是专利权人，则可以依《专利法实施细则》第 65 条第 2 款的规定的所有理由提出无效。

（3）请求书表格的审查

提出无效宣告请求的，应使用规定的“专利权无效宣告请求书”表格，否则专利复审委员会应当通知请求人在指定的期限内补正，期满未补正或者在指定期限内补正但经两次补正仍存在同样缺陷的，该无效宣告请求视为未提出。

提交的请求书及附件应该是一式两份，一份留专利复审委员会，一份由专利复审委员会送交给专利权人。

（4）无效理由的审查

提出无效宣告的理由必须属于《专利法实施细则》第 65 条第 2 款的规定的理由，否则，不予受理。

申请人不得以同样的事实和理由再次提出的无效宣告请求，否则，不予受理。

在提交有证据的情况下，应在规定的请求书表格中，结合提交的证据具体说明无效宣告请求的理由，应指明每项理由所依据的证据，否则，不予受理。

根据《专利法实施细则》第 66 条第 3 款的规定，以授予专利权的外观设计与他人在先取得的合法权利相冲突为理由请求宣告外观设计专利权无效，应提交能够证明权利冲突的证据，否则，不予受理。

（5）请求费缴纳的审查

无效宣告请求人应在提出无效宣告请求之日起 1 个月内缴足无效宣告请求费，否则，该请求视为未提出。

每个发明专利的无效宣告请求费为 3000 元，实用新型和外观设计专利权的无效宣告请求费每个为 1500 元。

（6）代理机构的审查

请求人委托专利代理机构请求无效宣告的，应提交委托书并写明委托权限，否则，专利复审委员会应当通知请求人在得知后 7 日内补正，期满未补正的，视为未委托。

请求人和专利权人不得就相同的专利委托同一代理机构，否则，专利复审委员会应当通知双方当事人变更委托，当事人在得知后 7 日内应当变更委托，否则，后委托的视为未委托，同一日委托的，视为双方都未委托。

同一当事人就同一个专利，可以委托多个代理机构，并应当以书面方式指定其中一个专利代理机构作为联系人，未指定的，视最先委托的专利代理机构为联系人，最先委托的代理机构有两个以上且未指定的，以署名在先的专利代理机构为联系人，署名无先后或同日单独委托的，通知当事人在得知后 7 日内指定，未在规定期限内指定的，视为未委托。

对于《专利法》第 19 条第 1 款规定的必须委托专利代理机构的无效宣告请求人，未按规定委托的其无效宣告请求不予受理。

当事人可以以全程方式委托代理机构，被委托的代理机构代表该当事人行使针对同一专利权的全部案件（包括委托后立案的案件）的代理权；当事人选择以案件方式委托代理机构的，被委托代理机构代表该当事人行使针对特定案件的代理权。当事人也可以委托公民代理，其委托要求参照与委托代理机构有关的规定。

当事人委托公民代理的，参照有关委托专利代理机构的规定办理。公民代理的权限仅限于在口头审理中陈述意见和接收当庭转送的文件。对于下列事项，代理人需要具有特别授权的委托书：

（1）专利权人的代理人代为承认请求人的无效宣告请求；

（2）专利权人的代理人代为修改权利要求书；

（3）代理人代为和解；

（4）请求人的代理人代为撤回无效宣告请求。

7.3.4 无效宣告请求的合议审查

（1）无效宣告请求经形式审查符合有关规定，专利复审委员会予以受理并向请求人和专利权人发出“无效宣告请求受理通知书”，同时，将请求书及有关附件副本转送给专利权人，一般指定1个月的时间为专利权人答复无效请求的期限。专利权人就该专利进行了全程委托的，所述请求书及附件副本将转送给该代理机构。专利权人就该专利以全程方式委托代理机构的，在无效宣告请求程序中，如果选择其他代理机构进行代理的，应与在先的委托代理机构“解除委托”。

在无效宣告审查程序中，专利复审委员会根据案件的需要，将有关文件转送给有关当事人。

受理的无效宣告请求需等待在先作出的专利权无效或部分无效的审查决定生效而暂时无法审查的，专利复审委员会应当发出通知书通知请求人和专利权人；在先审查决定生效或者被人民法院生效判决予以撤销后，专利复审委员会应当及时恢复审查。

受理的无效宣告请求涉及专利侵权案件的，专利复审委员会可以应人民法院、地方知识产权管理部门或者当事人的请求，向处理该专利侵权案件的人民法院或者地方知识产权管理部门发出无效宣告请求案件审查状态通知书。

7.3.4.1 无效宣告程序的审查方式

在无效宣告程序中，合议组可以采用书面审查方式和口头审理方式，针对不同的情形，分别采用不同的审查方式：

（1）请求人提交的证据充分，请求的理由全部成立的，合议组可以直接做出审查决定

专利复审委员会将无效宣告请求文件转送给专利权人，并指定答复期限。答复期限届满后，专利权人没有要求进行口头审理的，合议组认为请求人提交的证据充分，无效理由全部成立的，可以依据请求人的请求，直接做出宣告专利权全部无效。在这种情况下，请求人请求宣告无效的范围是宣告专利权部分无效的，合议组也可以针对该范围直接做出宣告专利权部分无效的决定。

（2）请求人请求宣告无效的理由部分成立的，应当通过口头审理的审查方式

合议组认为请求人请求宣告无效的理由部分成立，可能会做出宣告专利权部分无效的决定的，无论当事人是否有请求进行口头审理，合议组都应当发出口头审理通知书，通过口头审理的方式进行审查。

（3）专利权人陈述理由正确，可以采用口头审理的方式或书面审查的方式

专利复审委员会将无效宣告请求文件转送给专利权人，专利权人在指定答复期限内进行了答复，合议组认为专利权人提交的意见陈述理由正确，将会做出维持专利权的决定的，合议组可以选择进行书面审查，或者通过口头审理的方式进行审查。

（4）请求人提交的证据不充分，理由不成立，可以采用口头审理的方式或书面审查的方式

专利复审委员会将无效宣告请求文件转送给专利权人，并指定答复期限，答复期限届满后，专利权人没有答复，合议组经审查认为请求人提交的证据不充分，理由不成立，将会做出维持专利权决定的，合议组应当根据案情，选择书面审查方式或口头审理方式结案。

合议组决定采用口头审理方式的，应当向当事人发出“口头审理通知书”，由于当事人的原因未按期举行口头审理的，合议组可以直接做出审查决定。

7.3.4.2 无效宣告请求审查通知书

在无效宣告程序中，有下列情形之一的，合议组可以向双方当事人发出“无效宣告请求审查通知书”：

（1）当事人提供的事实或者证据不清楚或者有疑问的；

（2）专利权人对其权利要求书主动提出修改，但修改不符合《专利法》及《专利法实施细则》有关规定的；

（3）合议组认为必要，需要依职权引入请求人未提及的理由或者证据的；

（4）其他需要发出“无效宣告请求审查通知书”的情形。

审查通知书的内容所针对的一方当事人应当在收到该通知书之日起1个月内答复。期满未答复的，视为当事人已得知通知书中所涉及的理由、事实和证据，并且未提出反对意见。

7.3.4.3 无效宣告程序中专利文件的修改

在无效宣告程序中，专利权人可以根据需要，依据当事人处置原则，主动修改发明或者实用新型专利的权利要求书，但修改必须遵循如下原则：

（1）不得改变原权利要求的主题名称；

（2）与授权的权利要求书相比，不得扩大原专利的保护范围；

（3）不得超出原说明书和权利要求书记载的范围；

（4）一般不得增加未包含在授权的权利要求书中的技术特征。

权利要求的修改方式有三种，该三种方式可以单独使用，也可以合并使用，该三种方式为：

（1）权利要求的删除：是指从权利要求书中去掉某项或者某些权利要求。独立权利要求的删除，致使权利要求的技术特征增多，专利的保护范围缩小，但可以增加无效宣告的难度；在审查决定做出之前，专利权人可以删除权利要求的方式修改权利要求；

（2）权利要求的合并：是指两项或者两项以上相互无从属关系但在授权公告文本中从属于同一独立权利要求的权利要求的合并；合并后新的权利要求应当包含被合并的从属权利要求中的全部技术特征；在独立权利要求未作修改的情况下，不允许对其从属权利要求进行合并式修改；

（3）技术方案的删除：是指从同一权利要求中并列的两种以上技术方案中删除一种或者一种以上技术方案。

在发明或者实用新型专利权人在专利复审委员会转送无效宣告请求书、转送新理由或者新证据文件通知书以及引入请求人未提及的理由或者证据的无效宣告审查通知书指定的答复期限届满后，只能以删除的方式修改权利要求。以删除以外的方式修改权利要求的，合议组应当给予请求人针对这样修改的权利要求提出新的无效宣告理由、证据和意见的适当机会。

在实务当中，比如：将权利要求中的前序部分与特征部分重新划界，将权利要求中的某项技术特征删除等，这些对权利要求的修改是不符合法律规定的。

在外观设计专利权的无效宣告请求程序中，专利权人不得修改其专利文件，即不能修改外观设计图片、照片和简要说明等。

7.3.4.4　无效宣告程序的中止

（1）由于无效宣告程序有可能导致专利权视为自始不存在，因此，为了保障涉案专利权的有关合法权益，专利复审委员会在审查过程中，遇到如下情形，应该中止无效宣告审查程序：

① 涉案专利权涉及权属纠纷的。涉案专利权的权属纠纷当事人可以书面请求专利复审委员会中止无效宣告程序，在书面提出请求的同时，应同时提交诉讼或调处受理通知书；

② 人民法院要求协助对涉案专利权进行保全的。有关人民法院在审理案件中，需要对专利权采取保全措施的，应将采取保全措施的裁定和要求专利复审委员会协助执行专利权保全的公函同时送交给专利复审委员会。

（2）无效宣告程序中止后，遇到如下情形，则专利复审委员会再恢复审查：

① 中止请求人要求恢复审查；

② 中止审查已满1年，并且未收到中止请求人提出的、附具专利权归属纠纷尚未审结证明的延长中止请求；

③ 收到采取保全措施的人民法院取消保全措施的证明；

④ 收到人民法院或者地方知识产权局（或相应职能部门）做出的生效判决或者调处决定书副本并且在必要时进行了专利权人变更。

7.3.5 无效宣告请求审查决定的类型

根据无效宣告程序中对涉案专利权权利状态的认定，可以分为三种。

（1）宣告专利权全部无效

对于实用新型专利权和发明专利权来说，有一项或多项权利要求的，全部无效意味该专利的每一项权利要求均自始即不存在；对于外观设计专利来说，确认其图片或照片中的外观设计专利权自始即不存在；专利权全部无效，即自始专利权对该专利限定的技术/外观设计没有垄断权，该专利对他人的实施行为也没有约束力；但是，依《专利法》第47条第2款、第3款的规定，宣告专利权无效的决定，对在宣告专利权无效前人民法院做出并已执行的专利侵权的判决、裁定，已经履行或者强制执行的专利侵权纠纷处理决定，以及已经履行的专利实施许可合同和专利权转让合同，不具有追溯力，但因专利权人的恶意给他人造成的损失，应当给予赔偿；如果依此规定，专利权人或者专利权转让人不向被许可实施专利人或者专利权受让人返还专利使用费或者专利权转让费，明显违反公平原则，专利权人或者专利权转让人应当向被许可实施专利人或者专利权受让人返还全部或者部分专利使用费或者专利权转让费。

（2）宣告专利权部分无效

对于实用新型专利权和发明专利权来说，有多项权利要求的，只有部分权利要求不符合《专利法》的规定的而予以无效，其他权利要求仍符合《专利法》的规定应予以维持的，则专利复审委员会应宣告该专利权部分无效；对于外观设计专利权来说，如果其包含有若干个具有独立使用价值的产品的成套产品的，无效请求的理由及证据等仅导致其中一部分产品的外观设计不符合《专利法》的有关规定，则应宣告该部分外观设计专利无效，并且维持其余外观设计专利有效。

（3）维持专利权有效

请求人提供的证据及理由均不成立的，则维持专利权有效。

7.3.6 无效宣告请求审查决定的送交、登记和公告

（1）专利复审委员会做出审查决定书后，应将之送交给双方当事人；对于涉及侵权案件的无效宣告请求，在无效宣告请求审理开始之前曾通知有关人民法院或者地方知识产权局（或相应职能部门）的，专利复审委员会应当在做出决定后，将审查决定和“无效宣告审查结案通知书”送交有关人民法院或者地方知识产权局（或者相应职能部门）。

（2）专利复审委员会做出的宣告专利权无效的决定（包括全部无效和部分无效）生效后，由国家知识产权局登记和公告。

7.3.7 无效宣告程序的终止

无效宣告程序终止的情形有如下几种：

（1）请求人主动撤回无效请求的。在专利复审委员会做出无效审查决定之前，请求人主动撤回无效请求的，该无效程序终止；

（2）无效请求被视为撤回的。请求人在收到口头审理通知书后，没有在指定的期限内答复口头审理通知书，并且不参加口头审理的，其请求视为撤回，该无效程序终止；

（3）无效请求提出后，其所针对的专利权，被生效的裁决认定为全部无效的，在后无效程序终止。由于专利授权后，任何人都可以提出无效请求，因此，针对同一项专利权，可能会前后有多个无效请求，当在先的无效程序宣告专利权全部无效的决定生效后，针对该专利权提出的其他无效请求的审查程序中止；如果在先的无效程序宣告专利权部分无效的，专利复审委员会应就其他无效请求人的请求，对其他维持有效的权利要求进行审查；

（4）无效审查决定的生效。无效程序中的当事人，在收到无效宣告审查决定书之日起3个月内，未向北京市第一中级人民法院提出有效的行政诉讼的，审查决定生效，该无效宣告程序终止。

7.4 关于复审和无效宣告程序中口头审理的规定

7.4.1 概述

合议组可以根据案情需要，选择采用书面审查或口头审理，或根据规

定，直接采用口头审理作为结案方式。由于口头审理作为一种正式的行政听证会，可以给当事人当面质证辩论陈述理由的机会，因此，口头审理是复审和无效中主要的审查方式，而在实务中，书面审查作为结案方式，则比较少。本节涉及口头审理的确定、对当事人的通知、合议组对口头审理的准备、口头审理的进行及进行中的规定等内容。

7.4.2 口头审理的确定

口头审理可以依当事人的请求而启动，也可以由合议组决定而采用。

当事人依据如下理由，以书面方式向合议组提出口头审理的，合议组一般情况下应予以同意：

（1）需要对方当事人当面质证和辩论；

（2）需要当面向合议组说明事实；

（3）需要实物演示；

（4）需要请出具过证言的证人出庭作证。

经过一定的审批程序，针对同一案件，可以进行二次口头审理，也可以到专利复审委员会以外的地方进行口头审理，就地审理办案，专利复审委员会承担所需要的费用。

7.4.3 口头审理的通知

（1）发出口头审理通知书

合议组向当事人发出口头审理通知书，告知进行口头审理的时间、地点、针对的专利名称、专利号、请求人和专利权人的名称，由其也可以得知合议组成员的组成；同时送交的有一份口审回执样本。

（2）填写并递交口审回执

当事人一般应在收到口头审理通知书之日起7日内，在口审回执中注明参加口头审理的人员姓名、工作单位和职务，如果参加人有多人的，同时注明谁是第一发言人；口审回执由当事人签章或代理机构签章，递交回专利复审委员会。

（3）证人

要求委派出具过证人证言的证人出庭作证的，应在口审回执中声明，并且写明该证人的姓名、工作单位和要证明的事实。口审回执中未作声明的，不能在口头审理中出庭作证。

（4）涉外当事人

《专利法》第19条规定的在中国没有经常居所或者营业所的外国人、外国企业或者外国其他组织在中国申请专利和办理其他专利事务的，应当委托专利代理机构办理，该代理机构指派专利代理人参加口头审理。

（5）不参加口头审理的法律后果

对于专利权人来说，不参加口头审理的，可以依法审查，不影响审查的进行以及无效决定的做出；对于请求人来说，期满未递交回执且不参加口头审理的，无效请求视为撤回。

7.4.4 口头审理的中止

有下列情形的，中止口头审理：

（1）当事人请求审案人员回避的；

（2）因和解需要协商的；

（3）需要对发明创造进一步演示的；

（4）合议组认为必要的其他情形。

7.4.5 口头审理的终止

在如下三种情况下，应宣布口头审理终止，并在一定时间后，将审查决定的全文以书面形式送交给双方当事人：

（1）事实清楚，可以做出审查决定，且不需要审批程序的，合议组当场宣布审查决定结论；

（2）对于经口头审理拟当场宣布审查决定结论的案件，需要经过审批的，在批准后宣布审查决定的结论；

（3）不当场宣布审查决定结论的，由组长做简要说明。

7.4.6 当事人的缺席

请求人一方没有提交口审回执且不参加口审的，视为撤回无效请求，无论专利权人一方是否出庭，无效程序均终止；请求人提交口审回执而不参加口头审理的，如果专利权人一方到场，则口审依规定程序进行；如果请求人一方参加口审而专利权人一方不参加的，则缺席审理。

7.4.7 记录

对于口审中的如下重要事实，需要记录在口审笔录中，并由当事人签字存档：

（1）当事人声明放弃的权利要求、无效宣告请求的范围、理由或者证据；

（2）双方当事人均认定的重要事实；

（3）请求人请求对不同的无效宣告请求的证据进行组合；

（4）其他需要记录的重要事项，比如一方当事人要求将对方当事人的某项主张记录在案的情形等。

7.4.8 当事人的权利和义务

（1）当事人的权利

当事人有权请求审案人员回避；有权与对方当事人和解；有权在口头审理中请出具过证言并在口头审理通知书回执中声明的证人就其证言出庭作证和请求演示物证；有权进行辩论。请求人有权撤回无效宣告请求，放弃无效宣告请求的部分理由及相应证据，以及缩小无效宣告请求的范围。被请求人有权缩小专利权保护范围，放弃部分权利要求及其提交的有关证据。

（2）当事人的义务

自觉遵守口头审理规则，维护口头审理的秩序；发言时应征得合议组组长同意，任何一方当事人不得打断另一方当事人的发言；辩论中应摆事实、讲道理；发言和辩论仅限于合议组指定的与审理本案有关的范围；当事人对自己提出的主张有举证责任，反驳对方主张的，应说明理由；口头审理期间不得随意中途退庭。

7.4.9 复审程序中的口头审理

复审程序中的口头审理是单方当事人参加的口头审理，可以参照上述无效宣告程序中的口头审理进行。

7.5 外观设计相同和相近似的判断

7.5.1 概述

在请求宣告外观设计专利无效程序中，专利复审委员会需要就外观设计专利相同和相近似性做出判断。

在判断外观设计是否相同或者相近似时，将进行比较的对象称为判断客体。判断客体分为在后客体和在先客体。

在后客体是指被请求宣告无效的授予专利权的外观设计（以下简称“被比外观设计”）。

在先客体是指在被比外观设计的申请日以前在国内外出版物上公开发表过或者国内公开使用过的外观设计，或者在被比外观设计申请日以前申请并且在该申请日以后（含申请日）公布的外观设计专利（以下简称“在先设计”）。

在进行对比时，应该根据判断客体的保护内容，分别针对两者的形状、图案、色彩或者其结合以及色彩与形状、图案的结合进行对比。

7.5.2 判断主体

判断主体不是专业设计人员或者专家，而是属于被比外观设计产品消费者群体中的一般消费者，其应具有如下特点：

（1）对被比外观设计产品的同类或者相近类产品的外观设计状况具有常识性了解；

（2）对外观设计产品之间在形状、图案以及色彩上的差别具有一定的分辨能力，但不会注意到产品的形状、图案以及色彩的微小变化。

7.5.3 判断原则

在对判断客体进行判断时，一般消费者通过整体观察，判断被比外观设计与在先外观设计之间的差别，对于产品的整体视觉效果是否具有显著影响。如果存在显著影响，则被比外观设计与在先外观设计相近似；否则，两者既不相同，也不相近似。

7.5.4 判断方式

（1）单独对比

在相同和相近似性判断中，一般只能用一项在先设计与被比外观设计进行单独对比；如果被比的成套产品外观设计中包含有若干个具有独立使用价值的产品的外观设计，则可以且不同的在先设计与各个产品的外观设计分别进行单独对比；被比外观设计是由只能组装在一起使用的至少两个构件构成的产品的外观设计的，可以将与其构件数量相对应的组装使用过的构件的外观结合起来作为一项在先设计与被比外观设计进行对比。

（2）直接观察

在进行判断时，应当通过视觉进行直接观察，不能由视觉直接分辨的部分或要素不能作为判断的依据。

（3）仅以产品的外观作为判断对象

一般不考虑产品的内部结构，但对于外表使用透明材料的产品而言，通过人的视觉能观察到的其透明部分以内的形状、图案和色彩，应视为该产品的外观设计的一部分。

（4）整体观察、综合判断

在判断时，由被比外观设计的整体来确定是否与在先设计相同或者相近似，而不将外观设计的部分或者局部作为判断基础。

7.5.5 判断基准

（1）判断被比外观设计与在先外观设计是否属于同一种类产品。同一种类的产品是指具有相同用途的产品。在确定产品的种类时，可以参考产品的名称、洛迦诺分类以及产品的货架分类，但是应当以产品的用途是否相同为准；要注意的是，只要产品具有相同的用途，而不管它们是否还各自具有其他的用途，都属于同一种类的产品。

（2）判断是否属于相近种类的产品。如果经过判断，认为被比外观设计与在先外观设计不属于同一种类产品，则判断是否属于相近种类产品。所谓相近种类的产品是指用途相近的产品。

（3）判断外观设计的三要素是否相同或近似。将被比外观设计与在先外观设计的形状、图案或者其结合以及色彩与形状、图案的结合进行对比，然后判断是否相同或近似；其中需要注意的是：对于销售和使用时呈现不同的状态的产品而言，应当以使用状态的外观作为判断基础；产品外表出现的包括产品名称在内的文字是一种图案，将其作为图案来看待，而不考虑文字的字义。

7.5.6 判断结论

（1）相同的外观设计。属于同一种类的产品的，外观设计的三要素也相同；

（2）相近似的外观设计。同一种类的产品，外观设计的三要素相近似，则属于相近似的外观设计；种类相近似的产品，外观设计的三要素相同的，属于相近似的外观设计；种类相近似的产品，外观设计的三要素相近似的，属于相近似的外观设计；

（3）不相同也不相近似的外观设计。产品种类不相同也不相近似的，可认定外观设计不相近似；产品种类相同或相近似，外观设计的三要素不相同也不相近似的，可认定外观设计不相近似。

7.6 其他问题的审查

7.6.1 实用新型新颖性和创造性的审查

在无效的法律依据中，除了《专利法》第 22 条第 3 款规定的创造性标准之外，发明和实用新型的无效依据相同。《专利法》第 22 条第 3 款规定：“创造性，是指同申请日以前已有的技术相比，该发明有突出的实质性特点和显著的进步，该实用新型有实质性特点和进步”，因此，实用新型的创造性判断可以在考虑其保护客体与发明专利保护客体的区别的情况下，参考对发明专利实质审查中的创造性标准。

在实用新型专利新颖性的审查中，应当考虑其技术方案中的所有技术特征，包括材料特征和方法特征。

在实用新型专利创造性的审查中，应当考虑其技术方案中的所有技术特征，包括材料特征和方法特征。

实用新型与发明专利在创造性判断标准上的不同，主要体现在现有技术中是否存在“技术启示”。在判断现有技术中是否存在技术启示时，发明专利与实用新型专利存在区别，这种区别体现在下述两个方面。

（1）现有技术的领域

对于发明专利而言，不仅要考虑该发明专利所属的技术领域，还要考虑其相近或者相关的技术领域，以及该发明所要解决的技术问题能够促使本领域的技术人员到其中去寻找技术手段的其他技术领域。

对于实用新型专利而言，一般着重于考虑该实用新型专利所属的技术领域。但是现有技术中给出明确的启示，例如现有技术中有明确的记载，促使本领域的技术人员到相近或者相关的技术领域寻找有关技术手段的，可以考虑其相近或者相关的技术领域。

（2）现有技术的数量

对于发明专利而言，可以引用一项、两项或者多项现有技术评价其创造性。

对于实用新型专利而言，一般情况下可以引用一项或者两项现有技术评价其创造性，对于由现有技术通过“简单的叠加”而成的实用新型专利，可以根据情况引用多项现有技术评价其创造性。

7.6.2　依据《专利法》第 9 条规定的审查

《专利法》第 9 条规定：“同样的发明创造只能被授予一项专利”，其中“同样的发明创造”，对于发明和实用新型而言是指要求保护的发明或者实用新型相同；对于外观设计而言，是指外观设计相同或者实质相同。

任何单位或者个人以某项发明或者实用新型专利权与申请在先的另一项发明或者实用新型专利权构成同样的发明创造而不符合《专利法》第 9 条的规定为由请求宣告无效的，如果申请在先的专利已构成现有技术或者属于任何单位或者个人申请在先公开在后的专利，专利复审委员会可以依据《专利法》第 22 条的规定进行审查。

任何单位或者个人以某项外观设计专利权与申请在先的另一项外观设计专利权构成同样的发明创造而不符合《专利法》第 9 条的规定为由请求宣告无效的，如果申请在先的专利已构成现有设计或者属于任何单位或者个人申请在先公开在后的专利，专利复审委员会可以依据《专利法》第 23

条的规定进行审查。

7.6.2.1 专利权人相同授权公告日不同

任何单位或者个人认为属于同一专利权人的具有相同申请日（有优先权的，指优先权日）的两项专利权不符合《专利法》第9条第1款的规定而请求专利复审委员会宣告其中授权在前的专利权无效的，在不存在其他无效宣告理由或者其他理由不成立的情况下，专利复审委员会应当维持该项专利权有效。

任何单位或者个人认为属于同一专利权人的具有相同申请日（有优先权的，指优先权日）的两项专利权不符合《专利法》第9条第1款的规定而请求专利复审委员会宣告其中授权在后的专利权无效的，专利复审委员会经审查后认为构成同样的发明创造的，应当宣告该项专利权无效。

如果上述两项专利权为同一专利权人同日（仅指申请日）申请的一项实用新型专利权和一项发明专利权，专利权人在申请时根据《专利法实施细则》第41条第2款的规定作出过说明，且发明专利权授予时实用新型专利权尚未终止。在此情形下，专利权人可以通过放弃授权在前的实用新型专利权以保留被请求宣告无效的发明专利权。

7.6.2.2 专利权人相同授权公告日相同

任何单位或者个人认为属于同一专利权人的具有相同申请日（有优先权的，指优先权日）和相同授权公告日的两项专利权不符合《专利法》第9条第1款规定的，可以请求专利复审委员会宣告其中一项专利权无效。

无效宣告请求人仅针对其中一项专利权提出无效宣告请求的，专利复审委员会经审查后认为构成同样的发明创造的，应当宣告被请求宣告无效的专利权无效。

两项专利权均被提出无效宣告请求的，专利复审委员会一般应合并审理。经审查认为构成同样的发明创造的，专利复审委员会应当告知专利权人上述两项专利权构成同样的发明创造，并要求其选择仅保留其中一项专利权。专利权人选择仅保留其中一项专利权的，在不存在其他无效宣告理由或者其他理由不成立的情况下，专利复审委员会应当维持该项专利权有效，宣告另一项专利权无效。专利权人未进行选择的，专利复审委员会应当宣告两项专利权无效。

7.6.2.3 专利权人不同

任何单位或者个人认为属于不同专利权人的两项具有相同申请日（有优先权的，指优先权日）的专利权不符合《专利法》第9条第1款规定的，可以分别请求专利复审委员会宣告这两项专利权无效。

两项专利权均被提出无效宣告请求的，专利复审委员会一般应合并审理。经审果认为构成同样的发明创造的，专利复审委员会应当告知两专利权人上述两项专利权构成同样的发明创造，并要求其协商选择仅保留其中一项专利权。两专利权人经协商共同书面声明仅保留其中一项专利权的，在不存在其他无效宣告理由或者其他理由不成立的情况下，专利复审委员会应当维持该项专利权有效，宣告另一项专利权无效。专利权人协商不成未进行选择的，专利复审委员会应当宣告两项专利权无效。

无效宣告请求人仅针对其中一项专利权提出无效宣告请求，专利复审委员会经审查认为构成同样的发明创造的，应当告知双方当事人。专利权人可以请求宣告另外一项专利权无效，并与另一专利权人协商选择仅保留其中一项专利权。专利权人请求宣告另外一项专利权无效的，按照本节前述规定处理；专利权人未请求宣告另一项专利权无效的，专利复审委员会应当宣告被请求审告无效的专利权无效。

本章思考与练习

1. 专利复审程序的审查原则是什么？
2. 专利复审决定是如何做出的？
3. 提出无效宣告请求需要经过哪些程序？
4. 无效宣告程序的审查原则是什么？
5. 外观设计专利无效宣告的判断原则是什么？
6. 复审和无效的审查决定内容由哪几部分构成？
7. 证据的三性指的是什么？
8. 复审决定的类型有哪几种？
9. 无效宣告审查的方式有哪两种？
10. 无效宣告程序对权利要求修改应遵循哪些原则？
11. 无效宣告程序对权利要求修改的方式有哪些？
12. 无效宣告请求审查决定有哪几种类型？
13. 外观设计相同、相近似判断主体的特点是什么？
14. 外观设计相同、相近似的判断原则是什么？
15. 外观设计相同、相近似的判断方式有哪些？
16. 外观设计相同、相近似的判断结论有哪几种？

第8章　专利行政复议

本章学习要点

1. 两类不同的专利行政复议
2. 可提起专利行政复议的事项范围以及条件
3. 专利行政复议的后续程序
4. 调整专利行政复议的法律、法规体系

专利行政复议是行政复议的一种。所谓行政复议，是指行政相对人认为行政机关的具体行政行为侵犯其权益，按照法定的程序和条件向做出该具体行政行为的上一级行政机关（行为机关所属的人民政府或上一级主管部门，特殊情况下也可以是做出具体行政行为的行政机关）提出申请，由受理该申请的行政机关进行复查，并做出复议决定的活动。在行政法理论上，行政复议被视为一种行政司法活动，即由行政机关以准司法的方式来审理特定的行政争议。[1]

在“专利行政复议”一词下，包含了大致两类行政复议。第一类是针对国家知识产权局的具体行政行为而提起的行政复议，第二类是针对管理专利工作的其他行政部门（简称“管理专利工作的部门”）做出的具体行政行为而提起的行政复议。需说明的是，国家知识产权局的具体行政行为，包括驳回专利申请的决定。对该决定，申请人只可以请求专利复审委员会进行复审，当复审仍决定驳回时，申请人可以向人民法院起诉。理论上，专利复审委员会的复审属于行政复议的范畴，但是，鉴于复审程序与专利审查、授权程序关联紧密，本章不涉及复审程序，有关复审程序的介绍请参见本书其他章节。至于专利复审委员会的具体行政行为，包括做出复审决定，以及做出无效宣告请求审查决定，鉴于专利复审委员会已具有一定

[1] 姜明安．行政法学［M］．北京：法律出版社，1998：208.

的准司法机构之性质，对其做出的行为应直接适用行政诉讼。

对具体行政行为不服，既可以依照《行政复议法》的规定提起行政复议，又可以依照《行政诉讼法》的规定提起行政诉讼。关于行政复议与行政诉讼的关系，可分成以下几种：第一种是当事人自由选择行政复议或者行政诉讼，选择行政复议的，对复议决定不服的，还可以提起行政诉讼，绝大多数具体行政行为均属于此类；第二种是当事人自由选择行政复议或者行政诉讼，选择行政复议的，即不得再提起行政诉讼；第三种是提起行政诉讼之前，必须经过行政复议；第四种是只允许提起行政复议，不允许提起行政诉讼。专利行政复议与专利行政诉讼的关系，属于前述第一种情形。《行政诉讼法》第 37 条规定：对属于人民法院受案范围的行政案件，公民、法人或者其他组织可以先向上一级行政机关或者法律、法规规定的行政机关申请复议，对复议不服的，再向人民法院提起诉讼；也可以直接向人民法院提起诉讼。因此，原则上行政复议不是提起行政诉讼的前置条件，但在选择复议之后，在复议程序进行中不能启动诉讼程序。

8.1 专利行政复议概述

8.1.1 专利行政复议的概念

行政复议是行政法上的一项重要制度，其目的在于，给行政相对人在行政系统内提供一个针对违法或者不当行政行为的救济管道，同时，也给行政机关在行政系统内一个纠正违法或者不当行政行为的机会。虽说行政复议带有准司法性质，但其基本性质仍是行政行为，且是依申请的行政行为、要式行政行为。专利行政复议，是指针对涉及专利事项的具体行政行为提起的行政复议。此处所谓涉及专利事项，既包括国家知识产权局在审查授予专利权等过程中做出的具体行政行为，也包括管理专利工作的部门在处理专利侵权纠纷、查处专利违法案件等过程中做出的具体行政行为。

我国目前的专利执法体制是所谓的双轨制，即司法体制和行政执法体制并行。根据《专利法》第 60 条、第 63 条以及第 64 条的规定：管理专利工作的部门，可以做出责令侵权人立即停止侵权行为，责令改正并予公告，没收违法所得，并处罚款等行政处罚。对上述行政处罚，当事人不服的，可以自收到处理通知之日起 15 日内依照《行政诉讼法》向人民法院起诉；侵权人期满不起诉又不停止侵权行为的，管理专利工作的部门可以申请人民法院强制执行。这一体制的架构需要在地方设立管理专利工作的部门，负责处理专利侵权纠纷、查处假冒专利和冒充专利等违法行为。目前，在所有省级人民政府内，都已设立此类管理专利工作的部门，在部分设区的市级人民政府内，也已设立此类管理专利工作的部门。

8.1.2　专利行政复议现行法律、法规的规定

现行调整专利行政复议的法律、法规，主要是《行政复议法》（自 1999 年 10 月 1 日起施行），《国家知识产权局行政复议规程》（自 2002 年 9 月 1 日起施行，以下简称《行政复议规程》）。但如果说到与专利行政复议有关联的法律、法规，则至少还有《专利法》《专利法实施细则》《行政诉讼法》《行政处罚法》《最高人民法院关于执行〈中华人民共和国行政诉讼法〉若干问题的解释》《专利行政执法办法》等。

《行政复议法》属于法律，《行政复议规程》属于部门规章，在两者适用关系上，应遵循上位法优于下位法的原则。《行政复议规程》第 1 条也明文规定其系根据《行政复议法》而制定。当然，在两者并不抵触的情况下，鉴于《行政复议规程》将《行政复议法》作了具体化，应优先考虑适用，此自不待言。需要指出的是，《行政复议规程》仅适用于针对国家知识产权局的具体行政行为提出的复议申请。针对管理专利工作的部门的具体行政行为提出的复议申请，直接适用《行政复议法》的规定。

8.2　专利行政复议程序简介

8.2.1　专利行政复议的主体

专利行政复议的主体，指提出专利行政复议申请的人以及被申请人。根据前面的分析，可以将提出专利行政复议申请的人分成两类。第一类申请人是指不服国家知识产权局做出的具体行政行为，提出复议申请的人。《行政复议规程》第 2 条规定：公民、法人和其他组织，认为国家知识产权局的具体行政行为侵犯其合法权益的，可以依照本规程向国家知识产权局申请复议。

第二类申请人是指不服管理专利工作的部门做出的具体行政行为，提出复议申请的人。第二类申请人包括专利权人，利害关系人、被控侵权人，以及假冒、冒充专利行为人等。所称利害关系人包括专利实施许可合同的被许可人、专利权的合法继承人。专利实施许可合同的被许可人中，独占实施许可合同的被许可人可以单独提出请求；排他实施许可合同的被许可人在专利权人不请求的情况下，可以单独提出请求；除合同另有约定外，

普通实施许可合同的被许可人不能单独提出请求。在专利侵权纠纷中，若专利权人或者利害关系人提起行政复议的，被控侵权人应为第三人。反之亦然。

无论是第一类专利行政复议，还是第二类专利行政复议，被申请人均是做出具体行政行为的行政机关。具体而言，就是国家知识产权局或管理专利工作的部门。

8.2.2 专利行政复议的机构

专利行政复议的机构，也称专利行政复议的机构的主管机关。与专利行政复议的两类申请人一致，也存在专利行政复议的两类机构。

第一类机构，《行政复议法》第 14 条规定：对国务院部门或者省、自治区、直辖市人民政府的具体行政行为不服的，向作出该具体行政行为的国务院部门或者省、自治区、直辖市人民政府申请行政复议。国家知识产权局属于国务院直属机构，性质上相当于国务院部门，因此，对其作出的具体行政行为，应由其本身进行复议。当然，尽管作出具体行政行为的机关与作出复议决定的机关同一，但内部的处理部门却可以不同。根据《行政复议规程》第 3 条：国家知识产权局法律事务处（以下简称“法律事务处”）负责行政复议的具体工作。

第二类机构，根据《行政复议法》第 12 条的规定，对县级以上地方各级人民政府工作部门的具体行政行为不服的，由申请人选择，可以向该部门的本级人民政府申请行政复议，也可以向上一级主管部门申请行政复议。所以，此类行政复议，既可以向管理专利工作的部门所属的本级人民政府提出申请，也可以向上一级管理专利工作的部门提出申请。

8.2.3 专利行政复议的受案范围

（1）第一类专利行政复议的受案范围

行政机关针对行政相对人做出的具体行政行为，原则上应该接受行政复议的审查。所以，凡是法律没有另外规定的，都属于可以提起行政复议的范围。根据《行政复议规程》第 5 条的规定，有下列情形之一的，可以申请复议：（一）专利申请人对不予受理其申请不服的；（二）专利申请人对申请日的确定有争议的；（三）专利申请人对视为未要求优先权不服的；（四）专利申请人对其专利申请按保密专利申请处理或者不按保密专利申请处理不服的；（五）专利申请人对专利申请视为撤回不服的；（六）专利申请人对视为放弃取得专利权的权利不服的；（七）专利权人对专利权终止不服的；（八）专利申请人、专利权人因耽误有关期限导致其权利丧失，请求恢复权利而不予恢复的；（九）专利权人对给予实施强制许可的决定不服的；（十）强制许可请求人对终止实施强制许可的决定不服的；（十一）国际申请的申请人对国家知识产权局根据《专利法实施细则》第 102 条终止其国际专利申请不服的；[1]（十二）国际申请的申请人对国家知识产权局根据《专利法实施细则》第 115 条所作复查决定不服的；[2]（十三）布图设计登记申请人对不予受理布图设计申请不服的；（十四）布图设计登记申请人对布图设计申请视为撤回不服的；（十五）布图设计登记申请人、布图设计权利人因耽误有关期限造成权利丧失，请求恢复权利而不予恢复的；（十六）布图设计权利人对非自愿许可决定不服的；（十七）布图设计权利人、被控侵权人对侵犯布图设计专有权所作行政处罚不服的；（十八）专利代理机构对撤销其机构的处罚不服的；（十九）专利代理人对吊销其《专利代理人资格证书》的处罚不服的；（二十）公民、法人和其他组织认为国家知识产权局做出的其他具体行政行为侵犯其合法权益的。

其中，第（二十）项是概括规定。依行政法原理，凡是行政机关做出的可能侵犯行政相对人合法权益的具体行政行为都属于可以提起行政复议之列，为防止挂一漏万，特设此规定。

国家知识产权局的下列行为，因为法律已经对其后续救济途径做出明确规定，所以排斥行政复议的救济：（一）专利申请人对驳回专利申请的决定不服的；（二）专利申请人对复审决定不服的；（三）专利权人和无效宣告请求人对专利复审委员会就无效宣告请求所作决定不服的；（四）专利权人或实施强制许可的被许可人对实施强制许可使用费的裁决不服的；（五）国际申请的申请人对国家知识产权局作为国际申请的受理单位、国际检索单位和国际初步审查单位所作决定不服的；（六）布图设计登记申请人对驳回登记申请的决定不服的；（七）布图设计登记申请人对复审决定不服的；（八）布图设计权利人对撤销布图设计登记的决定不服的；（九）布图设计权利人、非自愿许可取得人对非自愿许可报酬的裁决不服的；（十）布图设计权利人、被控侵权人对布图设计专有权侵权纠纷处理决定不服的。[3]

[1] 2010 年，《专利法实施细则》经修改后，原第 102 条变更为第 105 条。
[2] 2010 年，《专利法实施细则》经修改后，原第 115 条变更为第 116 条。
[3] 《国家知识产权局行政复议规程》第 6 条。

（2）第二类专利行政复议的受案范围

第二类专利行政复议的受案范围和管理专利工作的部门的工作范围大致相同。除行政调解行为之外，举凡行政处罚行为，行政强制措施，以及任何涉及行政相对人的人身财产权益的具体行政行为，均在可以提起行政复议之列。具体而言，管理专利工作的部门做出的专利侵权纠纷处理决定书，对假冒他人专利的行政处罚决定，对冒充专利行为的行政处罚决定，均在可以提起行政复议之列。

8.2.4 提起专利行政复议的期限

《行政复议法》第9条规定：公民、法人或者其他组织认为具体行政行为侵犯其合法权益的，可以自知道该具体行政行为之日起60日内提出行政复议申请；但是法律规定的申请期限超过60日的除外。《行政复议规程》在规范层次上仅属于部门规章，并非该条中所指的“法律”，鉴于《专利法》对专利行政复议的期限未做特别规定，所以，不管是第一类专利行政复议，还是第二类专利行政复议，都遵照该60日的规定，但是，因不可抗力或者其他正当理由耽误前款所述期限的，该期限自障碍消除之日起继续计算。[1]

8.3 专利行政复议的处理

8.3.1 专利行政复议的提起

关于第一类专利行政复议，申请复议时应当符合正当申请人、复议事项范围、复议期限以及复议请求和证据等条件。具体讲，包括：（1）申请人是认为国家知识产权局的具体行政行为侵犯其合法权益的专利申请人、专利权人、布图设计登记申请人、布图设计权利人及其他利害关系人，其中利害关系人是指具体行政行为可能影响其合法权益的人；（2）有具体的复议请求和必要的证据；（3）属于申请复议的范围，例如对于驳回决定则不可以提起行政复议；（4）在规定的申请复议期限内。

申请复议应提交复议申请书一式两份，并附具必要的证据材料。复议申请书应当载明下列内容：（1）申请人的姓名、名称、通信地址；（2）具体的复议请求和理由；（3）复议申请人的签名或印章。国家知识产权局以书面形式做出具体行政行为的，应附具该文书或者其复印件。委托代理人

[1] 《国家知识产权局行政复议规程》第10条。

的，应附具授权委托书。

关于第二类专利行政复议，依照《行政复议法》的一般规定，可以自知道该具体行政行为之日起 60 日内提出行政复议申请；申请人申请行政复议，可以书面申请，也可以口头申请；口头申请的，行政复议机关应当当场记录申请人的基本情况、行政复议请求、申请行政复议的主要事实、理由和时间。

8.3.2　专利行政复议的受理

关于第一类专利行政复议，国家知识产权局法律事务处收到复议申请书之日起 5 日内，对复议申请分别做如下处理：（1）复议申请符合《行政复议规程》规定的，予以受理，并向复议申请人发送受理通知书；（2）复议申请不符合《行政复议规程》规定的，决定不予受理并书面告知理由；（3）复议申请书不符合《行政复议规程》第 13 条、第 14 条规定的，通知申请人在指定期限内补正；逾期不补正的，视为未提出复议申请。

关于第二类专利行政复议，依照《行政复议法》第 17 条的规定："行政复议机关收到行政复议申请后，应当在 5 日内进行审查，对不符合本法规定的行政复议申请，决定不予受理，并书面告知申请人；对符合本法规定，但是不属于本机关受理的行政复议申请，应当告知申请人向有关行政复议机关提出。除前款规定外，行政复议申请自行政复议机关负责法制工作的机构收到之日起即为受理。"

8.3.3　专利行政复议决定

（1）第一类专利行政复议决定

国家知识产权局法律事务处应当自受理复议申请之日起 7 日内，将复议申请书副本转交有关部门。该部门应当在收到复议申请书副本之日起 10 日内提出维持、撤销或者变更原具体行政行为的书面答复意见，并提交当初做出具体行政行为的证据、依据和其他有关材料。逾期不提出答复意见的，不影响复议决定的作出。复议申请人、第三人可以查阅前款所述书面答复意见以及做出具体行政行为所依据的证据、依据和其他有关材料，但涉及保密的内容除外。❶

原则上，复议期间具体行政行为不停止执行。法律事务处认为需要停止执行的，应当向有关部门发出停止执行通知书，并通知复议申请人及第三人。❷

❶ 《国家知识产权局行政复议规程》第 19 条。
❷ 《国家知识产权局行政复议规程》第 21 条。

对被申请复议的具体行政行为进行审查后，按照下列规定作出复议决定：(1) 具体行政行为适用法律、法规、规章正确，事实清楚，符合法定权限和程序的，决定维持；(2) 具体行政行为有程序上不足的，决定有关部门进行补正；(3) 有关部门不履行法律、法规、规章规定的职责的，决定其在一定期限内履行；(4) 具体行政行为有下列情形之一的，决定撤销、变更该具体行政行为，并可以决定有关部门重新作出具体行政行为。该具体行政行为不能撤销的，应当确认该具体行政行为违法：① 主要事实不清、证据不足的；② 适用法律、法规、规章错误的；③ 违反法定程序的；④ 超越或者滥用职权的；⑤ 具体行政行为明显不当的；⑥ 出现相反证据，撤销或者变更原具体行政行为更为合理的。撤销或者变更原具体行政行为的复议决定作出后，法律事务处在必要时可以向有关部门提出后续程序的书面建议。[1] 复议申请人可以在提出复议申请时一并提出行政赔偿请求，法律事务处应依据国家赔偿法的规定对该赔偿请求进行审理，经规定的审批程序后，在复议决定中一并对赔偿请求做出决定。

按照《行政复议法》第 31 条的规定，行政复议机关应当自受理申请之日起 60 日内作出行政复议决定；但是法律规定的行政复议期限少于 60 日的除外。情况复杂，不能在规定期限内做出行政复议决定的，经行政复议机关的负责人批准，可以适当延长，并告知申请人和被申请人；但是延长期限最多不超过 30 日。《行政复议规程》重申了上述规定。

(2) 第二类专利行政复议决定

行政复议原则上采取书面审查的办法，但是申请人提出要求或者行政复议机关负责法制工作的机构认为有必要时，可以向有关组织和人员调查情况，听取申请人、被申请人和第三人的意见。行政复议机关负责法制工作的机构应当自行政复议申请受理之日起 7 日内，将行政复议申请书副本或者行政复议申请笔录复印件发送被申请人。被申请人应当自收到申请书副本或者申请笔录复印件之日起 10 日内，提出书面答复，并提交当初做出具体行政行为的证据、依据和其他有关材料。申请人、第三人可以查阅被申请人提出的书面答复、作出具体行政行为的证据、依据和其他有关材料，除涉及国家秘密、商业秘密或个人隐私外，行政复议机关不得拒绝。

行政复议机关负责法制工作的机构应当对被申请人做出的具体行政行为进行审查，提出意见，经行政复议机关的负责人同意或者集体讨论通过

[1] 《国家知识产权局行政复议规程》第 23 条。

后，按照下列规定做出行政复议决定：

① 具体行政行为认定事实清楚，证据确凿，适用依据正确，程序合法，内容适当的，决定维持；

② 被申请人不履行法定职责的，决定其在一定期限内履行；

③ 具体行政行为有下列情形之一的，决定撤销、变更或者确认该具体行政行为违法；决定撤销或者确认该具体行政行为违法的，可以责令被申请人在一定期限内重新做出具体行政行为：a. 主要事实不清、证据不足的；b. 适用依据错误的；c. 违反法定程序的；d. 超越或者滥用职权的；e. 具体行政行为明显不当的。

④ 被申请人不按照《行政复议法》第23条的规定提出书面答复、提交当初作出具体行政行为的证据、依据和其他有关材料的，视为该具体行政行为没有证据、依据，决定撤销该具体行政行为。

行政复议机关责令被申请人重新做出具体行政行为的，被申请人不得以同一的事实和理由做出与原具体行政行为相同或者基本相同的具体行政行为。

申请人在申请行政复议时可以一并提出行政赔偿请求，行政复议机关对符合《国家赔偿法》的有关规定应当给予赔偿的，在决定撤销、变更具体行政行为或者确认具体行政行为违法时，应当同时决定被申请人依法给予赔偿。申请人在申请行政复议时没有提出行政赔偿请求的，行政复议机关在依法决定撤销或者变更罚款，撤销对财产的查封、扣押、冻结等具体行政行为时，应当同时责令被申请人返还财产，解除对财产的查封、扣押、冻结措施，或者赔偿相应的价款。

行政复议决定书一经送达，即发生法律效力。被申请人应当履行行政复议决定。被申请人不履行或者无正当理由拖延履行行政复议决定的，行政复议机关或者有关上级行政机关应当责令其限期履行。

8.3.4 专利行政复议后的程序

关于第一类专利行政复议，不管是原先的具体行政行为，还是后来的复议决定，其做出机关均是国家知识产权局。法治国家要求对所有具体行政行为都应该享有司法救济的权利，所以，当事人对复议决定仍不服的，可以向人民法院提起行政诉讼。当然，当事人也可以选择不提起复议，而直接向人民法院提起行政诉讼。

根据《行政诉讼法》第25条规定：经复议的案件，复议机关决定维持原具体行政行为的，做出原具体行政行为的行政机关是被告；复议机关改变原具体行政行为的，复议机关是被告。惟在专利行政复议，复议机关和原先做出行政行为的机关同一，所以无论复议决定维持还是改变了原先的具体行政行为，都以国家知识产权局为被告。相应地，此类案件一审均由北京市第一中级人民法院管辖。对于北京市第一中级人民法院的判决，当事人还可以上诉一次。

至于第二类专利行政复议，根据《行政诉讼法》第 38 条规定：公民、法人或者其他组织向行政机关申请复议的，复议机关应当在收到申请书之日起 2 个月内作出决定。法律、法规另有规定的除外。申请人不服复议决定的，可以在收到复议决定书之日起 15 日内向人民法院提起诉讼。复议机关逾期不作决定的，申请人可以在复议期满之日起 15 日内向人民法院提起诉讼。法律另有规定的除外。

关于行政诉讼被告的确定，以行政复议是否改变原行政行为而定，如行政复议维持原行政行为，原作出行政行为的管理专利工作的部门为被告，如行政复议改变原行政行为，行政复议机关为被告。行政诉讼案件由最初作出具体行政行为的行政机关所在地人民法院管辖。经复议的案件，复议机关改变原具体行政行为的，也可以由复议机关所在地人民法院管辖。[1]此类行政诉讼案件，其管辖法院不似第一类专利行政复议所引发的专利行政诉讼那么集中。视具体情况而定，一审管辖法院既可能是基层人民法院，也可能是中级人民法院；且往往分布在全国各地。

本章思考与练习

1. 专利行政复议的概念和分类？
2. 可提起专利行政复议的事项包含哪些？
3. 提起专利行政复议的条件是什么？
4. 专利行政复议有哪些后续救济？
5. 专利行政复议和专利行政诉讼的关系如何确定？

[1] 参见《行政诉讼法》第 17 条。

第9章　部分国家或地区相关专利制度简介

本章学习要点

1. 美国专利的概念和实质条件
2. 美国专利申请程序
3. 日本专利的类型、每种类型的保护期限及其实质性条件
4. 日本专利的新颖性、创造性和实用性的含义及其与中国专利三性的异同点
5. 日本专利侵权的管辖及其侵权判定标准
6. 欧洲专利制度的实质条件和申请程序
7. 欧洲共同体外观设计制度的特点

9.1　美国相关专利制度介绍

9.1.1　美国专利的概念和实质条件

9.1.1.1　美国专利的概念

美国专利是以发明创造经美国专利商标局（USPTO）审核通过并颁发的证书，允许申请人在专利期限内独享生产行销的权利。

现在美国专利的期限是从授权日起生效，从最早申请日起满20年终止（外观设计专利为15年）。此外，美国专利法规定了一些法定条件，在满足这些条件下专利期限可以调整延长。例如，专利法第156条（35 U. S. C §156）规定，由于政府的法定行为导致专利审批的延迟，可将专利期限延长5年。再如，专利法第154条（35 U. S. C §154）规定，由于USPTO未在法定期限内向申请人发出通知或未在法定期限内审结申请或因为一些法定程序而延迟了专利授权的，延误的时间都可以加到专利期限中。

依据美国专利法，共有三种发明创造可以获得专利：

（1）发明专利：申请功能专利的发明创造必须具有某些功能或实用

价值。

(2) 外观设计专利：申请设计专利的发明创造必须具有创新性及具有对产品特殊的装饰或美化作用，但并非一定要具有实用性。

(3) 植物新品种专利：申请植物专利的发明创造必须是经过无性生殖或有性生殖培养，而具有创新性及特殊性的植物。单一植物只能有一项专利。植物新品种专利在中国是单独以《植物新品种保护条例》予以保护的，因此在此处并不多作介绍。

在美国，发明专利保护的客体包括方法、机器、产品和物质合成。方法是指某种技艺或方式，包括制造某物的方法和使用某物的方法。机器、产品和物质合成既可以是单独构成的，也可能是上述诸项的合并创作。

任何创造发明，如果在申请专利日期的一年以前曾经公开发表、公开使用、买断或销售过，则此发明创造属于大众所拥有，不得再申请专利。

9.1.1.2 美国专利实质条件

在美国，一项发明要想获得专利，必须符合四个基本条件：

(1) 可专利性。有关的发明必须属于专利法所列举的可获专利权的客体。

(2) 新颖性。与现有技术相比，有关的发明必须是新颖的。

(3) 创造性。从现有技术和该技术领域中一般水平技术人员的角度看，有关的发明是非显而易见的。

(4) 实用性。被授权的专利申请必须是有用的，以符合美国宪法的要求。

9.1.2 美国专利申请程序

通常可以将美国专利申请分为两大类：一类是临时申请，另一类是正式申请。美国专利法第 111 条（35U. S. C § 111）对专利申请有明确的规定。首先，专利申请应当由发明人或其授权的人提交书面申请文件；其次，应当在法定的期限内缴纳专利费用。故美国专利申请构成的四大要素是：(1) 说明书（即发明的说明和至少一项权利要求）；(2) 附图（如果需要）；(3) 誓词或声明（通常由发明人签署，并声明：a. 已阅读申请；b. 确信本人是该发明的最先发明人；c. 接受公开任何材料信息的义务）；(4) 费用（法定应缴的费用）。其中前两个要素是能够获得申请日的基本条件。

美国专利法允许由发明人授权的任何人提交专利申请，获得申请日。因此通常情况下专利申请应当由全体发明人共同提出。但是当共同发明人之一拒绝共同提出申请或经努力后仍找不到或不能被说服时，专利申请可以由其他发明人提出；如果发明人亡故或无民事权利能力，其法定代理人可以适用发明人的条件申请专利；如果发明人拒绝提出专利申请或经努力后仍无法找到或被说服，那么发明人已书面同意或指定的人或有足够证据表明是所有者的人，为了维护其权利或防止不可弥补的损失，可代表发明人或作为其代理人提出专利申请，这样也保护了发明人雇主的利益。

1999 年修订后的专利法规定，专利申请应当自其最早申请日起 18 个月的期限届满后由 USPTO 立即公开；申请人也可以要求提前公开申请。但是为了维护美国发明人的利益，修订后的专利法又规定了公开的条件和不公开的条件。首先，规定专利申请公开不要求公开任何附加信息，仅要求公开美国专利已在外国公开的内容，即在美国由 USPTO 公开的专利申请内容不会超出已在外国公开的内容。当美国申请内容多于外国申请内容时，申请人可提交一份编写副本用于公开，将未在外国公开的内容从要在美国公开的文本中删除。其次，如果申请人特别要求不公开申请，并确认未在外国提出申请的，18 个月期限届满后可以不公开。申请人一旦随后又提出外国申请的，申请人应当在规定的期限内（提出外国申请日起 45 天）撤回不公开请求，若不撤回该请求美国申请就被视为放弃。此外，规定自 2000 年 11 月 29 日之后已经或者将要在外国提出申请的美国申请依据多边协议满 18 个月都将公开。同时，还专门规定了临时保护的措施，对于自申请被公开之日起到专利授权日止期间内的侵权行为，专利权人可以自授权日起 6 年内要求给予合理的使用费。

9.1.2.1　专利申请的办理

申请专利，发明人可以自行办理，但申请专利的相关法律及程序甚为复杂，发明人多半没有时间和精力来学习并进行申请业务。因此专利的申请，多是交由专利律师或专利代理人来进行。

从开始申请专利，到 USPTO 认定发明标的物之领先创新性超过《专利法》所规定的标准，进而颁发专利证书，约是 2 ~ 3 年的时间。

申请专利时需要提交的文件包括发明专利：说明书和图形、发明人姓名、委托书（可后补）、宣誓书（可后补）；外观设计专利：说明书和图形、委托书（可后补）、宣誓书（可后补）。

9.1.2.2　专利的电子申请

USPTO 一直致力于专利申请和相关文件的电子化发展，并提供支持这一发展的使用工具。从 2000 年 9 月开始，USPTO 通过电子申请系统

（Electronic Filing System，EFS）受理专利申请和接受文件。EFS 系统和软件面向所有希望利用 EFS 的 USPTO 用户。2004 年 8 月，USPTO 启用新的编写软件 EFS－ABX 和 Electronic Filing Parters，还可以使用其他软件，如 PCT－EASY、PatXML、PCT－SAFE 来准备专利申请文件。

电子申请系统是 USPTO 实施的电子系统。申请人或其代表人可以通过 EFS 经互联网提交专利申请文件、计算机可读形式生物序列表、授权前公开文本以及关于申请的修改文件，还可以使用该系统查询专利申请的法律状态，请求 USPTO 的帮助。

USPTO 的电子申请系统包括编写、确认、向其传送专利申请文件和相关文件的客户系统和服务器软件。专利申请文件一旦通过 USPTO 的电子申请系统的服务器收到并确认，该文件就被传送到其他内部自动信息系统进行下一步处理。

能够通过电子申请系统提交的文件有：（1）新申请；（2）临时申请；（3）生物序列表（对当初以书面形式提交的申请而言）；（4）原始提交文件授权前公开的再次提交，包括申请人希望的修改、编写或说明书的再次公布；（5）各种权利转让；（6）电子的信息披露说明。电子申请系统不能接受的文件有：（1）继续申请；（2）设计申请；（3）新植物申请；（4）依据 37CFR1.221 修改或更正的再公布；（5）涉及国家安全的申请；（6）再颁申请；（7）PCT 申请；（8）复审请求。

申请人或代理人使用 USPTO 提供的符合专利局的计算机工作程序的文字处理模式 XML 提交申请文件。这一文字处理模式使用 Microsoft Word 或 Word Perfect，将专利申请文件译成 XML 编码文件。这种文件带有用于标识申请文件中各个部分文件内容的隐性标签。例如，一个 XML 标签可用于识别发明名称，另一个标签可用于识别第一项权利要求。在 USPTO 自动系统中，这些标签也能够以标准互联网浏览器的形式控制申请文件的显示。

专利申请文件完全格式化为 XML 文件后，保存在用户的计算机中，通过电子打包和确认引擎（ePAVE）提交。完整的申请文件由各种文件和数据、确认和电子签名组成，由申请人或代表人复核。然后，经过数字认证、加密、包装并通过 ePAVE 传送到 USPTO。

USPTO 收到专利申请文本之后，将检查技术一致性、是否感染病毒和数据完整性。经过自动检查，生成带有申请号的确认收据，发送给申请人，以证明申请文件递交成功。确认收据中的收到日，是 USPTO 完整而成功地收到申请文件的日期。这一日期在 USPTO 中与原始提交文件的日期相对应。

通过EFS受理新的专利申请，直到公布或授权，都符合美国法律的要求。但现行的实施细则中，书面提交文件被认定为唯一方式，没有提及提交文件的电子形式。在USPTO的所有规定中均没有包括电子申请系统。只有在包括涉及电子提交文件的法规颁布时，前述规定才能废止。在专利局关于电子专利申请积累了更多经验之后，将会由法律制定部门修改实施细则。[1]

9.1.2.3　外国优先权的规定

在美国申请专利要获得外国优先权必须满足下列5个基本条件：

（1）外国申请应当是在符合法律规定的外国提出的。即该外国给予在美国提出的申请或美国公民同样享有优先权的待遇。

（2）要求优先权的美国申请应当在最早的外国申请日（即第一次提出的申请日）起12个月内提出，即首先要求作为优先权的申请应当是第一次提出的申请，其次应当在其提出后的12个月内提出享有优先权的在后申请。1961年美国国会的法案又将相关规定进行修订，增加了一个例外的规定，即如果作为优先权基础的申请不是第一次提出，那么其必须是在同一个国家提出，任何先于该申请的在先申请应当已经被撤回、放弃且未被公开，而且未遗留任何权利，也不曾或不会作为要求优先权的基础。

（3）美国申请应当与作为优先权基础的申请是同一发明，即该外国申请公开的内容是支持美国申请的权利要求，符合美国专利法对说明书的要求，但不必是同样的权利要求。

（4）作为优先权基础的外国申请应当是要求获得专利权的申请，这是指外国申请应当是美国专利法认可的专利申请，如《巴黎公约》所述的专利，实用新型和工业设计。根据《巴黎公约》斯德哥尔摩文本，1972年美国专利法修订后外国的发明人证书申请也可以作为优先权的基础。通常，美国承认的是两种专利保护的种类：实用专利和外观设计。外国的实用专利申请也可以作为美国外观设计申请的优先权基础。

（5）外国申请应当由美国申请的申请人或法定代表人或者受让人提出。这也是符合《巴黎公约》第4章A（1）规定的。要求发明人应当一

[1] 林梅．美国电子专利申请系统介绍［EB/OL］．［访问日期不详］．http：//www. ppac. org. cn/lcontent. asp？ c =82&cid =130&id =1570.

致，不一致时必须有转让证明。❶

9.1.2.4 权利冲突程序

如果他人就发明人首先发明的技术提出专利申请，发明人可以递交一个含有能触发抵触程序的权利要求的专利申请。当两个申请人分别就同一发明提出专利申请时，USPTO 将宣布抵触程序。一个微型法庭审理将来决定谁是首先发明人。首先发明的人将有权获得专利。❷

根据美国专利法第 134 条、第 135 条，USPTO 设立该程序，因为美国专利法是先发明原则，所以确定发明优先权问题是极其重要的。当两个以上的申请人就同样的发明分别提出不同的专利申请时，就需要通过权利冲突程序来确定谁是最先的发明人，同时可以考虑专利性的问题，但该程序不讨论侵权的问题。❸

9.1.2.5 专利的临时申请

从 1995 年 6 月 9 日开始，美国允许发明人提交一份临时申请，以相对于正式申请较低的申请费，相对简单的手续，为 12 个月内将提出的正式申请建立一个申请日的优先权，使国内申请人在获得 20 年保护期的基础上，又多出一年时间。

依据美国专利法第 111 条 b 款，临时专利申请是在 USPTO 提出的国内申请。在临时专利申请中，不需要正式的权利要求、誓词及声明、相关资料及在先的技术公开。依据美国专利法第 111 条 a 款，临时专利申请为以后的正式专利申请建立了有效的申请提交日。

一件临时专利申请从申请提交日起计算有 12 个月的未决期，这个未决期是不可扩展的。为了取得临时专利申请所确认的较早优先权，提出临时专利申请的申请人必须在临时专利申请的 12 个月未决期内提出相应的非临时专利申请。依据美国专利法第 119 条 e 款，非临时专利申请的内容应包含临时专利申请的内容；或在以特定参考资料为依据的前提下，非临时专利申请也可包含经改写后的临时专利申请的内容。

提交了临时专利申请后，再提出相应的非临时专利申请方式之一是：

❶ [EB/OL]. [访问日期不详]. http://www.ppac.org.cn/lcontent.asp?c=82&cid=130&id=1071.

❷ [EB/OL]. [访问日期不详]. http://www.eetchina.com/ART_8800377824_480101_no.HTM.

❸ [EB/OL]. [访问日期不详]. http://www.ppac.org.cn/lcontent.asp?c=82&cid=130&id=1071.

将临时专利申请转换为非临时专利申请。这种转换的申请书，要在临时专利申请提交日的12个月内，正式向USPTO提交。

然而，当临时专利申请转为非临时专利申请时，将会对这个要求临时专利申请权益的非临时专利申请的专利有效期产生不利影响。因为在这种情况下，非临时专利申请的有效期，将由临时专利申请的原始提交日确认。

通过首先提出临时专利申请，接着在12个月的未决期内提交参照临时专利申请的非临时专利申请，这样，专利有效期可能延长12个月。

临时专利申请必须有全部发明人的姓名。它可以在第一次销售或提供销售、公开使用，或发明公开后的1年内提交。这些先期资料，尽管在美国国内受保护，却可能阻止了外国专利。在临时专利申请的提交日满12个月后，临时专利申请自动废弃。

9.2 日本相关专利制度简介

9.2.1 日本专利的类型及其实质性条件

9.2.1.1 日本专利的类型

日本专利的类型与中国完全相同，也分为：发明专利、实用新型专利（日本叫做“实用新设计专利”）和外观设计专利（日本叫做“图案设计专利”）。所不同的是，日本对于每一类型的专利分别用一部单独的法律来规制，分别为特许法、实用新案（实用新型）法、意匠（外观设计）法，而中国就一部《专利法》将三者全部包括。

9.2.1.2 日本不同类型专利的实质性条件

（1）发明专利

根据日本特许法第29条的规定，发明专利的实质性条件为：新颖性、创造性和实用性。同时根据日本特许法，能够被授予发明专利权的申请还必须具有：是利用自然规律做出具有高水平技术思想的创作（第2条）、充分公开以能够实施（第36条第4款）、记载了发明构成所不可缺少的事项（第36条第5款）、符合单一性要求（第38条），但是“一、依据核转换方法制造的物质的发明；二、有害于公共秩序、良好的习俗或公共卫生的发明”不能被授予专利权。可见日本专利法规定的发明专利的实质性条件与中国发明专利的实质性条件基本相同，但是对于新颖性、创造性的内涵和具体要求上是存在差别的。

① 关于新颖性。日本关于新颖性的定义体现在日本特许法第 29 条第 1 款中，规定产业上可以利用的发明者除以下所列发明外，该发明可以授予专利权：一、专利申请前在日本国内或者国外公开知晓的发明；二、专利申请前在日本国内或者国外公开实施的发明；三、专利申请前在日本国内或者国外记载于颁布的出版物的发明，或者通过通信线路成为公众可以利用的发明。从这一定义可知，日本的新颖性与中国的新颖性的差异有以下两方面：a. 公开的时间界限是“申请前”，与中国的“申请日前”不同，其含义包括申请日当天公开的出版物，而且在实际操作中时间可精确到小时分钟，对于与申请日同日出版的出版物，如果能够证明出版物的发行时间明显比申请时间早，那么该出版物将被引用，从而破坏发明的新颖性；b. 没有把与中国的抵触申请列入新颖性的范畴，而是由日本特许法第 29 条之二来加以限制。需要注意的是，这里的记载于出版物，包括直接记载的情况和等同于直接记载的情况。所谓等同于直接记载，是指本领域的普通技术人员从记载的事项参照申请时的技术常识（公知技术、惯用技术）导出的事项。这里涉及本领域的普通技术人员推导的时间，因为时间不同，本领域的普通技术人员的技术水准也不同，这样，不同的时间从同样的出版物所记载的内容推导出的内容会不同。中国《专利审查指南》也有类似的规定，根据《专利审查指南》对所属技术领域的技术人员来说，隐含的且无可歧义地推定出的技术内容同样属于公开的内容，虽然没有明确指出时间点的基准，但也应该以申请日为准。

② 关于创造性。日本特许法第 29 条第 2 款中规定：申请前本发明所属技术领域的具有通常知识的人根据在第 29 条第 1 款第 1 ~ 3 项所公开的发明容易做到时不授予专利权。这里所述的所属技术领域的具有通常知识的人是指：具有本发明所属技术领域申请时的技术常识，可以使用用于研究、开发的通常的技术手段，可以发挥材料的选择或设计的变更等的通常的创作能力，并且知晓处于本发明所属技术领域的申请时技术水准的全部知识的人。这与中国《专利审查指南》第二部分第四章中对所属技术领域的普通技术人员的定义大同小异。关于创造性的判断，中国主要从技术方案的先进性（突出的实质性特点）和技术效果的优越性（显著的进步）两方面来考虑，一般分三步进行（通常所称的三步法）：首先确定与发明最接近的对比文件，然后确定发明与最接近的对比文件的区别特征和实际解决的技术问题，最后考察本领域的普通技术人员根据其他对比文件及公知技术来解决上述问题是否显而易见。而日本，从其对创造性的定义来看，

是否容易推想到是一个很主观的判断标准，因此，在日本的审查基准中，提供了一个可操作的判断标准，即本领域的普通技术人员按申请时的技术水准，参照对比文件是否容易推想到的原则进行判断。其具体的判断方法是：选择一篇最适合的对比文件，将本发明与之对比，确定它们的相同点与不同点，从该篇对比文件、其他对比文件的内容及技术常识尝试否定本发明的创造性的逻辑构筑：是否从对比文件中选择了最佳材料或者设计的变更？是否为单纯的技术特征的拼凑？是否从说明书中明确把握显著的效果？若能够形成逻辑动机，则认定发明不具有创造性。

（2）实用新设计专利

根据日本实用新案法第3条的规定，注册实用新设计专利的应当具有：新颖性、创造性和实用性，同时还规定“对公共秩序、善良风俗或者公共卫生有害的设计”不得取得注册，并要求“一项设计申请一次”（单一性要求）。日本实用新案法的这些规定与中国《专利法》对于实用新型专利实质性条件的规定也基本相同，同样如上所述其对于新颖性、创造性的内涵和具体要求与中国也存在差别。

（3）图案设计专利

日本意匠法第3条第1款规定取得图案设计专利注册的要具有新颖性，即“创作出能供工业上利用的图案设计者，除下列图案设计外，其图案设计可以办理图案设计专利注册：一、申请图案设计专利注册以前，在日本国内或者外国已为众所周知的图案设计；二、申请图案设计专利注册以前，在日本国内或者外国已在出版的刊物上登载过的图案设计；三、类似前两项所列图案设计的图案设计”；该条第2款规定要具有创造性，即“在申请图案设计专利注册以前，只要是具有这方面一般知识的人，就能按照日本国内众所熟悉的形状、花样或色彩或者基于它们相结合的工艺设计轻而易举地作出这种图案设计时，则该图案设计虽有前款的规定，仍不能办理图案设计专利注册”。可见，日本对于外观设计实质性条件与中国《专利法》第23条的规定“授予专利权的外观设计，应当不属于现有设计；也没有任何单位或者个人就同样的外观设计在申请日以前向国务院专利行政部门提出过申请，并记载在申请日以后公告的专利文件中。授予专利权的外观设计与现有设计或者现有设计特征的组合相比，应当具有明显区别。授予专利权的外观设计不得与他人在申请日以前已经取得的合法权利相冲突。本法所称现有设计，是指申请日以前在国内外为公众所知的设计”，是不同的。

9.2.2 日本专利的申请及其保护期限

9.2.2.1 日本专利的申请

在日本要想获得一项专利必须主动向日本特许厅提出申请。日本的三部专利法对于每种类型专利申请时应提交的文件、应满足的条件均做出了明确规定；而且现在日本与中国一样采用的也是“先申请原则”（日本有一段时间实行的是“先发明原则”）。先申请原则不但适用于同一类型的专利申请，也适用于实用新设计和发明专利之间的申请，只要两者内容相同，法律将只给最先提出申请的申请者授予专利权。

对于发明专利申请，日本采用的也是早期公开后期审查制度，即自申请日起18个月后即公开，而且公开之后申请人也可以获得临时保护（也称作“由于警告而产生赔偿请求权”），这与中国完全相同。

对于外观设计，日本意匠法还规定了申请制度和部分外观设计的申请制度，而中国现行的《专利法》均没有对这些作出规定。

此外，日本法律规定有在专利申请之后满足一定的期限内和一定的条件下可以转变专利类型的制度，例如申请人可以将实用新设计申请转变为发明专利申请、将实用新设计或发明专利申请转变为图案设计专利申请等，而中国在专利申请时一旦指定为某种类型的专利，则在申请后不得再转变申请的类型。这一制度设计可以让申请人既可以在申请之前选择保护类型，也可以在申请之后选择或者改变保护类型，为申请人提供了灵活的保护手段。作为发明与实用新型之间转换的例子，如果有关产品结构的发明申请在实质审查时以创造性的理由被驳回时，那么申请人可以在收到驳回通知日起30天内提出将发明申请向实用新型的变更，由于实用新型的创造性高度没有发明那么高，所以往往可以将满足不了创造性要求的发明申请通过实用新型来加以保护。如果申请人觉得实用新型申请的保护期太短，那么可以在自申请日起3年内提出向发明申请的变更，如果是在实用新型授权前提出，那么原实用新型申请被视为撤回；如果是在实用新型授权后提出，那么原实用新型专利被视为放弃。当然，提出变更为发明的申请能否获得权利还需通过实质性审查才能确定，申请人必须对自己的原实用新型申请的专利性具有足够的信心，才有价值申请从实用新型向发明的变更。

还需要指出的是，日本目前基本已经全部实现了电子申请，且对于PCT进入日本国家阶段的国际申请，若申请人因为时间的关系来不及翻译和文件处理，可以直接以日本可接受的英文等外文采用电子形式提交，然后在其规定的时间内补充日文译文即可，可以大大地方便申请人，并抢得时间。

9.2.2.2 日本专利的保护期限

日本专利制度在长期的发展过程中，专利的保护期限与其他专利制度一样也在不断地发生着变化。根据现行日本法律，发明专利的期限为20年，实用新设计的期限为10年，图案设计专利为15年，但是日本专利期限的起算日期与中国略有不同，日本发明专利和实用新设计专利的起算日为申请日，图案设计专利的起算日为注册成立之日。

9.2.3 日本专利的审查

9.2.3.1 发明专利

日本发明专利的审查制度与中国基本相同，也分为初步的形式审查和之后的实质性审查，实质审查也必须因申请而启动，且也是自申请日（有优先权日的指优先权日）起3年要提出实审请求，否则均视为撤回，但是所不同的是中国发明专利提出实质审查请求的只能是申请人，但是日本可以是任何人。而且在中国经实质审查没有发现驳回理由的则直接授予专利权，但是日本则有一个公告异议期，即自公告后有6个月的异议期。只有在异议期内没有任何人对该专利提出异议，该专利才自公开之日起生效，否则进入异议程序，这与中国2001年《专利法》修改前的程序相同。

9.2.3.2 实用新设计专利

日本对于实用新设计专利的审查，与中国对于实用新型专利的审查基本相同，均经初步审查后未发现驳回理由便授予专利权。当然，如以上章节所述，因为日本对于新颖性、创造性的细节和掌握标准等方面与中国略有不同，因此在具体操作上也存在差别。

9.2.3.3 图案设计专利

根据日本意匠法第三章的规定，日本对于外观设计采用的是实质审查制度，并将审查的抄本转送专利申请人，这与中国《专利法》规定对于外观设计申请仅进行初步审查的制度是完全不同的。

9.2.4 日本专利的其他规定

9.2.4.1 日本专利的订正复审制度

无论是日本专利法，还是中国《专利法》，均规定在专利申请后、授权前可以对专利的内容进行修改，只要修改不超出原始公开的范围均是被允许的，这种给予申请人补正和改正的制度基本成为国际通用的制度。但是日本特许法第126条规定了在日本即使专利被授权后仍然享有对专利进行主动订正的权利，而不以是否提起无效为前提。订正的内容包括对说明书、权利要求书、附图和原始外文修改等内容。而在中国，专利被授权后只有在无效程序中可以对权利要求进行修改，而且修改的方式只能是合并或者删除权利要求。日本请求订正复审的机关，是相当于中国专利复审委员会的“日本特许厅审判部”。但是经过无效且无效决定已经生效或者仍在进行无效宣告程序的专利不得提起订正复审，以及虽然对无效决定不服提起了行政诉讼但经过了90天的也不得提起订正复审。这一制度的设立，可以让专利权人提高所持有专利的稳定性，而中国没有这一制度。

9.2.4.2 日本专利的异议、驳回复审和无效制度

如9.2.3.1节所述，日本仍然保留有公告后异议制度，中国于2001年修法时取消了这一制度，但是对于专利申请的驳回复审和无效宣告制度，日本与中国基本相同，而且复审和请求无效的机构也相同，中国是专利复审委员会，日本是日本特许厅审判部。复审和无效后也均可以经过司法审查，在中国对复审和无效决定不服时向北京市第一中级人民法院提起行政诉讼，对于一审判决不服还可上诉到北京市高级人民法院；在日本若对复审和无效决定不服可向东京高等法院提起诉讼，虽然对东京高等法院的判决不服还可以再向日本最高法院提起上诉，但是日本最高法院可以不予受理，即使受理也主要是法律审，因为日本将特许厅审判部的审理视为一级审判。此外，对于复审决定和订正复审决定不服而提起诉讼的被告为特许厅长官，但对于无效决定不服提起诉讼的被告只能是无效中的另一方而不是特许厅长官，这一点与中国不同。中国对于无效决定不服提起的诉讼被告为专利复审委员会，无效中的另一方则以第三人身份参加诉讼。

9.2.4.3 日本专利的保护范围、侵权判定及侵权管辖

(1) 关于专利的保护范围

日本专利对于权利要求保护范围的界定原则与中国一样，即发明和实用新型的保护范围（日本称为“技术范围”）以权利要求的内容为准，说明书及附图可以用于解释权利要求；外观设计的保护范围以公告中的图片或照片的产品为准。但是，说明书及附图可以用于解释权利要求在原先的日本特许法和实用新设计法中均没有作出规定，而是通过最高法院的判例逐步确立的，之后才在修法过程中添加进去的，而且其表述与中国也不完全相同。例如日本现行特许法第70条第1款规定“发明专利的技术范围，必须以申请书附件的权利要求书的记载为基础加以确定”，第2款则规定“对于前一款所描述的内容，可以参考申请书所附的说明书的记载以及图表，对权利要求书中所记载的用语意义进行解释”，可见日本法律规定的

是对权利要求的“用语意义的解释”，而不是中国《专利法》规定的“说明书及附图可以用于解释权利要求的内容”。

（2）关于专利的侵权判定

基于上述专利保护范围的确定，日本和中国在侵权判定上均采用折中原则，即在侵权判定中首先采用全面覆盖原则即字面侵权原则来判断被控侵权物是否构成对专利的侵权。若两者存在字面差异，则判断被控侵权物是否构成等同侵权或间接侵权。但是对于等同原则的适用条件，中国与日本是不同的。首先，中国对于等同原则的规定只是在《最高人民法院关于审理专利纠纷案件适用法律问题的若干规定》（法释［2001］21号）第17条作了简单规定，而《专利法》中并未作出规定；其次，中国对于等同原则的适用条件与日本是不同的。根据最高人民法院的上述规定“等同特征是指与所记载的技术特征以基本相同的手段，实现基本相同的功能，达到基本相同的效果，并且本领域的普通技术人员无需经过创造性劳动就能够联想到的特征”，即包括两个条件：一是与权利要求不同部分的替换可以达到专利发明的目的、效果，具有替换可能性（称之为三个“基本相同”）；二是对本领域的普通技术人员是容易联想到的。日本对于等同原则的适用却包括了五个条件：① 不同部分不是专利发明的本质性部分（即非本质性部分）；② 即使将不同部分替换在对象产品等上，也可以达到发明的目的、起到同一效果作用（即具有替换可能性）；③ 有关替换不同部分，对于本领域的技术人员来说，能够在制造对象产品等时容易地想到（即具有替换自明性）；④ 对象产品等与专利申请时已经公知的技术不同，或者不是本领域的技术人员在专利申请时容易推想到的（即不是公知技术等）；⑤ 对象产品等不是在办理专利发明的申请手续时有意识地排除在权利要求书之外的特别情况（即不是有意识地排除）。可以看出，日本将中国侵权诉讼中的公知技术抗辩（即日本的条件④）和禁止反悔原则（即日本的条件⑤）也纳入了等同条件当中。对于间接侵权，中国目前尚无任何法律或者司法解释作出规定，只是在学者或者一些地方规定中提及，而日本明确将其作为判定专利侵权的原则之一。

（3）关于专利侵权的管辖

在日本专利侵权的管辖实行的是专属管辖。根据日本民事诉讼法的规定，凡东部地区的专利侵权诉讼的一审管辖法院为东京地区地方法院，凡西部地区的一审管辖法院为大阪地区地方法院，对一审地方法院的判决不服的均上诉到东京高等法院，对东京高等法院的判决不服还可以上诉到日本最高法院，但是日本最高法院只考虑与宪法和法律解释有关的问题，因此日本最高法院可以决定受理或不受理，一般只有在不接受上诉就会违宪或者下级法院作出的判决是给予对法律的错误解释时，日本最高法院才予受理。

需要说明的是，虽然东京地区法院、大阪地区法院和东京高等法院均设有专门审理知识产权案件的审判庭，但是根据日本法律的规定，各法院的法官必须3年轮换一次，知识产权审判庭的法官也不例外，因此在日本审理知识产权尤其是审理专利案件的法官并不具有理工科的背景知识，而且也很少有专家证人的参与。那么日本是如何保证涉及技术领域的专利案件的审判质量的呢？日本法院很早就设置有“调查官”。这些调查官要求是具有专利及专利技术的专业知识的人员，在法院常驻作为辅助裁判官，协助法院审理，这些调查官一般是从特许厅的审查员和专利代理人（日本称作“弁理士”）中选拔，当上调查官的人员要求其中止原工作。之后随着知识产权审判的发展，日本又确立了“专门委员会”制度，即在知识产权审判法院设立由具有高度专门技术知识人员组成的委员会，就专门技术问题给法官提供支持，这些人员可以是大学、研究机构的教授、研究员，也可以是执业的专利代理人等，而且在获得注册后只在法院需要时到法院协助工作即可，而无须中止原来的工作。因此，日本法院有关专利案件的审判很少进行技术鉴定，中国并无这一制度，中国法院在遇到复杂疑难技术问题时往往是送到法院之外的机构进行技术鉴定。

9.2.4.4 日本专利的最新发展

（1）关于程序、记录媒体和商业模型的可专利性

近年来，随着信息技术的不断发展，日本越来越感觉到保护信息技术的重要性，于是便将信息技术纳入专利法的保护范畴，这体现在近年来频繁修改的日本专利法中。其中一项重要内容，也是需要中国专利界注意的是将原来不受专利保护的程序、记录媒体、商业模型也纳入了专利保护的范围。日本特许法第2条第3项第1款中对“发明的实施（物的实施和方法的实施）”定义时将“程序等”列入了“物”的涵盖范围，并且在第2条第4项中对“程序”进行了定义：所谓“程序等”是针对计算机的指令、可以得到一个结果的组合指令，以及作为供计算机处理用的信息的准程序。将“程序等”列入“物”的范围内，有些生拉硬拽的感觉，但由于法律是为维护国家利益和社会秩序服务的，所以日本专利法将该主题纳入专利保护范围，是为了保护高度发达的信息财产和技术。另外，规定所谓

对于程序等的实施是指通过通信线路提供的行为。实质上，程序取得了专利权，就是保护了信息财产的流通，保护了数据结构或具有结构的数据。这里需要注意的是，单纯的计算机程序本身以及单纯的商业方法本身仍然是不受日本专利法保护的。至于商业模型和单纯的商业方法之间的区别是什么或者它们之间的界限如何界定，则在日本专利界也存在一定的争议，很多被日本特许厅认可的商业模型在日本的法院（裁判所）并不认同。

（2）关于新颖性涉及的“通过通信线路为公众可利用”

关于通过通信线路为公众可利用，这里所述的通信线路，是指双向传送的通信线路，只能进行单向信息发送的线路不包括在内，主要是指互联网，但不限于互联网，也包括商用数据库等；这里所述的为公众可以利用，是指社会的普通不特定人可以看到的状态，至于现实中有无访问的事实发生无关紧要，例如：在互联网上通过链接、登录搜索引擎，或将URL登载于面向公众的信息传送主页，在无访问限制时，即意味着为公众可以利用。那么，将在互联网上公开的信息作为对比文件引用应该满足什么条件呢？一般，作为对比文件引用时应满足以下的条件。

① 申请之前，引用的电子技术信息（通过电气通信线路得到的技术信息）按照其内容进行了刊登，公众可以利用的时间是否在申请之前，根据电子技术信息中显示的刊登时间来判断，如果无刊载时间则原则上不引用。这里涉及一个电子技术信息的刊载时间与其内容的变更问题，即电子技术信息的内容是否发生了变更。由于审查员发现的时间与电子技术信息的刊载时间不同，即使是引用的电子技术信息所刊载的时间显示在申请之前，也不能完全排除其显示时间本身发生了变更，而且也不排除其显示内容发生了变化。就是说，如何保证审查员检索时发现的互联网上的电子技术信息的内容就是其上的刊载时间当时公开的内容，将是非常重要的条件。一般来讲，审查员采用以下通行的做法：a. 电子技术信息被刊载于发生疑义的可能性极低的主页上时，可推定该信息（审查员访问时的内容）即是刊载时间刊载的内容。b. 若对电子技术信息现在的内容是否是刊载日期时的内容存在疑义，则需进行调查确认后决定是否引用，至于调查方法可以向相关部门询问。c. 若在消除疑义的可能性很少的主页上刊载，则不引用。那么什么样的主页是无疑义的主页呢？一般认为，包括以下主页：长年出版物的出版社的主页（出版报纸、杂志或学术杂志等的电子出版物）；学术机关的主页（学会、大学等）；国际机关的主页（标准化组织等团体的主页）；公共机关的主页（日本各省厅的主页，特别是研究所的主页，其

上刊载的研究活动内容和研究成果等）。原则上电子技术信息无刊载日期信息则不引用，但是若有证明人证明则也可以引用。

② 是否为公众可利用

一般讲，在互联网上刊载的信息与出版物一样具有传播力，就是可利用信息，访问时需要密码，付费时也包含在内，例如为公众可利用的例子：登录搜索引擎可检索的内容，需要密码访问的信息，付费主页的信息等。例如不能视为公众可利用的例子：地址未公开、只能偶然访问的信息，访问者限于特定团体或人员、对外保密的信息，信息内容被加密、普通人无法解密的信息，公众可看到、但没有充分的公开时间的信息等。如果审查员检索到了互联网上刊载的对比文件时，如何引用呢？这就涉及引用手法的问题。作为引用手法，遵循以下原则：a. 出版物与电子技术信息相同，优先引用前者；b. 日本审查员在引用非专利文献时需要将其电子化，并且存储于“专利相关文献数据库”中，同样，审查员如果引用了互联网上刊载的电子技术信息，那么也要进行上述处理，同时还要打印主页信息，记入访问时间、审查员姓名、被审查发明的申请号、取得信息的地址等；c. 审查员在引用的信息中需要记载以下项目（与 WIPO 标准 ST. 14 相同）：著者名、标题、出处（页、栏、行）、刊载日期、刊载者、刊载场所、检索日、信息源及地址等。

以上说明了审查员在引用互联网上公开的对比文件时所遵循的原则，那么作为公众，如果在无效、诉讼等程序中，若要将互联网上公开的电子技术信息作为证据引用时，也必须满足上述要求才会被审查员或者法官所采纳。

中国目前还没有将互联网公开方式纳入新颖性的范畴，但是，随着中国互联网的飞速发展，将来将互联网上公开的电子技术信息作为对比文件加以引用势在必行，如何制定适合于中国的制度，日本的一些做法或许对我们有一定的参考价值。

（3）关于向法院主张权利无效的抗辩

日本在过去的一百多年中，一直适用在专利侵权诉讼中法院不能判断专利的有效无效，要解决专利的有效无效就必须向特许厅请求宣告专利权无效，而且只有当确定了宣告专利权无效的决定生效后才能主张该专利权无效的体系，就如同中国目前采用的体系。但是这一体系也有其弊端：专利侵权案件因存在无效造成审理时间特别长，真正的专利权得不到及时的保护，即所谓迟到的正义就不是正义，极大地损害了人们的创造热情、违背了设立专利制度的初衷，且诉讼成本和社会成本均极高。为此，日本最高法院在 2000 年的判例中对此一直沿用的分权原则做出了突破，在“富士通半导体（kilby 专利）事件”案中确立了“专利侵权诉讼中，若专利存在有无效理由时，依据该专利的请求属于权利滥用而不被容许”的判例，这对日本专利侵权案件的影响具有重大意义，从而确立了法院可以对专利无效理由进行判断的原则。之后这一原则被积极地采用，并体现在之后日本的法律修改中。现在，专利侵权的案件中被告可以向法院主张专利权无效的抗辩，则法院就对被告主张的该专利权无效的理由进行积极审查。如果法院经审查认为该专利确实存在专利权明显无效理由时，将直接判决驳回原告的诉讼请求，而不需要等待特许厅审判部作出生效的无效决定。这样，又会出现另外一个弊端，即往往会出现法院的判决与特许厅审判部的决定不一致的情况，为此日本加强了特许厅与法院之间的信息交换，当在法院的侵权诉讼中被告提出专利权无效的抗辩时，法院及时通知特许厅，当无效宣告被请求时，特许厅及时通知相应的法院，并加速无效宣告程序的进展，有时也存在特许厅和法院沟通后，法院中止审理的情形，以达到在缩短时间的同时尽量使法院和特许厅的裁决相一致。日本的这一制度，中国是没有的，在中国专利侵权案件中被告不得以该专利权无效进行抗辩，法院对于专利权是否有效也不作审理。

（4）关于循环利用与专利侵权

随着能源、资源的消耗，大量正规商品的价格越来越昂贵，且为了节省资源、保护环境，出现了大量对使用后的废旧物品的循环利用，若被循环利用的产品是专利产品，这就产生了循环利用者的循环利用行为是否构成对专利权人的专利侵权的问题。无疑，因为循环利用者的循环利用，虽然降低了产品价格、惠及了消费者，但却大大减少了正品的需求量，大大削弱了专利权人的获利，为了公平保护专利权人的利益和社会公共利益，循环利用是否构成专利侵权就是一个不容回避的问题。对于这样的新问题，日本也是通过判例逐渐确立了判断原则。先由“带镜头的胶卷（一次性照相机）事件”的判决，确立了被日本称为第一种类型案件的判断原则，即“专利产品经过了原来的耐用期间，该功效达成后，被再次使用或者再生利用的”则不构成专利侵权；之后通过知识产权高等法院 2006 年 1 月 31 日对“打印机喷墨盒事件”的判决，又确立了被日本称为第二种类型案件的判断原则，即“虽然不符合第一类型，但是由第三人对专利产品中构成专利发明的本质部分的材料的全部或一部分进行了加工或者更换的”则也不构成专利侵权。因此，日本法院在对循环利用类案件的审理时，首先判断案件属于第一类型还是属于第二类型，如果两者均不是，则构成专利侵权，这种情况下未经授权的循环利用是不被允许的。

9.3 欧洲相关专利制度简介

欧洲专利制度，分为发明专利制度和外观设计专利制度，其中发明专利系根据《欧洲专利公约》而建立，外观设计专利系根据《欧盟理事会共同体外观设计保护条例》（Council Regulation（EC）No 6/2002 of 12 December 2001 on Community designs，《保护条例》）而建立，欧洲无实用新型专利制度。两者均具有：通过一次申请，一次授权，同时在若干缔约国获得专利的特点，[1] 且效力与缔约国国内专利效力等同，但是两者在申请、审查、授权、保护、无效、管理机构等各个方面均不相同。欧洲专利制度的优点是：经济、高效，且在各个缔约国的效力齐一，[2] 但是欧洲专利制度也未取代各个缔约国国内的专利制度。

9.3.1 欧洲发明专利的实质性条件

有关欧洲发明专利（简称“欧洲专利”）的实质条件，可以分成两部分，即可专利主题以及可专利性。

9.3.1.1 可专利主题

根据《欧洲专利公约》第 52 条，任何具有工业实用性、新的并且具有创造性的发明，均可获得欧洲专利。下列事项不得被视为《欧洲专利公约》所指的“发明”：

（1）发现，科学理论以及数学方法；

（2）美学上的创造；

（3）智力活动的方案、规则和方法，游戏方法和商业方法，计算机程序；

（4）数据输出。

可见，除了计算机程序之外，所有这些被排除的客体均有一个共同的

[1] 目前，《欧洲专利公约》共有 31 个成员国，分别是：奥地利，比利时，保加利亚，瑞士，塞浦路斯，捷克，德国，丹麦，爱沙尼亚，西班牙，芬兰，法国，英国，希腊，匈牙利，爱尔兰，冰岛，意大利，列支敦士登，立陶宛，卢森堡，拉脱维亚，摩纳哥，荷兰，波兰，葡萄牙，罗马尼亚，瑞典，斯洛文尼亚，斯洛伐克，土耳其。

[2] ［EB/OL］.［2006－03－30］. http：//www.european-patent-office.org/gr_index.htm.

特点，那就是这些都是抽象的，主要是智力的，因此不属于技术方案。

人类和动物的外科手术方法以及用于人类和动物的诊断和治疗方法没有工业实用性，因而不可获得欧洲专利，但在此过程中使用的产品除外。其中，对于外科手术方法以及治疗方法，往往解释得很宽，而对于诊断方法，则往往解释得很窄。

此外，根据《欧洲专利公约》第 53 条，任何其公开或者实施违反公共利益或者道德的发明也不能获得专利，但如果仅仅其实施被缔约国法律禁止的除外；植物和动物品种以及植物和动物产品的基本生物方法不受保护，但微生物制品和微生物方法除外。

9.3.1.2　可专利性

（1）新颖性

新颖性要求一个发明必须含有与已披露的文件不同的东西。也就是说，发明所披露的技术信息是公众迄今为止无法从公有领域得到的。判断新颖性的标准是现有技术。现有技术包括：申请日以前公众可获取的任何书面或口头记录；以及申请日以前公开使用或以其他任何方式为公众所知的任何事项。此外，申请日以前申请，并且在申请日以后公开的申请文件，也被视为现有技术的组成部分（对应于中国《专利法》中的抵触申请），条件是在后申请的指定缔约国，也是先前申请公开时的指定国。

《欧洲专利公约》中的“新颖性”是指绝对新颖性。也就是说，任何材料，无论处于何地，无论以何种形式（书面或者口头），无论以何种方式（使用或者任何其他方式），在优先权日之前为公众所知，即是《欧洲专利公约》所指的现有技术。如果发明是现有技术的一部分，则发明不具有新颖性。

无损公开，或不造成损害的公开，相当于中国《专利法》中的新颖性的例外。构成无损公开的条件之一是，该公开必须发生在提交欧洲专利申请之前的 6 个月内。无损公开包括两种情形，第一种情形，该公开显然涉及对申请人或其法定前手（指将其权利转移给申请人的人）的一种非法行为，可能是违法获得信息并予以公开，也可能是违反信任；第二种情形，申请人或其法定前手曾将其发明在官方举办的或官方承认的国际展览会上公开展出过，只要该等行为落入 1928 年 11 月 22 日签署于巴黎，并于 1972 年 11 月 30 日最终修订的《国际展览会公约》的相应条款。申请人在利用第二种情形主张无损于新颖性之时，应当在提交申请时做出明确陈述，说明该发明曾经在上述国际展览会上公开展出过，并且依据《欧洲专利公约》之执行办法所规定的期限和条件提交支持上述陈述的证据。

（2）创造性

也称为非显而易见性（non-obviousness）。创造性既是发明可专利性最重要的要求之一，也是最易引发问题的一个。创造性是所有法律概念中，变幻无常、捉摸不定、多变任性、模糊幻影般的一个。[1] 创造性或者非显而易见性是通过“问题—解决模式”来判断的，即发明总是对存在问题的一种解决方法，所谓发明步骤就是指解决现存的技术问题的这一步。但是，在有些情形，这种模式并不是那么好用。

《欧洲专利公约》中的创造性是指包含了发明步骤，也即对于普通技术人员来说，参照现有技术该发明属于非显而易见。但是，在考虑是否包含发明步骤之时，现有技术中的抵触申请不在考虑之列。由此可见，创造性判断中的现有技术与新颖性判断中的现有技术相比，有两个不同点：一个就是抵触申请不在创造性判断的考虑之列，另一个是创造性判断中，两份以上的现有技术文件组合是很自然的，且是创造性判断的逻辑应有之义，但在新颖性判断中则否。创造性判断一般遵循以下三个步骤：确定普通技术人员所具有的知识和技巧，确定将要进行审查的发明，确定何谓“非显而易见”。

（3）工业实用性

工业实用性的要求来自一个古老的信念。那就是专利权不能授予纯粹抽象的思想或者仅仅是思维方法，发明必须具有具体的技术上的特征。《欧洲专利条约》要求工业实用性，借以实现排除医疗和兽医方法的可专利性的政策目标。[2] 根据《欧洲专利公约》第57条，工业实用性是指可以在任何种类的工业上使用或者制造。“工业”一词在最广义的意义上使用，任何活动，无论是否以营利为目的，都包括在内，并且农业也清晰地包含在内。工业实用性并非指现实的实用性。事实上，只要申请人能够证明发明具有潜在的工业实用性就可以了。

一个方法是否属于外科手术方法、诊断或者治疗方法，主要看执行这些方法所需的技巧和知识，如果某行为只能由医生或者兽医或在其监督下做出，更易于被看成是上述方法。但无论如何，应该考虑上述发明的目的

[1] Harries v. Air King 183 F 2d 158, 162 (1950) (Judge Learned Hand).

[2] Lionel Bently, Brad Sherman. Intellectual Property Law [M]. London: Oxford University Press, 2001: 363.

和不可避免产生的后果，以此判断是否属于上述方法。

9.3.2　欧洲发明专利的申请程序

根据《欧洲专利公约》，欧洲专利组织由两部分组成：一部分是立法机构，即管理委员会；另一部分是执行机构，即欧洲专利局（EPO）。专利申请和授权的主管机关是EPO。EPO总部设在慕尼黑，在海牙设有分支机构，在柏林和维也纳设有办事处。

欧洲专利申请程序由两个阶段（有时是三个阶段）组成，第一个阶段包括下列事项：提交申请，形式审查，检索，申请文件以及检索报告的公开。可见，第一个阶段的内容主要是形式审查以及检索。

申请既可以向EPO（慕尼黑、海牙、柏林）提出，也可以向各缔约国的国家专利局提出。自优先权日起18个月后，申请文件将被公开，检索报告或者与申请文件同时公开或者稍晚于申请文件的公开。

第二个阶段是实质审查阶段，决定授予或者拒绝授予专利权。实质审查包括新颖性审查、创造性审查以及工业实用性审查。如通过实质审查，被授予专利权，将在指定国享受本国专利同样的待遇。从申请到授权，平均需要44个月。欧洲专利权的存续期为20年，自申请日起算。

第三个阶段并非必经阶段。这一阶段的主要内容是反对程序和上诉程序。任何人都可以专利授予不符合《欧洲专利公约》的实体性规定为理由提出反对程序，反对应该在授予专利权之日起9个月内提出，由EPO反对处做出决定。对该决定不服的，可向EPO上诉委员会提出上诉。上诉委员会应无偏私地，仅依《欧洲专利公约》的规定做出决定。上诉委员会的决定对全体指定国生效。并且，对于上诉委员会的决定，不可再上诉。

欧洲发明专利的有效期为20年，自申请日起算，每隔4年交一次续展费。

9.3.3　欧洲发明专利的申请和审查

欧洲专利申请和审查由以下几个步骤组成：提交欧洲专利申请，初步审查以及检索，检索报告的公开，申请的公开，实质审查，决定是否授予欧洲专利。

9.3.3.1　提交申请

提交欧洲专利申请，可以有两个途径：一条途径是直接提交，另外一条途径就是通过PCT途径提交申请。后一种途径将在本书其他章节讲述，此处仅讨论直接提交的途径。

EPO不审查谁最终有权获得专利的问题，也即专利申请权的归属问题，这个问题将交给适当的国内法院去做。只要一个适当的国内法院作出此等决定，EPO 将会予以遵照执行。申请可以英语、法语或者德语提出，但是，在授予专利权之日起 3 个月内必须将申请翻译成指定国的文字。

申请人可以决定是提出完全申请（full filing），还是提出早期申请（early filing）。完全申请必须包含请求书、发明的说明书、一个或者多个权利要求、说明书中或者权利要求中提到的任何附图，以及摘要。早期申请专为发明人的方便而设。早期申请必须包括寻求专利保护的请求，有关申请者的信息，以及发明的说明书，一个或者多个权利要求，并且要列明欲寻求专利保护的国家。早期申请给了申请者 12 个月的喘息空间（breathing-space）去寻找投资人以及完成进一步的发明试验，在此期限届满前必须补交所缺的申请文件。喘息空间虽可以为申请者保有先前的申请日，但是并不意味着申请者可以加进原先的文件中并未包含而是在后来才改进的东西。

不管是完全申请，还是早期申请，申请的意义就在于创设了一个优先权日。优先权日的作用是：用作评价发明新颖性的基准日；可以用作在其他国家或地区提起专利申请、主张优先权的基础。

9.3.3.2 形式审查以及检索

形式审查由 EPO 的受理部门负责。形式审查的任务是审查申请是否符合形式要求。诸如申请是否包含了请求书、发明的说明书、一个或者多个权利要求、说明书中或者权利要求中提到的任何附图，以及摘要。此外，是否已经确定发明人，是否缴费以及是否指定了欲取得专利保护的国家也在形式审查范围之列。

形式审查中发现任何问题，将通知申请人。申请人可以答复该通知，如有必要，可以做一些修改，以便纠正这些问题。经过答复或者修改，仍未能满足要求的，申请将被驳回。

检索工作由 EPO 的检索部门专门承担。检索是有限的，对象是那些与所涉发明有关的在先发明。检索的目的在于确定将在实质审查阶段用于新颖性和创造性判断的那些文件。确定发明是否具有单一性也在检索的目的之列，标准是是否出自一个发明思想。检索结论将以检索报告的形式通知申请人。

9.3.3.3 公开

公开的含义是将申请文件向公众开放。公开的文件包括：说明书，权利要求，附图（如果有的话），摘要，以及检索报告。公开对于申请人的意义在于：如果申请得到授权，从公开之日起专利权人可以起诉专利侵权行为。条件是侵权人的行为既落入授权公告时专利权利要求的范围，也落入公开时的权利要求的范围。

EPO有一个对于中国专利申请人来说比较陌生的制度。那就是在公开之后，第三人可以在授权之前的任何时间向EPO提交观察报告，发表对于申请是否该授权的意见。观察报告应以书面形式提交，并附适当的理由。EPO应将观察报告通知申请人，后者可以对之进行评论。EPO可以在审查的时候考虑观察报告。提交观察报告几乎是无成本的。提交报告本身不会使提交人成为申请程序的一方，因此，不会要求提交人参加听证，或者要求其支付任何费用。

9.3.3.4 实质审查

申请人应该提交实质审查的请求以便启动该程序。实质审查的请求应该在专利申请文件公开之日起6个月内提出。与形式审查不同，实质审查的任务是全面检查发明申请是否符合《欧洲专利公约》的规定，特别是是否属于可专利主题，是否具有新颖性、创造性以及实用性。此外，申请是否充分披露发明的内容以及权利要求是否清楚、简洁并且得到说明书的支持也在审查范围之列。

审查员会制作一份审查报告，指出所有任何反对授予专利的理由。申请人可以有一次机会对这些理由进行陈述，申请人也可以修改申请文件。最终，EPO的实质审查部门可能会就此问题举行听证。对该听证结论，申请人还可以向EPO的上诉委员会上诉。

9.3.3.5 授权

如果申请通过实质审查，EPO将决定授予专利。授予专利的决定在授权文件于欧洲专利公报上公布之日生效。授予欧洲专利之日也就是欧洲专利转换成一束个别的国家专利之时。除了反对程序之外，以后任何关于专利是否有效以及是否侵权的问题，都在国家层面上解决。另外一个重要的要求是：欧洲专利转换成国家专利时，如果申请并非以该国语言提交，申请人必须提交翻译件，否则专利在该国可能无效。

9.3.3.6 EPO的反对程序

EPO的反对程序主要是作为一个集中挑战欧洲专利有效性的手段而存在的。前已述，欧洲专利的效力实际上是在各个指定国水平上的。因此，对欧洲专利提出有效性质疑，本来也需要分别在各个国家层面进行，这样，不仅麻烦，而且费用高昂。所以EPO就发展了一个国际水平上的挑战专利有效性的程序，这就是反对程序的渊源。根据规定，反对程序必须在授予专利之日起9个月内提出。任何人都可以提出反对的请求。反对的请求必须基于以下理由：所授予的专利不满足《欧洲专利公约》第52～57条的规定，因而不能被授予专利；申请未能充分清楚、完整地公开发明内容，以至于本领域内的普通技术人员无法实施该发明；授权专利的主题超出了当初申请时的范围。

专利权人可以就反对请求和理由进行辩论，也可以修改专利文件，反对程序的结果极可能是撤销专利，也可能是部分撤销或者维持专利。如果结果是撤销，该欧洲专利视为自始无效。当然，对EPO反对处的决定，还可以向上诉委员会进行上诉，上诉委员会的决定是终局决定。

9.3.4 欧洲发明专利的其他规定

“欧洲专利”这一词容易引人误解。其实，欧洲专利并不授予权利人传统的权利，而是授予申请人在指定缔约国享受相当于国家专利一样的待遇。因此，欧洲专利实际是一束权利。即便如此，《欧洲专利公约》与PCT相比，还是有很大的不同。《欧洲专利公约》实现了集中检索和集中审查，此外，还有一定程度上的集中无效制度（即反对程序）。这些都是PCT所没有的。[1]

EPO并非所有专利事项的最终决定者。无效事项以及侵权事项由各国依其国内法处理。关于欧洲专利的无效，如果未能在专利权授予后9个月之内提出反对程序，那么只能在指定国逐一地提出无效程序。《欧洲专利公约》仅在第69条涉及侵权事项，其规定了确定权利范围以及解释权利要求的基本原则。

9.3.5 欧洲外观设计简介

2001年12月12日，欧盟理事会通过了《欧盟理事会共同体外观设计保护条例》（简称《保护条例》），旨在为外观设计在欧盟范围内提供统一的适用法规，给予同等的法律保护，以避免由于各国规定的不同造成欧盟地区内部的贸易纠纷，影响产品的竞争力。同时也避免了在不同国家多次进行繁冗的登记手续，节省管理费用。

外观设计严格来说应属于专利范畴，但是欧盟的外观设计专利（简称“共同体外观设计”）并非依据《欧洲专利公约》而建立的，而是依据《保护条例》而设立和保护，其受理、授权和管理部门等均与欧洲发明专利不同。为了对欧盟外观设计制度有一个基本了解，对《保护条例》的主

[1] Tina Hart, Linda Fazzani. Intellectual Property Law［M］. Palgrave MacMillan, 2000: 12.

要内容作基本介绍。

9.3.5.1 共同体外观设计的定义

根据《保护条例》，外观设计是指由线条、轮廓、颜色、形状、表面结构和/或者由材料本身装饰形成的整体或部分产品外观。

产品是指所有工业和手工制品，包括属于整体产品的包装、装潢、图形和印刷文图。计算机软件不属于产品。整体产品是指由多个可以替换的部件组成，可以组装和拆卸的产品。

9.3.5.2 共同体外观设计的授权标准

外观设计只有具备“新颖性”，并具有区别其他的“独特性”时才能受到保护。

9.3.5.3 内部市场协调局

《保护条例》确定，内部市场协调局（Office for Harmonization in the Internal Market）承担《保护条例》的执行任务。内部市场协调局位于西班牙阿利坎特（Alicante）市，是根据欧盟委员会于1993年12月20日通过的《共同体商标条例》成立的官方机构。

9.3.5.4 共同体外观设计的保护形式

根据《保护条例》的规定，共同体外观设计有两种保护形式：短期的非注册外观设计保护和长期的注册外观设计保护。

非注册外观设计自该外观设计在共同体范围内向公众首次公布后的3年内受到保护。

《保护条例》允许非注册外观设计在公布后1年内申请注册外观设计。在这1年的宽限期内，公布的外观设计可以得到非注册外观设计保护，同时设计所有者可以检验市场的反映。其外观设计的新颖性和独特性在注册时不受影响。如果超过宽限期再行登记，有可能出现被别人抢注的风险。

注册外观设计保护期限自申请日起5年，期满后可以续延，每次5年，最长保护期限为25年。

9.3.5.5 共同体外观设计的申请人及所有者

（1）外观设计的设计人或其合法继承人；

（2）多人共同完成的外观设计，归多人所有；

（3）如果没有其他协定或规定，按照雇主旨意，或者由雇员在工作中完成的外观设计，归雇主所有。

9.3.5.6 共同体外观设计的权利

产品的外观设计是企业的市场战略和形象的组成，也是企业不断升值的无形资产。如果没有保护，企业的投资成果将有可能被别人无偿享有。

注册的外观设计可以向其所有者提供独有的使用权和第三者在未得到许可的禁用权。使用权包括使用该外观设计的产品的生产、提供、销售、进口、出口或者使用。

注册的外观设计是设计所有者的财产。它可以作为物权进行抵押，也是强制执行措施的对象和破产程序中的清产内容。

非注册外观设计向其所有者提供一种禁止用于商业用途的仿造外观设计的使用权。

9.3.5.7 共同体外观设计的申请

世界任何地区的自然人和法人都可以作为申请人向内部市场协调局，或者各欧盟成员国的工商登记总局递交注册申请。如果是在荷、比、卢地区可向其外观设计局递交申请。每个单项申请费用是350欧元。申请表可以从内部市场协调局网站下载，填好的申请可以通过邮寄、传真、电子途径或者当面递交。

申请应包括可以重新复制外观设计的图表或照片的介绍。

9.3.5.8 多项申请

可以为单个外观设计提出申请（单项申请），也可以为多个外观设计集中提出一个申请（多项申请）。但多项申请应注意，所有应用这些外观设计的产品应属于洛加诺国际商业分类中同一个类别。一个注册项下的多个外观设计可以单独分别进行抵押，作为强制执行和清产的对象，可以单独更新、修改、转让和失效。

9.3.5.9 申请的审查

内部市场协调局不对注册申请作深入的实质性审查，它只对注册申请进行形式审查，包括确定外观设计的分类、明确所有者、审查申请是否符合外观设计的定义、是否符合公共道德和习惯等。

9.3.5.10 注册登记及公布

如果申请满足规定的表面的前提，内部市场协调局将此申请登记在注册外观设计名录中，并立即在外观设计公报中公布。

9.3.5.11 延迟公布

申请人也可以申请延迟公布。在这段时间，所有人可以继续完善其市场战略，做好生产准备，而其外观设计内容又不被竞争者得知。对于延迟公布的注册外观设计，内部市场协调局在公报中只公布注册人和外观设计名称，整个外观设计处于保密阶段。但延期最长不得超过提交注册申请后的30个月。

9.3.5.12　非注册外观设计

（1）非注册外观设计的公布

非注册外观设计不需要在内部市场协调局注册登记，它是通过杂志、广告、全国知识产权报纸、国际展会，或者向该行业的所有协会发送带有日期的公函的方式，向公众公开外观设计。这就是非注册外观设计的公布。这种公布至少能够得到同行业专业人士的认可，并能充分证明所有人对非注册外观设计的权利。自公布之日起，所有者享有被保护的权利。所以，第一次公布的日期和相关证明材料要妥善保管。带有保密条件，不被公众所知的外观设计不能算作公布。

非注册外观设计的公布日期和公布方式至关重要。在一个欧盟成员国公布可视为在欧盟公布，但前提是这种公布方式可以使相关行业的专业人员得到这个外观设计的信息。参加欧盟地区的国际展会是最少麻烦的公布方式。

（2）保护范围

凡在欧盟公布的非注册外观设计，不论其所有人的国籍，都受到保护。

非注册外观设计保护从2002年3月6日生效，凡是在此当日或以后公布的外观设计均可得到保护。在此之前首次公布的外观设计不受保护。

内部市场协调局不负责审理非注册外观设计的侵权诉讼。如果非注册外观设计被仿制，应由受害者提出起诉，由外观设计保护法院审理。

9.3.5.13　其他

（1）外观设计的无效

任何自然人或者法人都可以向内部市场协调局提出无效申请，同时缴纳申请手续费。如果有足够的证据和理由证明一个外观设计不符合外观设计的定义，不具备新颖性和独特性，危害社会风俗和习惯，根据判决权利人不享有权利，与已经注册的外观设计相同，或与其他法律相抵触时，注册的外观设计可以由内部市场协调局根据《保护条例》宣布无效，或者由外观设计保护法院根据判决宣布无效。非注册的外观设计可以由外观设计保护法院提出申请或根据判决宣布无效。

（2）外观设计保护法院

欧盟没有一个统一的外观设计保护法院。根据《保护条例》的要求，欧盟各成员国应于2005年3月6日之前指定几个本国法院负责外观设计保护事务，并将法院名称和材料通报欧盟委员会。

欧盟各国外观设计保护法院负责在欧盟范围内发生的有关外观设计破坏案件。如果被告在欧盟居住或设有分公司，被告所在国法院负责审理。反之，将由原告所在国法院审理。如果原告、被告均不在欧盟居住或设有分公司，将由内部市场协调局所在地法院负责审理。

（3）代理

根据《保护条例》规定，凡不在欧盟居住，或者在欧盟也没有实际存在的经营场所的自然人和法人，除了递交注册申请阶段，在其他任何阶段同内部市场协调局打交道时，都需要通过代理人。在欧盟居住，或者在欧盟有经营场所的不要求通过代理。

内部市场协调局允许的并列在该局名单的代理人，或者在欧盟任何一个国家允许从事商业权保护代理的律师，或者在欧盟的公司雇员都可以作代理人。

（4）侵权的处罚

如果外观设计保护法院确定侵权行为或者构成侵权威胁，法院可以做出判决，禁止被告继续侵权或者侵权威胁的行为，没收仿造产品，没收生产仿造产品的工具和材料，及其他欧盟成员国国际私法中的相应惩罚。

本章思考与练习

1. 美国有哪几种专利类型？
2. 美国专利的实质条件是什么？
3. 美国专利的电子申请和临时申请应如何进行？
4. 美国专利制度中如何处理外国优先权？
5. 美国发明和外观设计专利权保护期限是多长？
6. 日本有哪三种专利类型？每种类型专利的保护期限分别是多长？
7. 日本对三种专利的审查制度分别是什么？每种专利授予专利权的条件是什么？
8. 日本法院能否认定专利权无效？如果能，那么法院认定的效力是怎样的？

9. 欧洲专利制度有哪几种类型？

10. 欧洲专利的实质条件有哪些？

11. 欧洲专利申请实质审查请求的期限是多长？

12. 欧洲专利的权利性质是什么？

13. 欧洲共同体外观设计申请的程序如何办理？

14. 欧洲发明专利保护的期限是多长？

15. 欧洲注册外观设计最长保护期限是多长？

参 考 文 献

[1] 高卢麟．专利审查［M］．北京：专利文献出版社，1994.

[2] 范在峰．企业技术创新与知识产权法律［M］．北京：人民法院出版社，2004.

[3] 高山行等．企业专利竞赛理论及策略［M］．北京：科学出版社，2005.

[4] 何敏．企业知识产权保护与管理实务［M］．北京：法律出版社，2002.

[5] 于泽辉．商标与专利代理［M］．北京：法律出版社，2004.

[6] 国家知识产权局条法司．新专利法详解［M］．北京：知识产权出版社，2001.

[7] 高卢麟．专利事务手册［M］．北京：专利文献出版社，1993.

[8] 尹新天．专利代理概论［M］．北京：知识产权出版社，2002.

[9] 吴观乐．发明和实用新型专利申请文件撰写案例剖析［M］．北京：知识产权出版社，2004.

[10] 张清奎．专利审查概说［M］．北京：知识产权出版社，2002.

[11] 姜明安．行政法学［M］．北京：法律出版社，1998.

[12] 张军，卫聪玲．企业专利申请策略［J］．经济师，2004（5）.

[13] 齐伟．从反竞争情报的角度看企业的专利申请战略［J］．情报理论与实践，2003（1）.

[14] 徐志，陈瑛．申请专利，还是采取商业秘密保护？［J］．广东科技，2001（12）.

[15] 谢英，汪晓．企业专利申请策略的探讨［J］．硬质合金，2004（2）.

[16] 温旭．专利权归属纠纷［EB/OL］．［访问日期不详］．http：//www.hzip.gov.cn/jbzs/jbzsneirong.asp？knum=1170.

[17] 张诗琼．知识产权战略之“专利回避设计”［EB/OL］．［访问日期不详］．http：//www.chinaiprlaw.cn/file/200603237427.html.

[18] 林梅．美国电子专利申请系统介绍［EB/OL］．［访问日期不详］．http：//www.ppac.org.cn/lcontent.asp？c=82&cid=130&id=1570.

[19] 申请专利前应该做好哪些准备工作［EB/OL］．［访问日期不详］．http：//www.hbipo.gov.cn/zlsq-15.htm.

[20] Judge Learned Hand. Harries vs. Air King 183 F 2d 158，162（1950）.

[21] Lionel Bently，Brad Sherman. Intellectual Property Law［M］. London：Oxford University Press，2001.

[22] Tina Hart，Linda Fazzani. Intellectual Property Law［M］. Palgrave MacMillan，2000.